职业教育改革示范校建设优质核心课建设新形态教材

电工(初级)

主　编　冯卫宏

副主编　叶晓明　郭　瑞　高　淋

　　　　高　斌　王云飞

主　审　王岳军

西安电子科技大学出版社

内 容 简 介

本书介绍了初级电工学习者实际需要掌握的理论知识和实践技能，具体包括安全用电、电工工具及仪表的使用、照明电路装调、电子电路装调与维修、电力拖动控制电路安装与检修五个单元。

本书内容由浅入深，语言通俗易懂，层次分明，重点突出，将电工基本原理与生产生活实际紧密结合，注重专业理论的介绍及学生实践技能的培养，充分反映了电工领域的新知识、新技术、新工艺和新材料，以方便读者学习。

本书可以作为中等职业学校初级电工课程的教材或参考书，也可以作为社会人员掌握初级电工知识所必备的学习资料。

图书在版编目(CIP)数据

电工：初级 / 冯卫宏主编. --西安：西安电子科技大学出版社，2023.9
ISBN 978-7-5606-6968-7

Ⅰ.①电…　Ⅱ.①冯…　Ⅲ.①电工技术—教材　Ⅳ.①TM

中国国家版本馆 CIP 数据核字(2023)第 152878 号

策　　划	刘小莉　杨航斌	
责任编辑	刘小莉	
出版发行	西安电子科技大学出版社(西安市太白南路 2 号)	
电　　话	(029) 88202421　88201467	邮　编　710071
网　　址	www.xduph.com	电子邮箱　xdupfxb001@163.com
经　　销	新华书店	
印刷单位	陕西天意印务有限责任公司	
版　　次	2023 年 9 月第 1 版　2023 年 9 月第 1 次印刷	
开　　本	787 毫米×1092 毫米　1/16　印张 19.5	
字　　数	464 千字	
印　　数	1～1000 册	
定　　价	68.00 元	

ISBN　978-7-5606-6968-7 / TM

XDUP 7270001-1

如有印装问题可调换

前　言

本书以"岗课赛证"融通思想为原则，充分依据电工岗位标准、电工课程教学大纲、电工技能大赛项目要求以及国家"1＋X"证书职业资格鉴定标准等进行编写。同时以"立德树人"为导向，引入大量的思政教育学习内容，以提升学生德技并修的能力。

本书以全面提升学生专业综合技能为出发点，以活页式教材的方式详尽呈现学习内容。全书共包含安全用电、电工工具及仪表的使用、照明电路装调、电子电路装调与维修以及电力拖动控制电路安装与检修五个单元，其中涵盖安全用电及触电急救、常用电工工具及其使用、三相异步电动机基础知识及接线等十八个学习情境。各学习情境分别包括学习情境描述、学习目标、任务书、任务分组、知识储备、工作计划、进行决策、工作实施、评价反馈以及学习情境的相关知识点等。"学习情境描述"给出了教学情境描述、关键知识点和关键技能点；"学习目标"清晰地阐述了学习者学习的主要方向；"任务书"明确告知学习者要完成的主要任务；通过"任务分组"，锻炼学习者之间团结协作的能力；"知识储备"以引导问题的方式，让学习者在思考中学习，在学习中找到兴趣，激发学习者动手实践操作的强烈愿望。在操作中通过制订工作计划、操作流程，并通过严谨、认真的工作实施完成操作任务。最后经过自评、学习者之间的互评以及教师的评价反馈，指出学习者在操作过程中存在的优点和缺点，以帮助其更好地完善自己的工作任务。另外，完成任务时所需要的知识点在"学习情境的相关知识点"部分完整呈现，以便学习者在做中学、学中做。

冯卫宏担任本书主编，叶晓明、郭瑞、高淋、高斌、王云飞担任副主编。肯拓(天津)工业自动化技术有限公司副总经理王岳军主审了本书，在此表示感谢。

由于时间仓促，书中不妥之处在所难免，恳请广大读者多提宝贵意见。

编　者

2023 年 5 月

目　　录

单元一 安全用电

安全用电概述

电力作为企业生产的重要能源之一为企业生产提供了众多助力。在企业实际生产中因各种因素影响而导致的触电事故时有发生，安全用电是保障企业安全生产的重要前提，是企业维护和保障职工健康以及顺利完成各项任务的重要工作内容。作为一名电工，必须强化安全意识，了解电工实训室操作规程及安全电压的规定，树立安全用电与规范操作的职业意识，能独立分辨颜色标志、标示牌标志和型号标志的使用，能根据触电现场进行触电急救的处理，能根据电气火灾现场进行电气火灾的处理，会正确使用高、低压验电器，会正确使用绝缘手套、绝缘靴、绝缘垫及绝缘棒等。

单元一　安全用电	学习情境一	安全用电及触电急救	
姓名	班级	日期	

学习情境一　安全用电及触电急救

学习情境描述

(1) 教学情境描述：2007 年 11 月 13 日，王某发现单位会议室的日光灯有两个不亮，于是自己进行修理，他站在桌子上，准备将日光灯拆下来后检查是哪里出了毛病。在拆日光灯的过程中，他在用手拿日光灯架时手接触到带电相线，不幸被电击。由于站立不稳，他从桌子上掉下受伤。2021 年 1 月 25 日，某公司一员工李某(未取得电工证)在装配调试车间调试箱式变压器低母排设备时，由于未穿戴绝缘手套和绝缘鞋，使用不合格的金属钳进行操作，不慎触碰低压带电部位发生触电，后经抢救无效死亡。2021 年 7 月 2 日，一名作业人员在未断电、未预先检测工作环境是否带电、未配备绝缘防护、不具备电工作业资质等情况下进行带电剥线作业，不慎触碰强电线路，导致触电死亡。

(2) 关键知识点：触电的种类和方式、电流对人体的伤害、安全电压、触电预防、安全用电常识、触电急救措施。

(3) 关键技能点：学会安全用电和触电急救措施，避免安全事故发生。

学习目标

(1) 深刻认识触电安全事故的危害性。

(2) 掌握触电的种类和方式，了解电流对人体的伤害，能够准确地识读安全用电标志，并了解设备运行知识。

(3) 掌握安全用电常识和触电急救方法。

(4) 通过触电急救演练，认识团队合作和配合的重要性。

任务书

本次任务模拟触电事故现场，学生团队配合完成触电急救。

单元一 安全用电	学习情境一	安全用电及触电急救	
姓名	班级	日期	

任务分组

学生任务分配表如表 1-1-1 所示。

表 1-1-1 学生任务分配表

班级		组号		工位号	
组长		学号		指导老师	
组员					

任务分工：

知识储备

引导问题 1：触电伤害的种类——电击和电伤。

分析教学情境描述中的前两个案例，王某受伤是因为受到_____伤害，李某死亡是因为受到_____伤害。

引导问题 2：人体触电的方式——单相触电、两相触电和跨步电压触电。

(1) 教学情境描述中的案例一，王某拆日光灯时受电击触电而摔伤，王某触电属于_____触电，一只手碰火线、另一只手碰零线属于_____触电。单相触电和两相触电有什么区别呢？

_____

_____

_____

(2) 造成跨步电压触电的原因是人的两脚离落地电线的距离不等，_____形成电位差，于是_____通过人体。

单元一　安全用电	学习情境一	安全用电及触电急救	
姓名	班级	日期	

特别提示 ━━━━━━━━━━━━━━━━━━━━━━━━━━━━━●

跨步电压触电预防措施：

(1) 架空线和接户线要经常维护，定期进行全面巡视检查，遇到大风、雨雪、雾、冰雹等恶劣天气和用电高峰季节，要增加巡视检查次数和夜巡次数，对危及用电安全的设备、线路应及时处理或采取暂停供电的应急措施。

(2) 在因事故停电或漏电保护器动作后，必须立即进行巡视检查，排除故障后方可恢复送电。

(3) 在平时工作或行走时，一定要格外小心，当发现设备出现接地故障或导线断落在地上时，要远离导线落地点。

(4) 一旦不小心跨入断导线落地点且感觉到跨步电压时，应赶快双脚并拢或用一只脚跳离断导线落地点。

(5) 当必须进入断导线落地点救人或排除故障时，一定要穿绝缘靴。

●━━━━━━━━━━━━━━━━━━━━━━━━━━━━━━

？ 引导问题3：电流伤害人体的因素有哪些？

_____

_____

引起人的感觉的最小电流为_____mA；人体触电后能自主摆脱电源的最大电流为_____mA；在较短的时间内危及生命的最小电流为_____mA。

？ 引导问题4：人体允许的电流和最大安全电压值。

人体允许的电流，男性为_____，女性为_____。国家标准规定_____V、_____V、_____V、_____V、_____V为安全电压。金属容器内、潮湿处等危险环境中使用的手持照明灯应采用_____V安全电压。

特别提示 ━━━━━━━━━━━━━━━━━━━━━━━━━━━━━●

通常说的安全电压是指36 V以下的电压。当人触电时，电流是造成伤害的直接因素，电流越大，伤害越严重。经验证明，通过人体的电流超过50 mA时，触电伤害会危及人的生命，并且触电人不容易自己脱离电源。人体的电阻一般在800～10 000 Ω之间。按人体的电阻为800 Ω计算，人体通过50 mA的电流，人体上就会加40 V的电压。在一般情况下规定36 V以下的电压为安全电压。但应该注意的是，人体的电阻在某些情况下会急剧减小。例如，在工作场所非常潮湿或有腐蚀性气体、人流汗或被导电溶液溅湿、有导电灰尘等情况下，36 V并不是安全电压。

●━━━━━━━━━━━━━━━━━━━━━━━━━━━━━━

单元一 安全用电	学习情境一	安全用电及触电急救	
姓名	班级	日期	

引导问题 5：触电的预防措施——安全用电标志和常识。

分析教学情境描述中的两个案例，该如何避免此类触电呢？试着根据自己生活中所见所想，列举几条安全用电的常识。

_____

_____

_____

_____

_____

特别提示

教学情境描述中的触电事故的发生原因如下：

(1) 作业人员未取得电工证，属于非电类专业人士。

(2) 在拆卸电气设备时未断电进行操作。

(3) 未使用合格的电工防护用品和安全作业工具。

(4) 带电作业时没有监护人在场。

(5) 安全意识不强。

工作计划

(1) 制订工作方案，并完成表 1-1-2。

表 1-1-2 工 作 方 案

步骤	工 作 内 容	负责人
1		
2		
3		
4		
5		
6		
7		
8		

单元一　安全用电	学习情境一	安全用电及触电急救	
姓名	班级	日期	

(2) 列出本任务所需仪表、工具和器材清单，并完成表 1-1-3。

表 1-1-3　器具清单

序号	名　称	型号与规格	单位	数量	备注

进行决策

(1) 各组派代表设计模拟触电事故现场。

(2) 各组对其他组的设计方案提出自己的建议。

(3) 老师对各组的设计方案进行点评，将方案做到最佳。

工作实施

(1) 按照确定好的(最佳方案)实施——创设模拟触电事故现场。

① 领取器件——心肺复苏模拟人(见图 1-1-1)等。

② 创设情境，模拟触电事故现场。

(2) 触电急救步骤。

① 创设情境，模拟触电。

图 1-1-1　心肺复苏模拟人

单元一 安全用电	学习情境一	安全用电及触电急救
姓名	班级	日期

② 迅速切断触电事故现场的电源，或用木棒等绝缘物体将电线从触电者身上挑开，使触电者迅速脱离触电状态。

③ 模拟拨打 120 急救电话。

④ 将触电者移至通风干燥处，身体平躺，使其处于放松状态。

⑤ 仔细观察触电者的生理特征，根据其具体情况，采取相应的急救方法实施抢救。

特别提示

心肺复苏模拟人功能简介：

(1) 模拟标准气道开放。

(2) 模拟人工手位胸外按压，按压深度正确(5～6 cm)。

(3) 人工口对口呼吸(吹气)，每次吹气量正确(500～1000 mL)。

(4) 按压与人工呼吸比为 30∶2(单人或双人)。

(5) 操作周期：先按压，再进行 2 次有效人工吹气，按压与人工呼吸比按 30∶2 进行五个循环周期心肺复苏操作。

(6) 操作频率：100～120/min。

(7) 操作模式：训练操作。

(8) 检查瞳孔反应：比较并认识模拟瞳孔一只散大一只缩小的现象。

引导问题 6：急救方法——口对口人工呼吸法、胸外心脏按压法、口对口人工呼吸法+胸外心脏按压法。

触电后根据触电者生理特征的不同，应采用哪种对应的急救方法？

_____

_____

_____

_____

_____

特别提示

触电急救的要点：抢救迅速，救护得法。

单元一　安全用电	学习情境一	安全用电及触电急救	
姓名	班级	日期	

思政课堂

　　2020 年初，突如其来的新冠疫情给全世界带来前所未有的挑战，也考验了各国的国家治理能力。在人民生命安全和身体健康受到严重威胁的重大时刻，中国共产党和中国政府始终坚持"人民至上、生命至上"，凝聚抗疫强大合力，再次向世界彰显以人为本的执政理念。"为了保护人民生命安全，我们什么都可以豁得出来！"事关亿万人民群众的生命健康安全，就没有商量的余地。这就是大党大国领袖对于人民生命健康安全高度负责的鲜明态度和义不容辞的使命担当。"人民至上，生命至上"体现了共产党人"以人民为中心"的价值追求，坚持把人民生命安全和身体健康放在第一位，从新中国成立到改革开放，从脱贫攻坚到抗击新冠疫情，贯穿其始终、传承至今的是"人民至上"的理念，而这也正是中华民族永葆生机与活力的秘诀所在。

思政要点：

　　同学们在触电急救的学习中，要深刻领会"人民至上、生命至上"的理念，在任何事故和灾难面前始终将人民生命安全放在第一位，触电急救重在抢救迅速、救护得法，第一时间采取正确的急救措施，尽最大可能保障人身安全。

单元一　安全用电	学习情境一	安全用电及触电急救	
姓名	班级	日期	

评价反馈

各组派代表展示作品，介绍任务完成过程，并完成评价表 1-1-4～表 1-1-6。

表 1-1-4　学 生 自 评 表

序号	评价项目	完成情况记录	自评结论：
1	是否按时间计划完成任务		
2	引导问题中理论知识是否填写完整		
3	工作台是否整理干净		
4	器材使用过程中有无破损现象		
5	施工过程中的安全情况		

表 1-1-5　学 生 互 评 表

序号	评价项目	组内互评	组间互评	互评结论：
1	是否按时间计划完成任务			
2	施工质量			
3	引导问题中理论知识是否填写完整			
4	工作台是否整理干净			
5	器材使用过程中有无破损现象			
6	施工过程中的安全情况			

表 1-1-6　教 师 评 价 表

序号	评价项目	教师评价	教师评价结论：
1	学习准备情况		
2	引导问题中理论知识填写情况		
3	操作规范		
4	施工质量		
5	关键技能		
6	施工时间		
7	8S 管理落实情况		
8	沟通协作		
9	汇报展示		
综合评价结果：			

单元一　安全用电	学习情境一	安全用电及触电急救	
姓名	班级	日期	

![学习情境的相关知识点]

一、人体触电事故

人体是导体，当发生触电导致电流通过人体时，会使人体受到不同程度的伤害，由于触电的种类、方式及条件不同，受伤害的后果也不一样。

1. 人体触电的种类

触电伤害是指电流直接作用于人体所造成的伤害。触电伤害的种类有电击和电伤。

1) 电击

电击是指电流通过人体时所造成的内伤。它可使人体肌肉抽搐、内部组织损伤，造成发热、发麻、神经麻痹等。电击严重时将引起昏迷、窒息，甚至心脏停止跳动、血液循环终止而死亡。通常说的触电，多是指电击。触电死亡中绝大部分是电击造成的。

2) 电伤

电伤一般是指由于电流的热效应、化学效应和机械效应对人体外部造成的局部伤害，如电弧伤、电灼伤等。

此外，人身触电还会对人体造成二次伤害。二次伤害是指因为触电引起的高空坠落，以及电气着火、爆炸等对人造成的伤害。

2. 人体触电的方式

1) 单相触电

人体一部分接触带电体的同时，另一部分又与大地或零线(中性线)相连，电流从带电体流经人体到大地(或零线)形成回路，这样造成的触电叫作单相触电事故，如图 1-1-2 所示。此类触电的危险性较大，流过人体的电流是致命的。

单相触电

(a)　　　　　　　　(b)　　　　　　　　(c)

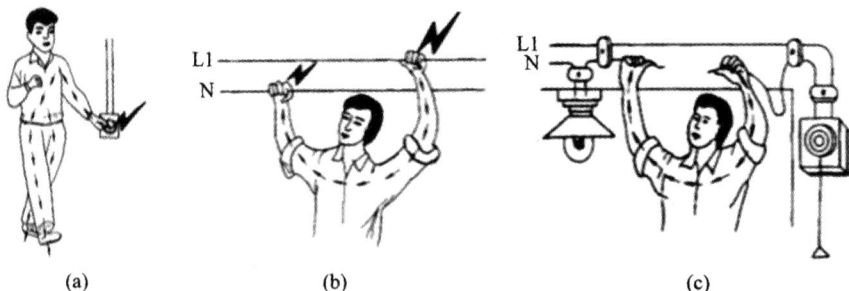

图 1-1-2　单相触电

单元一 安全用电	学习情境一	安全用电及触电急救	
姓名	班级	日期	

两相触电是指人体同时触及两相电源或两相带电体，电流由一根相线经人体流入另一相线的现象，此时加在人体上的电压值为线电压，其危险性也最大。两相触电示意图如图 1-1-3 所示。

图 1-1-3 两相触电

2) 跨步电压触电

如果人或牲畜站在距离高压电线落地点 8～10 m 以内就有可能发生触电事故，这种触电叫作跨步电压触电，如图 1-1-4 所示。由于人的两脚与落地电线的距离不等，而地面本身是导体，当电流通过不同距离时电阻是不相等的，根据欧姆定律，两脚形成电位差，于是电流通过人体，造成跨步电压触电。跨步电压触电的电压值与接地电流、土壤电阻率、设备接地电阻及人体位置有关。特别是在发生高压接地故障或雷击时，会产生很高的跨步电压，所以跨步电压触电也是危险性较大的一种触电方式。

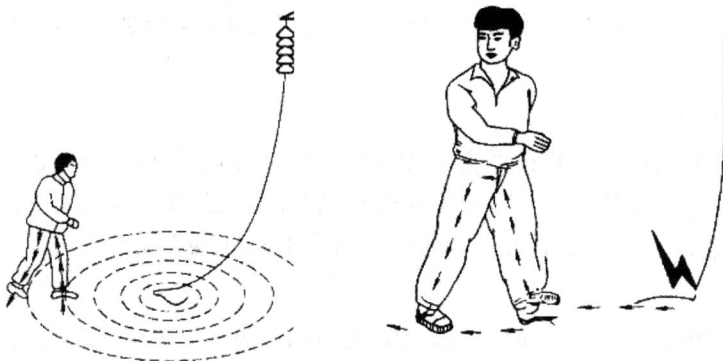

图 1-1-4 跨步电压触电

两相触电

跨步电压触电

二、电流对人体的伤害因素

人体对电流的反应非常敏感，触电时电流对人体的伤害程度与以下几个因素有关。

1. 电流的大小

通过人体的电流越大，人体的生理反应就越明显，感应就越强烈，引起心室颤动所需的时间越短，致命的危害也越大。对于工频交流电，按照通过人体电流的大小和人体所呈现的不同状态，可将电流大致分为下列三种：

(1) 感觉电流：引起人的感觉的最小电流(1～3 mA)。

(2) 摆脱电流：人体触电后能自主摆脱电源的最大电流(10 mA)。

(3) 致命电流：在较短的时间内危及生命的最小电流(30 mA)。

单元一　安全用电	学习情境一	安全用电及触电急救	
姓名	班级	日期	

2. 电压的高低

人体接触的电压越高，流过人体的电流越大，对人体的伤害越严重。但在触电事故的分析统计中，70%以上的死亡者是在对地电压为 220 V 的低压下触电的。如以触电者人体电阻为 1 kΩ 计算，在 220 V 电压作用下，通过人体的电流是 220 mA，能迅速使人致死。对地 220 V 以上的高压，本来危险性更大，但由于人们接触少，且对它警惕性较高，所以触电死亡事故占比约在 30%以下。

3. 频率的高低

实践证明，40～60 Hz 的交流电对人最危险，随着频率的增高，触电危险程度反而下降。高频电流不仅不会伤害人体，还能用于治疗疾病。

4. 时间的长短

人体触电，通过电流的时间越长，越易造成心室颤动，生命危险性就越大。据统计，触电 1～5 min 内急救，90%有良好的效果，10 min 内急救，有 60%救生率，超过 15 min 再急救，生还希望甚微。触电保护器的一个主要指标就是额定断开时间与电流乘积应小于 30 mA·s。实际产品一般额定动作电流为 30 mA，动作时间为 0.1 s，故小于 30 mA·s 可有效防止触电事故。

5. 电流通过人体的路径

电流通过头部可使人昏迷；通过脊髓可能导致瘫痪；通过心脏会造成心跳停止，血液循环中断；通过呼吸系统会造成窒息。因此，从左手到胸部是最危险的电流路径；从手到手、从手到脚也是很危险的电流路径；从脚到脚是危险性较小的电流路径。

6. 人体电阻的大小

人体电阻是不确定的电阻，皮肤干燥时一般为 100 kΩ 左右，而一旦潮湿可降到 1 kΩ。人体不同，对电流的敏感程度也不一样。一般情况，儿童较成年人敏感，女性较男性敏感，患有心脏病者，触电后的死亡可能性更大。

三、安全电压

当人体触电时，人体所承受的电压越低，通过人体的电流越小，触电伤害越轻，当电压低到某一定值后，对人体就不会造成伤害。在不带任何防护设备的条件下，当人体接触带电体时对各部分组织(如皮肤、神经、心脏、呼吸器官等)均不会造成伤害的电压值，叫作安全电压。在不同场合，安全电压的规定是不相同的。国家标准规定 42 V、36 V、24 V、12 V、6 V 为安全电压，这是为防止触电而采用的供电电压系列。实际工作中应根据使用环境、人员和使用方式等因素选用电压值。如特别危险环境中使用的手持电动工具应采用 42 V 安全电压。

单元一 安全用电	学习情境一	安全用电及触电急救	
姓名	班级	日期	

有电击危险环境中使用的手持照明灯和局部照明灯应采用 36 V 或 24 V 安全电压。金属容器内、特别潮湿处等特别危险环境中使用的手持照明灯应采用 12 V 安全电压。水下作业等场所应采用 6 V 安全电压。

四、触电的预防

1. 安全用电标志

明确统一的标志是保证用电安全的一项重要措施。标志分为颜色标志和图形标志。图形标志一般用来告诫人们不要去接近有危险的场所。颜色标志常用来区分各种不同性质、不同用途的导线，或用来表示某处的安全程度。为保证安全用电，必须严格按有关标准使用颜色标志和图形标志。我国安全色标采用的标准基本上与国际标准草案相同。

一般采用的安全色标志有以下几种：

(1) 红色：用来标志禁止、停止和消防，如信号灯、信号旗、机器上的紧急停机按钮等都是用红色来表示"禁止"的信息。

(2) 黄色：用来标志有危险，如"高压危险"等，如图 1-1-5 所示。

图 1-1-5 安全用电标志

(3) 绿色：用来标志是安全的，如"在此处工作""已接地"等。

(4) 蓝色：用来标志强制执行，如"必须戴安全帽"等。

(5) 黑色：用来标志图像、文字符号和警告标志的几何图形。

2. 设备运行安全知识

(1) 对于出现故障现象的电气设备、装置或电路，应马上切断电源并及时进行检修，务必在确保故障排除后再继续运行。

(2) 当需要切断故障区域的电源时，要尽量缩小停电范围。有分路开关的，应尽量切断故障区域的分路开关，避免越级断电。

(3) 对于开关设备的操作，必须严格遵照操作规程进行，合上电源时，应先合隔离开关，再合负荷开关；关断电源时，应先断开负荷开关，再断开隔离开关。

(4) 由于电气设备在运行时会发热，所以设备周围应具有良好的通风条件，还要避免电气设备受潮，设备放置位置应有防止雨、雪和水侵袭的措施。

(5) 电气设备的金属外壳，应该保护接地或接零。

单元一　安全用电	学习情境一	安全用电及触电急救
姓名　　　　　　　班级		日期

3. 安全用电常识

(1) 非电类专业人士不可安装和拆卸电气设备及电路。

(2) 禁止用"一线一地"安装用电器具，开关控制的应该是相(火)线。

(3) 家用电器烧焦、冒烟、着火时，必须立即断开电源，切不可用水或泡沫灭火器浇喷。

(4) 不要乱拉乱接电线，以防触电或发生火灾。

(5) 在同一个插座上不可接过多或功率过大的电器。

(6) 严禁用金属丝代替熔断器，严禁用金属丝绑扎电源线。

(7) 要用合格安全可靠的电源线、电源插头和插座，损坏的不能使用。

(8) 严禁私自在原有的线路上增加用电器具或采用不合格的用电器具。

(9) 不能用湿手接触带电电器，如开关、灯座等，更不可用湿布擦拭电器。

(10) 敷设在墙内的电线要放在专用阻燃护套内，电线的截面应满足负荷要求。

(11) 电动机和电气设备上不可放置衣物，更不可在电动机上坐立，雨具也不能挂在电动机或开关等电器的上方。

(12) 任何电气设备或电路的接线头都需用绝缘胶布包扎好，不可外露。

(13) 临时电源线临近高压输电线路时，应与高压输电线路保持足够的安全距离。

(14) 发现任何电气设备或电路的绝缘有破损时，应及时对其进行绝缘恢复。

(15) 若发现有人触电，严禁用手去拉触电者，应马上切断电源，用干燥木棍等挑开电线，再用正确的人工呼吸或胸外心脏挤压法进行现场急救。

4. 接地

接地是为保证电工设备正常工作和人身安全而采取的一种用电安全措施。因此，所有电气设备或装置的某一点与大地之间必须有可靠且符合技术要求的电气连接。接地装置是由埋入土中的金属接地体(角钢、扁钢、钢管等)和连接用的接地线构成的。

1) 工作接地

为了保证电气设备的安全运行，将电力系统中的变压器低压侧中性点接地，称为工作接地，如图 1-1-6 所示。

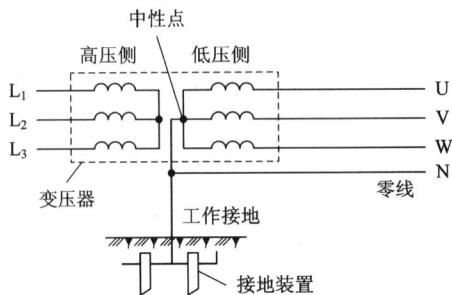

图 1-1-6　工作接地示意图

单元一 安全用电	学习情境一	安全用电及触电急救	
姓名	班级	日期	

2) 保护接地

保护接地是为防止电气装置的金属外壳、配电装置的构架和线路杆塔等带电危及人身和设备安全而进行的接地。该接地方法适用于中性点不接地的低压电网，如图 1-1-7 所示。

图 1-1-7 保护接地示意图

3) 重复接地

重复接地就是在中性点直接接地的系统中，在零干线的一处或多处用金属导线连接接地装置的接地方式。施工单位在安装时，应将配电线路的零干线和分支线的终端接地，零干线上每隔 1 千米做一次接地，如图 1-1-8 所示。

4) 共同接地

在接地保护系统中，将接地干线或分支线多点与接地装置连接，称为共同接地，如图 1-1-9 所示。

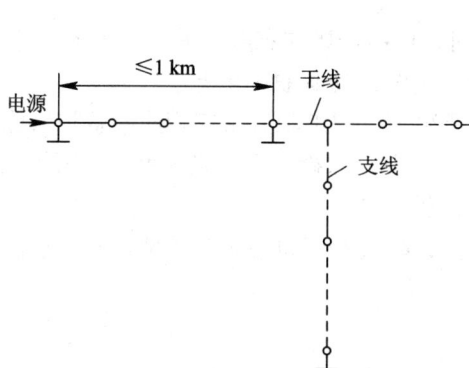

图 1-1-8 重复接地示意图 图 1-1-9 共同接地示意图

5) 防雷接地

防雷接地是指为了防止电气设备和建筑物因遭受雷击而受损，将避雷针、避雷线、避雷器等防雷设备进行的接地，如图 1-1-10 所示。

单元一　安全用电	学习情境一	安全用电及触电急救	
姓名	班级	日期	

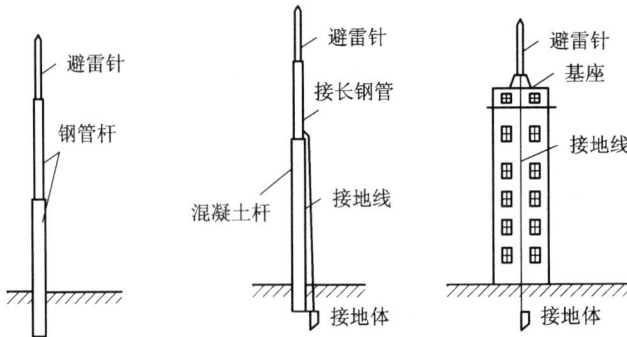

图 1-1-10　防雷接地示意图

五、触电急救

触电急救对于减少触电伤亡是十分有效的。人触电后，往往会失去知觉或者出现假死状况，此时，触电者能否被救治的关键在于救护者是否能及时采取正确有效的救护方法进行救治。当发生人身触电事故时，应该采取以下主要措施。

1. 尽快使触电者脱离电源

(1) 触电地点附近有电源开关或插座时，应立即拉开有关电源开关或拔掉插头，使触电者脱离电源。

(2) 触电地点附近无电源开关或插座时，可用有绝缘柄的钢丝钳或用有干燥木把的斧子切断电源线，使触电者脱离电源。

(3) 当电线搭落在触电者身上或压在身下时，可用干燥的衣服、手套、绳索、皮带、木板、木棒等绝缘物作为工具拉开触电者或挑开电线，使其脱离电源。

(4) 高压触电时，应在确保救护人安全的情况下，因地制宜采取相应的救护措施。例如，立即通知有关供电单位或有关部门停电；穿上绝缘靴、戴上绝缘手套、用相应电压等级的绝缘工具，按顺序拉开电源开关或熔断器。

(5) 触电者脱离电源后，应有防止造成摔伤、坠落的应急措施。平地也应注意倒下的方向，防止二次伤害。

2. 现场急救

1) 根据触电者身体状况确定正确的急救方法

触电发生后迅速用看、听、试的方法判定触电者有无意识、有无呼吸、有无心跳并大声呼叫，呼叫时不得摇动触电人的头部。

(1) 看：看触电者的胸部、腹部有无起伏。

(2) 听：用耳贴近触电者的口、鼻处，听有无呼吸声音。

单元一　安全用电	学习情境一	安全用电及触电急救	
姓名	班级	日期	

（3）试：试测触电者口、鼻处有无呼吸的气流，再用两手指轻试颈动脉有无搏动。

（4）若看、听、试结果既无呼吸，又无颈动脉搏动，可判定呼吸、心跳均已停止。

2）不同身体状态下的急救方法

（1）神志清醒、有呼吸、有心跳：静卧保暖，严密观察，也可送医院。

（2）神志不清、无呼吸、有心跳：用口对口人工呼吸法进行抢救。具体方法是：先使触电者头偏向一侧，清除口中杂物，使其气道保持畅通；急救者用放在触电人额上的手指捏住触电者的鼻翼，急救者深吸气后，与触电者口对口贴紧，在不漏气的情况下，先连续大口吹气两次，每次吹气为 $1\sim1.5\,s$，停 $3.5\sim4\,s$，每 $5\,s$ 一次，每分钟 12 次，如图 1-1-11 所示。

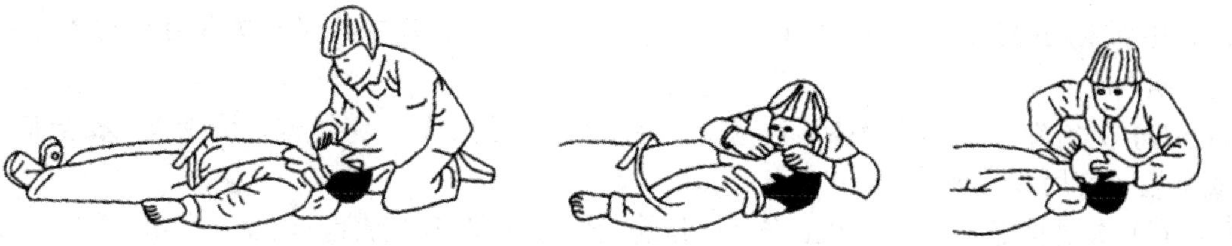

(a) 平躺并头后仰，清除口中异物	(b) 捏紧鼻子，贴嘴吹气	(c) 松开鼻子，使其自身呼气

图 1-1-11　口对口人工呼吸法

（3）神志不清、有呼吸、无心跳：用胸外心脏按压法进行抢救。具体方法是：先使触电者头部后仰，急救者跪跨在触电者腰部位置，右手放在触电者的胸上，左手压在右手上，垂直向下挤压 $3\sim4\,cm$ 后，立即放松，靠胸廓弹性使胸复位。按压必须有效，有效的标志是按压过程中可以触摸到触电人颈动脉搏动。按压时速度要均匀进行，每分钟 $80\sim100$ 次，每次按压和放松时间相同，如图 1-1-12 所示。

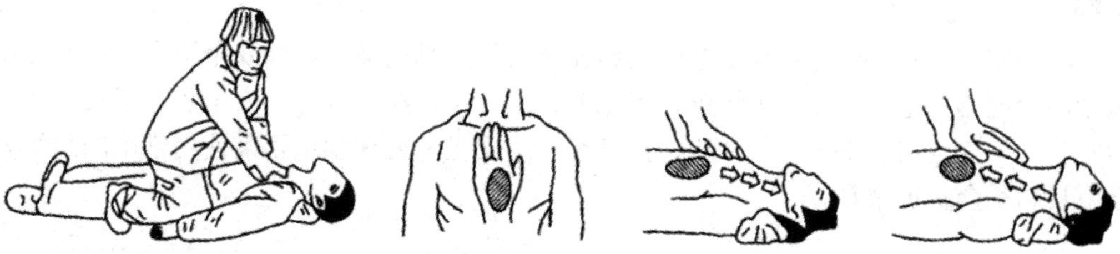

(a) 急救者跪跨在触电者腰部	(b) 手掌挤压部位	(c) 向下挤压	(d) 立即放松

图 1-1-12　胸外心脏按压法

（4）神志不清、无呼吸、无心跳：同时用口对口人工呼吸和胸外心脏按压法进行抢救。具体方法是：两人配合抢救时，应每 $5\,s$ 吹气一次，每 $1\,s$ 挤压一次，注意只可在换气时进行按压。单人抢救时，应先对触电者吹气 $2\sim3$ 次，然后再挤压心脏 $10\sim15$ 次，如此交替重复进行至触电者苏醒为止。

单元一　安全用电	学习情境二	电工安全用具及其使用	
姓名	班级	日期	

学习情境二　电工安全用具及其使用

📺 学习情境描述

(1) 教学情境描述：为了保证工作过程中不发生人身和设备事故，操作者必须正确使用各种安全用具，如电气设备的倒闸操作(在停电或不停电的电气设备上进行工作)，线路检修等工作都离不开安全用具，正确使用和管理安全用具，是杜绝操作者触电、高空坠落、电弧灼伤等工伤事故发生的一项重要措施。本学习情境中将对一些常用的安全用具进行介绍。

(2) 关键知识点：绝缘棒、验电器、绝缘手套、绝缘靴、绝缘鞋、绝缘垫、安全带、安全帽的使用和管理。

(3) 关键技能点：掌握电工安全用具的使用方法和使用场合，避免安全事故发生。

👷 学习目标

(1) 了解常用电工安全用具的作用。

(2) 掌握电工安全用具的使用方法和使用场合。

(3) 正确维护和检验电工安全用具。

👥 任务书

电工安全用具可分为绝缘安全用具和安全防护用具两类。绝缘安全用具一般包括绝缘棒、验电器、绝缘手套、绝缘靴、绝缘鞋、绝缘垫、绝缘台等。安全防护用具一般包括安全带、安全帽、携带型接地线、梯子等。本次任务要求学生正确使用常用的绝缘安全用具和安全防护用具。

单元一　安全用电	学习情境二	电工安全用具及其使用	
姓名	班级	日期	

任务分组

学生任务分配表如表 1-2-1 所示。

表 1-2-1　学生任务分配表

班级		组号		工位号	
组长		学号		指导老师	
组员					
任务分工:					

知识储备

引导问题 1：绝缘棒。

(1) 绝缘棒如图 1-2-1 所示，其结构主要由_____、_____、_____组成。

(2) 绝缘棒每_____检查一次，检查其表面无裂纹、机械损伤，联结部件使用灵活可靠。绝缘棒每_____必须试验一次，试验项目及标准按规定执行。

(3) 操作时应戴_____、穿绝缘靴或站在绝缘台(垫)上，并注意防止碰伤表面绝缘层。

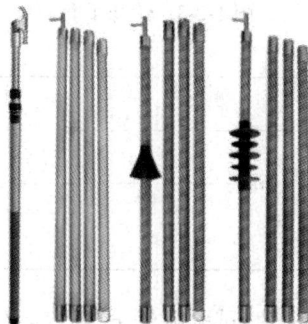

图 1-2-1　绝缘棒

引导问题 2：验电器。

验电器分为高压和低压两类，低压验电器又称为试电笔，如图 1-2-2 所示，其主要作用是检查电气设备或线路是否带有电压，它的工作范围是在_____之间。区分相线(火

单元一　安全用电	学习情境二	电工安全用具及其使用	
姓名	班级	日期	

线)和地线(零线)，氖光灯泡_____是相线，_____的是地线。使用时，手拿验电笔，用一个手指触及笔杆上的_____，金属笔尖顶端接触被检查的测试部位，如果氖管发亮则表明测试部位带电，并且氖管愈亮，说明电压愈高。

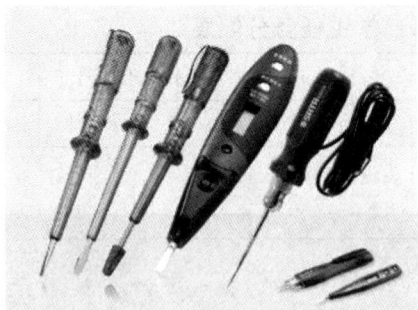

图 1-2-2　低压验电器

低压验电器的使用

引导问题 3：绝缘手套。

绝缘手套(见图 1-2-3)每_____试验一次。每次使用前应进行外部检查，查看表面有无损伤、磨损或破漏、划痕等，如何检查上述问题呢？

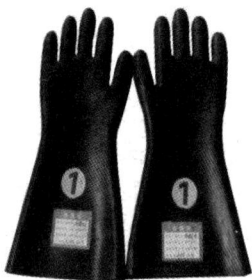

图 1-2-3　绝缘手套

_____

_____

_____

特别提示

绝缘手套用特种橡胶制成，按其试验耐压分为 12 kV 和 5 kV 两种，12 kV 绝缘手套可作为 1 kV 以上电压的辅助安全用具及 1 kV 以下电压的基本安全用具。5 kV 绝缘手套可作为 1 kV 以下电压的辅助安全用具，在 250 V 以下时作为基本安全用具，禁止用于1 kV 以上电气回路上。

单元一 安全用电	学习情境二	电工安全用具及其使用	
姓名	班级	日期	

❓ **引导问题 4**：绝缘鞋(靴)。

绝缘靴(鞋)如图 1-2-4 所示,有_____kV 绝缘短靴、_____kV 矿用长筒靴和_____kV 绝缘鞋,绝缘靴每_____检验一次。

图 1-2-4 绝缘鞋(靴)

❓ **引导问题 5**：安全帽。

近电报警安全帽(简称近电安全帽)如图 1-2-5 所示,是专门为电力工人设计制造的,它的作用是在有触电危险的环境中维护高压供电线路或配电设备且头部接近带电体时,安全帽会自动报警。每次使用近电安全帽前必须选择开关位置最适合的电压挡,然后按一下_____,能发出声、光信号后方可使用。

图 1-2-5 近电报警安全帽

特别提示

国家相关标准并没有在安全帽颜色使用上做出指导性规范,各个行业、系统、企业有不同的规范,国电系统使用规范如下所示。

(1) 白色：领导人员。
(2) 蓝色：管理人员。
(3) 黄色：施工人员。
(4) 红色：外来人员。

单元一　安全用电	学习情境二	电工安全用具及其使用	
姓名	班级	日期	

工作计划

(1) 制订工作方案，并完成表 1-2-2。

表 1-2-2　工 作 方 案

步骤	工 作 内 容	负责人
1		
2		
3		
4		
5		
6		
7		
8		

(2) 列出本任务所用仪表、工具和器材清单，并完成表 1-2-3。

表 1-2-3　器 具 清 单

序号	名　称	型号与规格	单位	数量	备注

单元一 安全用电	学习情境二	电工安全用具及其使用	
姓名	班级	日期	

进行决策

(1) 各组组员分别完成不同的安全用具的使用。

(2) 各组对其他组是否准确使用安全用具提出意见。

(3) 老师对各组的完成情况进行点评。

工作实施

1. 按照确定好的分工实施

(1) 各组依次领取安全帽、绝缘靴、绝缘鞋、绝缘地垫、绝缘棒、验电笔、绝缘手套、安全带等。

(2) 模拟电工操作员，穿戴好工服。

(3) 检查、检测安全用具是否正常。

(4) 正确佩戴安全帽、穿好绝缘鞋。

2. 电工安全用具的正确使用

(1) 正确使用绝缘棒。能正确打开绝缘棒，手握部位不得越过护环；用绝缘棒来拆除临时接地线(模拟临时接地线)；处理带电体(模拟)上的异物。

(2) 正确使用验电笔。拿验电笔进行插座带电验电。手指触及笔尾的金属体，使氖管小窗背光朝自己，当电笔测试时，电流经带电体、电笔、人体到大地形成通电回路，电笔中的氖泡发光。

(3) 戴绝缘手套。在戴绝缘手套前对绝缘手套进行气密性检查，具体方法是：手套内部进入空气后，将手套朝手指方向卷曲，并保持密闭，当卷到一定程度时，内部空气因体积压缩，压力增大，手指膨胀，仔细观察有无漏气。

(4) 正确使用安全带。安全带应系在腰下面、臀部上面的胯部位，使用中的安全带及后备绳应挂在结实牢固的构件上并要检查是否扣好。

单元一　安全用电	学习情境二	电工安全用具及其使用	
姓名	班级	日期	

思政课堂

　　电工安全用具的可靠性需要定期试验,试验要求和周期依据《电力安全工作规程》(以下简称《安规》)来执行。《安规》是国家制定的标准,各电力公司根据国标制定相应的企业标准。《安规》规定了从事电力生产单位和电气工作人员在电力工作场所中的基本安全要求。

　　国家标准是指由国家标准化主管机构批准发布,对全国经济、技术发展有重大意义,且在全国范围内统一执行的标准。国家标准分为强制性国标(GB)和推荐性国标(GB/T)。《中华人民共和国标准化法》将我国标准分为国家标准、行业标准、地方标准(DB)、企业标准(QB)四级。

　　类似《安规》等这样的法规需要每个从业者遵守,是从业者职业规范和操守以及合规合法作业的体现。遵守法规有利于保护从业者的生命和财产安全以及合法权益,减少安全事故的发生,有利于企业管理运营和发展。

思政要点:

　　《电力安全工作规程》等国标、行标、企标规定了电力工作人员在电力工作场所中的基本安全要求,是工作人员职业操守和规范的依据,作为从业者要认真学习相关标准和法规,依法依规完成作业操作。

单元一 安全用电	学习情境二	电工安全用具及其使用	
姓名	班级	日期	

评价反馈

各组派代表展示作品，介绍任务完成过程，并完成评价表 1-2-4～表 1-2-6。

表 1-2-4 学生自评表

序号	评价项目	完成情况记录	自评结论：
1	是否按时间计划完成任务		
2	引导问题中理论知识是否填写完整		
3	工作台是否整理干净		
4	器材使用过程中有无破损现象		
5	施工过程中的安全情况		

表 1-2-5 学生互评表

序号	评价项目	组内互评	组间互评	互评结论：
1	是否按时间计划完成任务			
2	施工质量			
3	引导问题中理论知识是否填写完整			
4	工作台是否整理干净			
5	器材使用过程中有无破损现象			
6	施工过程中的安全情况			

表 1-2-6 教师评价表

序号	评价项目	教师评价	教师评价结论：
1	学习准备情况		
2	引导问题中理论知识填写情况		
3	操作规范		
4	施工质量		
5	关键技能		
6	施工时间		
7	8S管理落实情况		
8	沟通协作		
9	汇报展示		

综合评价结果：

单元一　安全用电	学习情境二	电工安全用具及其使用	
姓名　　　　　　　　班级		日期	

学习情境的相关知识点

一、绝缘安全用具

绝缘安全用具分为基本绝缘安全用具和辅助绝缘安全用具，基本绝缘安全用具是指绝缘强度足以抵抗电气设备运行电压的安全用具，可分为高压基本安全用具和低压基本安全用具。高压基本安全用具主要有绝缘棒、绝缘夹钳、高压验电器等；低压基本安全用具主要有绝缘手套、有绝缘柄的工具、低压试电笔等。辅助绝缘安全用具是指绝缘强度不足以抵抗电气设备运行电压的安全用具。辅助绝缘安全用具分为高压设备的辅助绝缘安全用具和低压设备的辅助绝缘安全用具，高压设备的辅助绝缘安全用具主要有绝缘手套、绝缘鞋、绝缘垫、绝缘台等。低压设备的辅助绝缘安全用具主要有绝缘台、绝缘垫、绝缘鞋(靴)等。

1. 绝缘棒

绝缘棒又称绝缘杆，一般用电木、胶木、塑料、环氧玻璃布棒或环氧玻璃布管制成，主要由工作部分、绝缘部分、手握部分组成。其主要用来接通或断开跌落保险开关、安装和拆除临时接地线以及进行带电测量和试验等工作。工作部分通常由金属或具有较大机械强度的绝缘材料制成，一般不宜过长，在满足工作需要的情况下，长度不宜超过 5～8 cm，以免操作时发生相间或接地短路。绝缘部分和握手部分一般是由环氧树脂管制成，绝缘杆的杆身要求光洁、无裂纹或硬伤，其长度根据工作需要、电压等级和使用场所而定。为了便于携带和保管，绝缘杆一般分段制作组装，每段端头用螺丝或卡扣等方式连接。

(1) 绝缘棒每三个月检查一次，检查其表面有无裂纹、机械损伤，连接部件是否使用灵活可靠。绝缘棒每年必须试验一次。超试验周期的绝缘棒禁止使用。

(2) 绝缘棒应保存在干燥的室内，并有固定的位置，不能与其他物品混杂存放。

(3) 使用绝缘棒前，应检查其外表是否干净、干燥、无明显损伤，不应沾有油污、水泥等杂物。

(4) 使用绝缘棒时，操作人应戴绝缘手套，雷雨天或接地网不合格时还应穿绝缘靴，以加强绝缘棒的保护作用。

(5) 在下雨、下雪天用绝缘棒在高压回路上工作时，还应使用带防雨罩的绝缘棒。

(6) 使用绝缘棒工作时，操作人员应选择好合适的站立位置，保证工作对象在移动过程中与相邻近的带电体保持足够的安全距离。

(7) 使用绝缘棒装拆地线等较重的物体时，应注意绝缘棒的受力角度，以免绝缘棒损坏或绝缘棒所挑物件失控落下，造成人员和设备损伤。

(8) 使用后要把绝缘棒擦干净，存放在干燥的地方，以免受潮。

单元一 安全用电	学习情境二	电工安全用具及其使用	
姓名	班级	日期	

2. 高压验电器

高压验电器是用来检测 6~35 kV 的配电设备、架空线路及电缆等是否带电的专用工具。常用的高压验电器有回转验电器和具有声光信号的验电器，其具有携带方便、灵敏度高、选择性强、信号指示鲜明、操作方便等优点，广泛用于高压交流系统验电。

1) 回转验电器的使用与管理

(1) 为保证使用安全，每半年进行一次电气试验。

(2) 使用前，按被测设备的电压等级，选择适合电压等级的验电器。

(3) 将验电器杆身全部拉伸开，操作人手握验电器护环以下的部位，不准超过护环，逐渐靠近被测设备，一旦指示叶片开始均匀转动，即表明该设备有电，否则设备无电。

(4) 当电缆回路或电容器上有剩余电荷时，回转指示器叶轮仅短时缓慢转动几圈后便自行停转。

(5) 每次使用完毕，应收缩验电器杆身并及时取下回转指示器，并将表面尘埃擦净后放入包装袋，存放在干燥处。

(6) 回转指示器应妥善保管，不得受到强烈振动或冲击，也不准擅自拆装调整。

2) 声光式验电器的使用与管理。

声光式验电器的使用方法及注意事项与回转验电器所不同的是验电前要按下试验按钮，观察验电器头的声光指示是否正常。声光式验电器可用于 6~10 kV 及以上交流系统验电。

3. 低压验电器

低压验电器又称试电笔或电笔，它的工作范围在 100~500 V 之间，氖管灯泡亮时表明被测电器或线路带电，也可以用来区分火(相)线和地(中性)线，此外还可用它区分交、直流电，当氖管灯泡两极附近都发亮时，被测体带交流电，当氖管灯泡一个电极发亮时，被测体带直流电。

低压验电器使用与管理的注意事项如下：

(1) 使用时，手拿验电笔，用一个手指触及笔杆上的金属部分，用金属笔尖顶端接触被检查的测试部位，如果氖管发亮则表明测试部位带电，并且氖管愈亮，说明电压愈高。

(2) 低压验电笔在使用前要在确知有电的地方进行试验，以证明验电笔确实工作正常。

(3) 阳光照射下或光线强烈时，氖管发光指示不易看清，应注意观察或遮挡照射光线。

(4) 验电时人体与大地绝缘良好时，被测体即使有电，氖管也可能不发光。

(5) 低压验电笔只能在 500 V 以下使用，禁止在高压回路上使用。

(6) 验电时要防止造成相间短路，以防电弧灼伤。

单元一　安全用电	学习情境二	电工安全用具及其使用	
姓名	班级	日期	

4. 绝缘手套

绝缘手套是在高压电气设备上进行操作时使用的辅助安全用具，如用来操作高压隔离开关、高压跌落开关，装拆接地线，在高压回路上验电等工作。在低压交直流回路上带电工作时，绝缘手套也可以作为基本安全用具使用。

绝缘手套使用与管理的注意事项如下：

(1) 绝缘手套每半年试验一次，超试验周期的手套不准使用。

(2) 每次使用前应进行外部检查，查看表面有无损伤、磨损或破漏、划痕等。如有砂眼漏气情况，则禁止使用。检查方法是，手套内部进入空气后，将手套朝手指方向卷曲，并保持密闭，当卷到一定程度时，内部空气因体积压缩，压力增大，手指膨胀，细心观察有无漏气。

(3) 使用绝缘手套，不能抓拿表面尖利带毛刺的物品，以免损伤绝缘手套。

(4) 绝缘手套使用后应将沾在手套表面的脏污擦净、晾干。

(5) 绝缘手套应存放在干燥、阴凉通风的地方，并倒置在指形支架或存放在专用柜内，绝缘手套上不得堆压任何物品。

(6) 绝缘手套不准与油脂、溶剂接触、合格与不合格的手套不得混放一处，以免使用时造成混乱。

5. 绝缘鞋(靴)

绝缘靴的作用是使人体与地面绝缘，是高压操作时使人与地保持绝缘的辅助安全用具，可以作为防护跨步电压的基本安全用具。绝缘鞋(靴)有 20 kV 绝缘短靴、6 kV 矿用长筒靴和 5 kV 绝缘鞋。20 kV 绝缘短靴在 1～220 kV 高压区可作为辅助绝缘安全用具，不得触及带电体。对于 1 kV 以下电压区域，此绝缘短靴也不能作为基本安全用具，穿靴后仍不能用手触及带电体。6 kV 矿用长筒靴，适用于矿井下操作 600 V 及以下电气设备作辅助绝缘安全用具使用，特别是在低压电缆交错复杂、作业面潮湿或有积水、电气设备容易漏电的情况下，应防止脚下意外触电事故。5 kV 绝缘鞋适用于电工穿用，在电压 1 kV 以下作辅助绝缘安全用具使用，严禁在 1 kV 以上使用。

绝缘鞋(靴)的使用与管理规章如下：

(1) 每半年对绝缘靴试验一次，不合格的绝缘靴要及时收回。超试验期的绝缘靴禁止使用。

(2) 绝缘靴不得当作雨鞋或作其他之用，一般胶靴也不能代替绝缘靴使用。

(3) 绝缘靴在每次使用前应进行外部检查，表面应无损伤、磨损或破漏、划痕等，有破漏、砂眼的绝缘靴应禁止使用。

(4) 为方便操作人员使用，现场应配大号、中号绝缘靴各两双。

(5) 绝缘靴存放在干燥、阴凉的专用柜内，其上不得放压任何物品。

(6) 不得与油脂、溶剂接触，合格与不合格的绝缘靴不准混放，以免使用时拿错。

单元一 安全用电	学习情境二	电工安全用具及其使用	
姓名	班级	日期	

二、安全防护用具

1. 安全带

安全带是高空作业人员预防高空坠落伤亡事故的防护用具，在高空从事安装、检修、施工等作业时，为预防作业人员从高空坠落，必须使用安全带予以保护。安全带是由带子、绳子和金属器件组成的，根据现场作业性质的不同，所用的安全带结构形式也有所不同，常用的有围杆作业安全带和悬挂安全带。围杆作业安全带适用于一般电工、通信外线工等杆上作业，悬挂作业安全带适用于安装、建筑等作业。安全带和所用保护绳是用锦纶、维尼纶等高强度材料制作的，电工围杆带可用优质黄牛皮制作，金属配件是用碳素钢或铝合金制作的。安全带的破断强度必须达到国家规定的安全带破断拉力标准。

安全带的使用与管理规定如下：

(1) 安全带试验周期为半年，试验标准按国家有关规定执行。

(2) 安全带使用前，作一次外观全面检查，如发现破损、伤痕、金属配件变形、裂纹，则不准再次使用，平时每一个月进行一次外观检查。

(3) 安全带应高挂低用或水平拴挂。高挂低用就是将安全带的保护绳挂在高处，人在下面工作；水平拴挂就是使用单腰带时，将安全带系在腰部，保护绳挂钩和安全带在同一水平位置，人与挂钩保持等于绳长的距离，禁止低挂高用，并应将活梁卡系好。

(4) 安全带上的各种附件不得任意拆除或不用，更换新保护绳时要有加强套，安全带的正常使用期限为3~5年，发现损伤应提前报废换新。

(5) 安全带使用和保存时，应避免接触高温、明火和酸等腐蚀性物质，以及有坚硬、锐利的物体。

2. 安全帽

安全帽一般指工作人员在作业时防止高空掉落物品伤害头部的劳动保护用品。佩戴近电安全帽后，在接近高压源，满足三项报警距离(6 kV≥0.5 m、10 kV≥1 m、35 kV≥2 m)之一时，报警器会发出连续间隙的报警声响。近电安全帽可非接触性检测高低压线路是否带电或断电，判别火线、零线，判断电器设备是否带电、漏电等。

安全帽的使用与管理有下列注意事项：

(1) 安全帽帽衬起缓冲作用，由带子来调节其松紧。要求人体头顶和帽壳内顶空间为25~50 mm，当遭受冲击时帽体有足够的空间可供缓冲，平时有利于通风。

(2) 使用时必须戴正，下颏带系结实。

(3) 使用前应仔细检查有无龟裂、下凹、裂痕和磨损，材质是否老化变脆。

(4) 每次使用近电安全帽之前其电压选择开关位置应选择最适合的电压挡，然后按一下自检开关，能发出声、光信号后，方可使用。发现报警明显降低时，表明电池寿命即将终止，应及时更换电池，更换电池时一定要注意电池的正负极性。

单元一　安全用电	学习情境二	电工安全用具及其使用	
姓名	班级		日期

(5) 头戴或手持近电报警安全帽检修架空电力线路和用电设备时，在报警距离范围内若能发出报警声，则表明电力线路或用电设备带电，否则表明电力线不带电。

(6) 判断低压火线、零线时，用该帽靠近其中一根线的绝缘层，如能发出报警声则为火线。

(7) 当接近设备机壳时，若安全帽发出报警信号，则表明机壳带电或漏电。

3. 梯子

梯子是工作现场常用的登高工具，分为直梯和人字梯两种，直梯和人字梯又分为可伸缩型和固定长度型，一般用优质木材、竹子、铝合金及高强度绝缘材料，如环氧树脂等制成，直梯通常用于户外登高作业，人字梯通常用于室内登高作业。从事电气作业不应使用金属材料制成的梯子。

梯子的使用与管理应注意下列事项：

(1) 严格执行管理规定，定期进行检查及试验，对不符合要求的梯子、高凳等，不准使用。

(2) 使用前应检查梯子是否坚固、完整、可靠，应能承受工作人员及携带工具攀登的重量。

(3) 立梯子倾斜角保持在 75°±5°，上梯时应有人扶梯，扶梯人应戴安全帽，脚顶着梯子根部。

(4) 当梯子靠在杆、管道上使用时，上端必须绑牢。

(5) 使用高凳时应全部张开，挂好挂钩或拴好拉绳，4 m 以上高凳应拴晃绳(或有人扶梯)。

单元二　电工工具及仪表的使用

电工工具及仪表的使用概述

　　电工工具是电气操作的基本工具，是否正确、合理的使用电工工具将影响施工质量和工作效率，影响电工工具的使用寿命和操作人员的安全。电工仪表是工农业生产、国防建设以及科学实验的基本测量工具之一。它的作用是测量各种电气参数，如电流、电压、周期、频率、电功率、功率因数、电阻、电感、电容等。电工通过测量这些电参数数值，便可以了解电路中电气设备的技术性能和工作情况，以便进行适当的处理和必要的调整，保证电路的正常工作和设备的安全运行。作为一名电工必须要掌握常用电工仪表及常用电工工具的原理和使用方法，能够正确、熟练地使用螺丝刀、钢丝钳、斜口钳、压线钳、电工刀及剥线钳等工具；能够正确、熟练地使用扳手、手锯、锉刀等工具；能够正确、熟练地操作使用手电钻等手持式电动工具；会正确操作使用万用表；会正确操作使用兆欧表；会正确操作使用手持数字电桥。

单元二　电工工具 及仪表的使用	学习情境一	常用电工工具及其使用	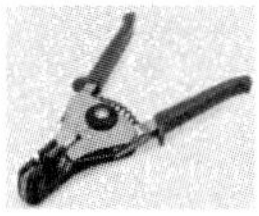
姓名　　　　　　班级		日期	

学习情境一　常用电工工具及其使用

学习情境描述

(1) 教学情境描述：工具是指进行生产劳动时所使用的器具；后引申为达到、完成或促进某一事物的手段。工具可以是一个相对概念，因为其概念不是一个具体的物质，所以只要能使物质发生改变的物质，相对于那个能被它改变的物质而言就是工具。在电工作业时，为了能够安全有效地进行作业，会用到很多电工工具，包括螺丝刀、钢丝钳、剥线钳、压线钳、电批、手电钻和冲击钻等。随着工业水平的发展，电工工具的功能性、多样性、电动工具的种类和功能也越来越多，在本学习情境中我们学习一些常用的工具。

(2) 关键知识点：电工刀、螺丝刀、剥线钳、电批和手电钻的结构和使用。

(3) 关键技能点：掌握电工常用工具的正确使用方法。

学习目标

(1) 能够正确使用螺丝刀安装螺丝。

(2) 学会用电工刀、尖嘴钳、偏口钳和剥线钳等工具对导线进行剪切和绝缘层的剥削。

(3) 学会使用电批、手电钻对螺丝进行快速安装和拆卸。

(4) 了解冲击钻的使用。

任务书

本次任务要求学生使用螺丝刀和电批紧固和拆卸螺丝，使用电工刀、尖嘴钳、偏口钳和剥线钳等工具对导线进行剪切和绝缘层的剥削，熟练掌握电工常用工具的正确使用方法及操作要领，帮助学生养成良好的文明作业规范。

单元二　电工工具 及仪表的使用	学习情境一	常用电工工具及其使用	
姓名	班级	日期	

任务分组

学生任务分配表如表 2-1-1 所示。

表 2-1-1　学生任务分配表

班级		组号		工位号	
组长		学号		指导老师	
组员					
任务分工：					

知识储备

引导问题 1：电工刀。

电工刀(见图 2-1-1)由 _____ 、 _____ 、
_____ 、刀挂等构成。使用电工刀时，应将刀口
_____ ，一般是 _____ 持导线， _____ 握刀柄。

图 2-1-1　电工刀

引导问题 2：螺丝刀。

(1) 螺丝刀(见图 2-1-2)按头部形状分为 _____
形和 _____ 形两种。

(2) 在紧固电气装置接线桩头上的小螺钉时，
如何使用小螺丝刀呢？

_____

_____

图 2-1-2　螺丝刀

单元二　电工工具 及仪表的使用	学习情境一	常用电工工具及其使用	
姓名	班级	日期	

(3) 用螺丝刀在电气设备或电气元件上紧固或者拆卸螺钉时，如何避免触电呢？

_____

_____

_____

特别提示 ●

螺丝刀的规格型号如下：

(1) 一字形螺丝刀的型号表示为刀头宽度 × 刀杆。例如，2 × 75 mm，表示刀头宽度为 2 mm，杆长为 75 mm(非全长)。

(2) 十字形螺丝刀的型号表示为刀头大小 × 刀杆。例如，2# × 75 mm，表示刀头为 2 号，金属杆长为 75 mm(非全长)。

● ────────────────

引导问题 3： 钢丝钳、尖嘴钳和偏口钳。

电工用钢丝钳(见图 2-1-3)、尖嘴钳(见图 2-1-4)、偏口钳(见图 2-1-5)钳柄上套有耐压为_____V 以上的绝缘套管。常用钢丝钳的规格有_____、_____和_____三种。尖嘴钳按其全长分为_____、_____、_____、_____四种。_____适合用来剪除缠绕元器件后多余的引线。

常用电工工具

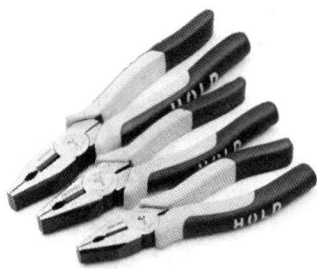

图 2-1-3　钢丝钳　　　　图 2-1-4　尖嘴钳　　　　图 2-1-5　偏口钳

特别提示 ●

钢丝钳、尖嘴钳、偏口钳是一种利用杠杆原理，用于弯曲小的金属材料、夹持扁形或者圆形零件、切断金属丝或导线等的工具。为了能够避免生锈造成钳子夹持费力，需要在钳轴处经常加油润滑。

● ────────────────

单元二　电工工具 及仪表的使用	学习情境一	常用电工工具及其使用	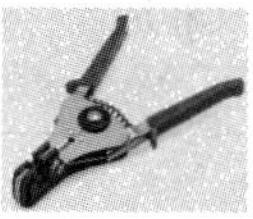
姓名	班级	日期	

？ 引导问题 4： 剥线钳。

(1) 剥线钳(见图 2-1-6)用来剥削截面为_____以下的塑料或橡皮导线端部的表面绝缘层。剥线钳的刀口分为_____的多个直径刀口，用于不同规格的导线剥削。

图 2-1-6　剥线钳

(2) 简述剥线钳的使用方法。

_____

_____

？ 引导问题 5： 多功能剥线钳。

(1) 多功能剥线钳(见图 2-1-7)可用于_____、_____、_____等。

图 2-1-7　多功能剥线钳

(2) 简述多功能剥线钳的使用方法。

_____

_____

？ 引导问题 6： 电批。

(1) 电批是用于快速拧紧和旋松螺钉的电动工具，其结构如图 2-1-8 所示。调扭螺纹套可以设定电批_____。_____可以控制电批头顺时针、逆时针方向旋转。调扭刻线对电批扭力值进行调节后，需注意什么？

_____

单元二　电工工具 及仪表的使用	学习情境一	常用电工工具及其使用	
姓名	班级	日期	

(2) 操作时将电批拿直，电批头紧贴螺丝头缺口；电批要_____锁螺丝面。当电批工作时若出现摇晃大、不转动、转速不顺等状况，则必须_____，以免损坏电批。

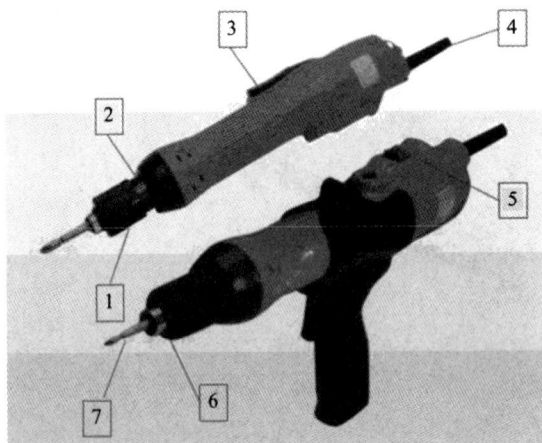

1—调扭螺纹套；
2—调扭刻线；
3—提环压丙开关；
4—电源线；
5—换向开关；
6—刀头锁套；
7—电批头。

图 2-1-8　电批的结构

引导问题 7： 手电钻和冲击钻。

(1) 简述使用手电钻的注意事项。

_____

_____

_____

_____

_____

(2) 手电钻和冲击钻的区别是什么？

_____

_____

_____

_____

_____

单元二　电工工具及仪表的使用	学习情境一	常用电工工具及其使用	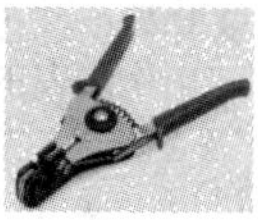
姓名　　　　　　班级		日期	

工作计划

(1) 制订工作方案，并完成表 2-1-2。

表 2-1-2　工 作 方 案

步骤	工 作 内 容	负责人
1		
2		
3		
4		
5		
6		
7		
8		

(2) 列出本任务所需仪表、工具和器材清单，并完成表 2-1-3。

表 2-1-3　器 具 清 单

序号	名　称	型号与规格	单位	数量	备注

单元二　电工工具 及仪表的使用	学习情境一	常用电工工具及其使用	
姓名	班级	日期	

进行决策

(1) 各组派代表规划实操项目和顺序。

(2) 各组对其他组的设计方案提出自己的建议。

(3) 老师对各组的设计方案进行点评，将方案做到最佳。

工作实施

(1) 螺丝刀的使用。

① 小螺丝刀的使用：小螺丝刀一般用来紧固电气装置接线桩头上的小螺钉。使用时可用大拇指和中指夹着握柄，用食指顶住柄的末端捻旋，如图 2-1-9 所示。

② 大螺丝刀的使用：大螺丝刀一般用来紧固较大的螺钉。使用时，除大拇指、食指和中指要夹住握柄外，手掌还要顶住柄的末端，这样可以防止旋转时滑脱，如图 2-1-10 所示。

③ 较长螺丝刀的使用：可用右手压紧并转动手柄，左手握住螺丝刀的中间部分，以使螺丝刀不致滑脱，此时左手不得放在螺钉的周围，以免螺丝刀滑出时将手划破。

图 2-1-9　小螺丝刀的使用　　　　　图 2-1-10　大螺丝刀的使用

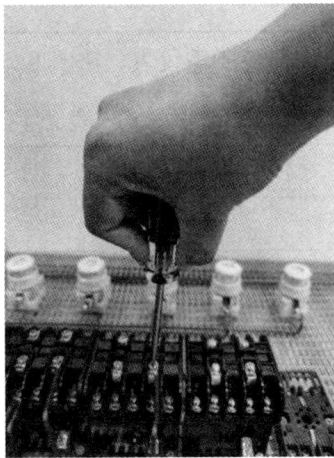

(2) 绝缘软线及线芯截面为 2.5 mm² 及以下的绝缘单芯硬线用钢丝钳和剥线钳剥削绝缘层。

① 用钢丝钳剥削导线绝缘层，用左手捏住导线，在需剖削线头处用钢丝钳刀口轻轻切破绝缘层，但不可切伤线芯，如图 2-1-11(a)所示。用左手拉紧导线，右手握住钢丝钳头部用力向外勒去塑料层，如图 2-1-11(b)所示。在勒去绝缘层时，不可在钢丝钳刀口处加剪切力，否则会切伤线芯。剖削出的线芯应保持完整无损，如有损伤，则应剪断后，重新剥削。

单元二　电工工具及仪表的使用	学习情境一	常用电工工具及其使用	
姓名	班级	日期	

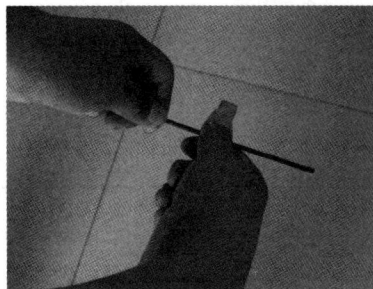

(a) 切断绝缘层　　　　　　　　(b) 剥去绝缘层

图 2-1-11　钢丝钳剥削塑料硬线绝缘层

② 用剥线钳剥削导线绝缘层，根据导线的尺寸，将导线伸入合适尺寸的剥线刃口内。用手将两个钳柄一捏，首先是用压线口压住导线，防止导线移动，剪线孔同时慢慢合拢，逐渐剪切绝缘层；随着钳柄的收缩，钳口慢慢张开，此时，绝缘层便与芯线脱开；放松钳柄，剥线作业完成，如图 2-1-12 所示。

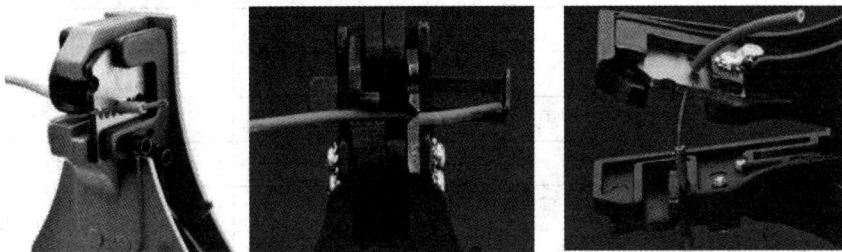

图 2-1-12　剥线钳的使用

③ 剥削带护套的多芯绝缘硬线和线芯面积大于 $4\ mm^2$ 及以上的塑料硬线用电工刀剥削绝缘层。用电工刀剥削塑料绝缘硬线的绝缘层如图 2-1-13 所示。

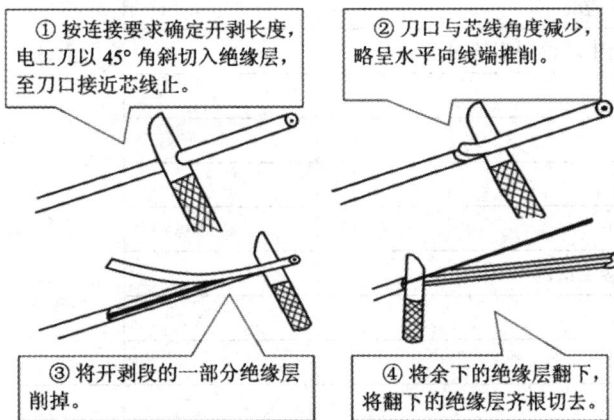

① 按连接要求确定开剥长度，电工刀以 45° 角斜切入绝缘层，至刀口接近芯线止。

② 刀口与芯线角度减少，略呈水平向线端推削。

③ 将开剥段的一部分绝缘层削掉。

④ 将余下的绝缘层翻下，将翻下的绝缘层齐根切去。

图 2-1-13　电工刀剥削塑料绝缘硬线

单元二　电工工具 及仪表的使用	学习情境一	常用电工工具及其使用	
姓名	班级	日期	

评价反馈

各组派代表展示作品，介绍任务完成过程，并完成评价表 2-1-4～表 2-1-6。

表 2-1-4　学 生 自 评 表

序号	评 价 项 目	完成情况记录	自评结论：
1	是否按时间计划完成任务		
2	引导问题中理论知识是否填写完整		
3	工作台是否整理干净		
4	器材使用过程中有无破损现象		
5	施工过程中的安全情况		

表 2-1-5　学 生 互 评 表

序号	评 价 项 目	组内互评	组间互评	互评结论：
1	是否按时间计划完成任务			
2	施工质量			
3	引导问题中理论知识是否填写完整			
4	工作台是否整理干净			
5	器材使用过程中有无破损现象			
6	施工过程中的安全情况			

表 2-1-6　教 师 评 价 表

序号	评 价 项 目	教师评价	教师评价结论：
1	学习准备情况		
2	引导问题中理论知识填写情况		
3	操作规范		
4	施工质量		
5	关键技能		
6	施工时间		
7	8S 管理落实情况		
8	沟通协作		
9	汇报展示		
综合评价结果：			

单元二 电工工具 及仪表的使用	学习情境一	常用电工工具及其使用	
姓名	班级	日期	

学习情境的相关知识点

思政课堂

　　工具是指进行生产劳动时所使用的器具。我国有位伟大的发明家鲁班创造发明了许多木工工具，包括墨斗、刨子、钻子、凿子以及铲子等。通过发明灵巧的工具将土木匠从原始的、繁重的劳动中解脱出来，所以两千多年来，鲁班一直被尊奉为"木工祖师"。

　　鲁班精神：注重细节、勤于思考、勇于创新、不断学习、立足实践、刻苦钻研、精益求精。

　　"鲁班奖"：全称为"建筑工程鲁班奖"，标志着中国建筑业工程质量的最高荣誉，由住房和城乡建设部、中国建筑业协会颁发。

　　鲁班工坊：是我国围绕国家"一带一路"倡议，把我国优秀的职业教育成果输出国门与世界分享，旨在助力我国职业教育走出去、服务走出去的创新型国际化职业教育服务项目，是以鲁班的大国工匠形象为依托，搭建的我国职业教育与世界对话交流的实体桥梁。

　　思政要点：

　　学习鲁班的事迹和发明工具的故事，明白工具对人类生产力发展的重要意义，学习鲁班精神，培养职业技能人才的工匠精神，了解鲁班工坊的重大意义，树立发挥工匠精神报效国家的远大理想。

一、电工刀

　　电工刀是电工常用的一种切削工具，用来剥削导线绝缘层、切割电工器材和削制木榫。普通的电工刀由刀片、刀刃、刀把、刀挂等构成。电工刀的刀刃部分磨得不可太锋利，太锋利容易削伤线芯；磨得太钝，则无法剥削绝缘层。磨刀刃一般采用磨刀石或油磨石磨好后再把底部磨倒角，即刃口略微圆一些。电工刀刀柄是不绝缘的，不能在带电导线上进行操作，以免发生触电事故。电工刀使用完毕，应将刀体折入刀柄内。

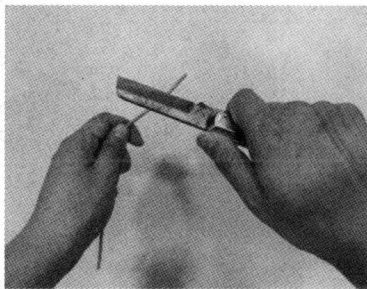

(a) 电工刀握法

　　使用电工刀时，应将刀口朝外，一般是左手持导线，右手握刀柄，如图 2-1-14(a)所示。刀片与导线成较小锐角，否则会割伤导线，如图 2-1-14(b)所示。塑料硬导线与塑料护套线的剥削方法如图 2-1-14(c)、(d)所示。

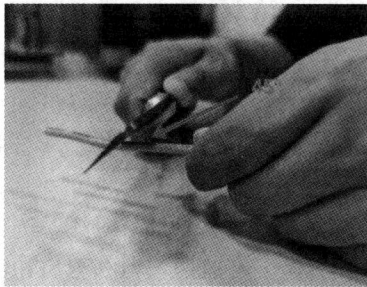

(b) 电工刀剥削绝缘层的方法

单元二　电工工具 及仪表的使用	学习情境一	常用电工工具及其使用	
姓名	班级	日期	

(c) 塑料硬导线的剥削　　　　　　　　(d) 塑料护套线的剥削

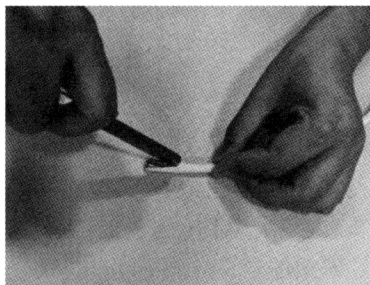

图 2-1-14　电工刀的使用

二、螺丝刀

螺丝刀又称起子、改锥，是电工最常用的基本工具之一，用来拆卸、坚固螺钉。

1. 螺丝刀的种类和结构

螺丝刀的规格按其性质分有非磁性材料和磁性材料两种；按头部形状分为一字形和十字形两种；按握柄材料分为木柄、塑柄和胶柄，其结构如图 2-1-15 所示。

图 2-1-15　螺丝刀

2. 螺丝刀的使用注意事项

(1) 电工必须使用带绝缘手柄的螺丝刀，不可使用金属杆直通柄顶的螺丝刀，否则使用时很容易造成触电事故。

(2) 使用螺丝刀紧固或拆卸带电的螺丝钉时，手不得触及螺丝刀的金属杆，以免发生触电事故。

(3) 为了防止螺丝刀的金属杆触及皮肤或触及相邻近带电体，应在金属杆上套装绝缘管。

(4) 使用螺丝刀时，应注意选择与螺钉槽相同且大小规格相应的螺丝刀。

(5) 为了保护螺丝刀的刃口和绝缘柄，不要将其当凿子使用。

(6) 木柄螺丝刀不能受潮，以免带电作业时发生触电事故。

单元二　电工工具及仪表的使用	学习情境一	常用电工工具及其使用	
姓名　　　　　　班级		日期	

三、电工钳

1. 钢丝钳

钢丝钳主要用于剪切、绞弯、夹持金属导线，也可用作紧固螺母、切断钢丝。

1) 钢丝钳的结构和使用方法

钢丝钳的结构和使用方法如图 2-1-16 所示。电工用的钢丝钳钳柄上套有耐压为 500 V 以上的绝缘套管。常用钢丝钳的规格有 150 mm、175 mm 和 200 mm 三种。

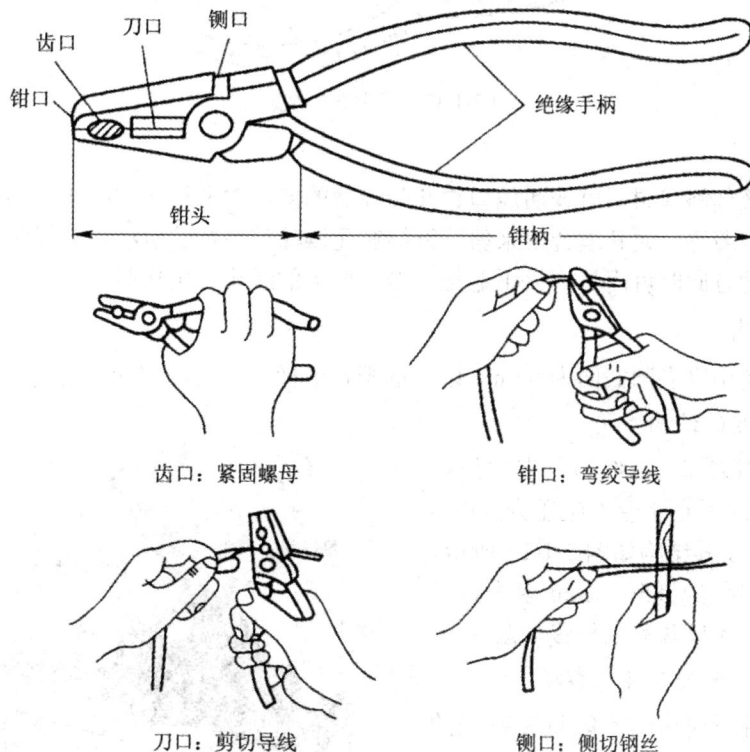

齿口：紧固螺母　　　　钳口：弯绞导线

刀口：剪切导线　　　　铡口：侧切钢丝

图 2-1-16　钢丝钳的结构及使用方法

2) 使用钢丝钳的注意事项

使用钢丝钳的注意事项如下：

(1) 使用前应检查绝缘柄是否完好，以防带电作业时触电。

(2) 当剪切带电导线时，绝不可同时剪切相线和零线或两根相线，以防发生短路事故。

(3) 要保持钢丝钳的清洁，钳头应防锈，钳轴要经常加机油润滑保证可以灵活使用。

(4) 钢丝钳不可代替手锤作为敲打工具使用，以免损坏钳头影响其使用寿命。

(5) 使用钢丝钳应注意保护钳口的完整和硬度，因此，不要用它来夹持灼热发红的物体，以免其"退火"。

单元二　电工工具 及仪表的使用	学习情境一	常用电工工具及其使用	
姓名	班级	日期	

2. 尖嘴钳

尖嘴钳的头部尖细，适用于在狭小的工作空间中操作。主要用于夹持较小物件，也可用于弯绞导线，剪切较细导线和其他金属丝。电工用的尖嘴钳柄上套有耐压为 500 V 以上的绝缘套管，其外形结构如图 2-1-17 所示。尖嘴钳按其全长分为 130 mm、160 mm、180 mm、200 mm 四种。尖嘴钳在使用时的注意事项，与钢丝钳一致。

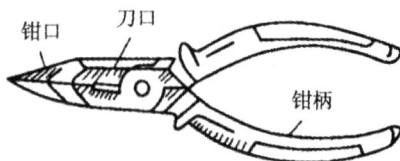

图 2-1-17　尖嘴钳的结构

3. 偏口钳

偏口钳又称斜口钳，有普通偏口钳和带弹簧的偏口钳两种。主要用于剪切金属丝、线材及电线电缆等，尤其适合用来剪除缠绕在元器件后多余的引线。剪线时要使钳头朝下，在不变动方向时可用另一只手遮挡，防止剪下的线头飞出伤眼。

4. 剥线钳

剥线钳是用来剥削截面为 6 mm^2 以下的塑料或橡皮导线端部的表面绝缘层。

1) 剥线钳的结构

剥线钳由刀口、压线口、省力弹簧和钳柄等组成，手柄上套有耐压为 500 V 以上的绝缘管，其结构如图 2-1-18 所示。剥线钳的刀口分为 0.5～3 mm 多个直径的刀口，用于不同规格的导线剥削。

2) 剥线钳的使用注意事项

(1) 使用剥线钳时不能将大直径的导线放入小直径的切口，以免切伤线芯或损坏剥线钳。

(2) 剥线钳不能当作剪丝钳用。

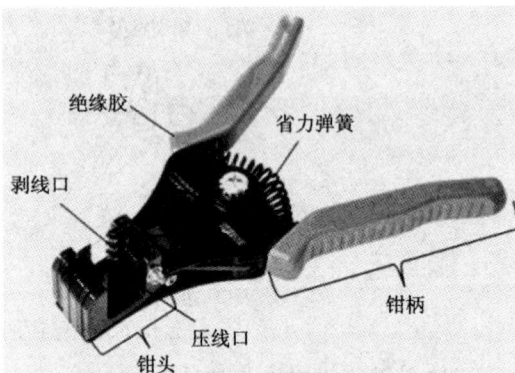

图 2-1-18　剥线钳的结构

(3) 剥线钳使用后要经常在它的机械运动部分滴入适量的润滑油。

(4) 禁止带电进行剥线。

5. 多功能剥线钳

多功能剥线钳结构如图 2-1-19 所示，可用于剥线、剪线、压线等。用多功能剥线钳剥线时将准备好的电缆放在剥线钳的相应尺寸的刀刃中间，选择好要剥线的长度，握住剥线钳手柄，将电缆夹住，缓缓用力使电缆绝缘皮剥落，松开手柄，取出电缆线。

单元二　电工工具 及仪表的使用	学习情境一	常用电工工具及其使用	
姓名	班级	日期	

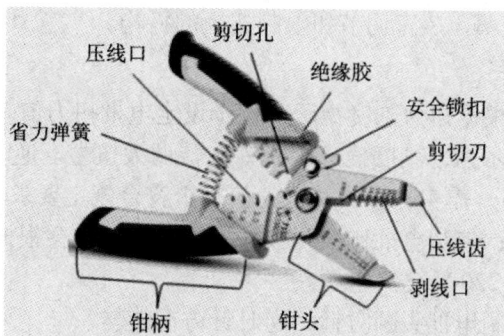

图 2-1-19　多功能剥线钳的结构

6. 鸭嘴剥线钳

鸭嘴剥线钳可用于剥削多芯排线，如图 2-1-20 所示。主要由钳头、调节挡板及手柄等部分组成。使用时先调整位于钳口的长度调节挡板，然后将排线放入钳口轻轻压合手柄即可。鸭嘴剥线钳可调整压力，剥线快速、自动限位并且不易损坏线芯。

图 2-1-20　鸭嘴剥线钳

7. 压线钳

压线钳是用来压接导线线头与接线端头可靠连接的一种冷压模工具，如图 2-1-21 所示。可以实现对导线截面积为 $0.75 \sim 8 \text{ mm}^2$ 等多种规格与冷压端头的压接。操作时，先将接线端头预压在钳口腔内，将剥去绝缘的导线端头插入接线端头的孔内，并使被压裸线的长度超过压痕的长度，即可将手柄压合到底，使钳口完全闭合，当锁定装置中的棘爪与齿条失去啮合，则听到"嗒"的一声，即为压接完成，此时钳口便能自由张开。

图 2-1-21　压线钳

四、电工工具

1. 电批

电批是用于快速拧紧和旋松螺钉用的电动工具，代替手动螺丝刀，减轻生产工人劳

单元二　电工工具 　　　及仪表的使用	学习情境一	常用电工工具及其使用	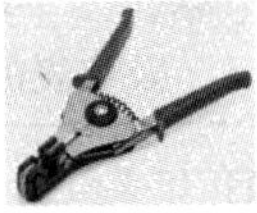
姓名	班级	日期	

动强度，提高劳动生产率，装有调节和限制扭矩的机构。

1) 电批的使用方法

(1) 调扭螺纹套：根据扭力刻度指示，初步设定电批扭力值。

(2) 调扭刻线：指示扭力刻度值，顺时针旋转调大扭力，逆时针旋转调小扭力；刻度调节后不可直接使用，需实际量测其扭力值是否符合规定要求。

(3) 提环压柄开关：控制电批作业开关，按下后电批头会根据设定方向旋转动作。

(4) 电源线：连接 220 V 交流电源。

(5) 换向开关：控制电批头顺时针、逆时针方向旋转。

(6) 刀头锁套：卡紧、松开电批头装置。推上电批头端的套筒，将批头顺着导沟插入主轴内，然后松开套筒，将批头牢牢套住。推上电批头端的套筒，将起子头顺着导沟拔出，松开套筒，这样就可以取出批头。

2) 电批的使用注意事项

(1) 操作时将电批拿直，电批头紧贴螺丝头缺口；电批要垂直于锁螺丝面。

(2) 扭力设定必须合适正确，作业前须用扭力计对电批扭力进行检查。

(3) 电批正常使用时不能长时间按住开关不放。

(4) 当电批工作时摇晃大、不转动等状况出现时，必须停止使用，以免损坏电批。

(5) 不能使用已损坏的电批头，这样易造成螺丝头部磨损。

2. 手电钻

手电钻是以交流电源或直流电池为动力的钻孔工具，是手持工具的一种。手电钻可用于金属材料、木材、塑料等钻孔。当装有正反转开关和电子调速装置后，可用作电批。有的型号配有充电电池，可在一定时间内，在无外接电源的情况下正常工作。

1) 手电钻的结构

德力西充电式多功能手电钻的结构(见图 2-1-22)。

2) 手电钻的使用注意事项

(1) 安装钻头时，不能用锤子或其他金属制品物件敲击。

图 2-1-22　德力西充电式多功能手电钻

单元二　电工工具 及仪表的使用	学习情境一	常用电工工具及其使用	
姓名	班级	日期	

(2) 使用前空转一分钟，检查传动部分是否灵活，有无异常杂音，换向是否正常。

(3) 使用时应手掌握电钻手柄，打孔时将钻头抵在工作表面，然后开机，用力适度，避免晃动；若转速急剧下降，应减少用力，防止电机过载。因故突然刹停或卡钻时，必须立即切断电源。

(4) 钻孔时，应注意避开混凝土中的钢筋。

(5) 手电钻不得长时间连续使用。

3. 冲击钻

冲击钻是用来冲打混凝土、砖石等硬质建筑面的木榫孔和导线穿墙孔的一种工具，用冲击钻需配用专用的冲击钻头，其规格有 6 mm、8 mm、10 mm、12 mm 和 16 mm 等多种。

1) 冲击钻的结构

德力西多功能冲击钻的结构(见图 2-1-23)。

图 2-1-23　德力西多功能冲击钻

(1) 电锤功能：可用于混凝土、岩石楼板和砖墙上打孔。

(2) 电钻功能：可用于金属钻孔、木材钻孔和瓷砖钻孔。

(3) 电镐功能：可用于水泥面、墙面和瓷砖铲除。

2) 冲击钻的使用注意事项

(1) 使用金属外壳冲击钻时，必须戴绝缘手套、穿绝缘鞋或站在绝缘板上，以确保操作人员的人身安全。

(2) 在钻孔时遇到坚硬物体时不能加过大压力，以防钻头退火或冲击钻因过载而损坏。冲击钻因故突然堵转时，应立即切断电源。

(3) 在钻孔过程中应经常把钻头从钻孔中抽出以便排除钻屑。

单元二　电工工具 及仪表的使用	学习情境二	万用表及其使用	
姓名　　　　班级　　　　日期			

学习情境二　万用表及其使用

学习情境描述

(1) 教学情境描述：为了掌握电气设备的特性和运行情况，以及在电气设备的安装、维修和使用中检查电气元器件的质量好坏，借助各种电工仪表，对电气设备或电路的相关物理量进行测量就变得尤为重要。因此，电气操作人员必须认识并正确掌握各种电工仪表的使用方法。电工仪表按测量对象的不同，分为万用表、兆欧表、直流电桥、电压表、电流表等。现在就让我们一起学习万用表及其使用方法。

(2) 关键知识点：万用表的使用方法；用万用表测量电阻、电压、电流、二极管、三极管等元器件的方法及注意事项。

(3) 关键技能点：用万用表正确测量电阻的阻值；用万用表正确判断二、三极管的好坏；正确测量电压、电流等。

学习目标

(1) 掌握万用表的使用方法。
(2) 熟练掌握万用表测量电阻、二极管和三极管的使用注意事项。
(3) 掌握万用表测交直流电压和交直流电流的方法和步骤。
(4) 能够使用数字式万用表检测元器件并测量电阻、电流、电压等。
(5) 通过万用表的正确使用，培养学生一丝不苟的工作作风、爱护仪表的职业道德。

任务书

在实际工作中需要一种既可以测量电压又可以测量电流、电阻等参数的多用途仪表，万用表就是一种多功能、多量程的测量仪表。一般万用表可测量直流电流、直流电压、交流电流、交流电压、电阻、电容、电感和晶体管共射极直流放大系数等参数。本次任务要求学会万用表的使用方法和注意事项。

单元二 电工工具 及仪表的使用	学习情境二		万用表及其使用	
姓名		班级	日期	

任务分组

学生任务分配表如表 2-2-1 所示。

表 2-2-1 学生任务分配表

班级		组号		工位号	
组长		学号		指导老师	
组员					

任务分工:

知识储备

引导问题 1: 认识数字式万用表的外观。

(1) 数字式万用表的功能旋钮如图 2-2-1 所示,标注出每部分的含义。

图 2-2-1 数字万用表的功能旋钮

单元二　电工工具 及仪表的使用	学习情境二	万用表及其使用	
姓名	班级	日期	

(2) UT58A 数字式万用表的表面板外观如图 2-2-2 所示，标注出每部分的含义。

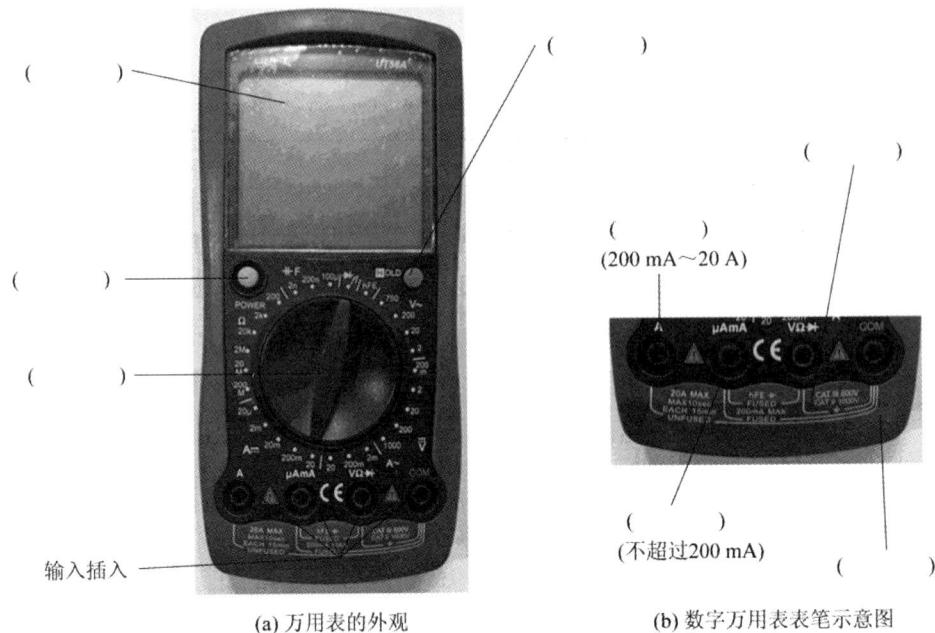

(　　　)

(　　　)
(200 mA～20 A)

(　　　)

(　　　)
(不超过200 mA)

(　　　)

输入插入

(a) 万用表的外观　　　　　　(b) 数字万用表表笔示意图

图 2-2-2　UT58A 型数字万用表面板外观

思政课堂

　　党的十八大以来，习近平总书记经常引用古语勉励青年，与他们谈人生理想、谈求知求学、谈使命担当。一起重温这些古语，体会总书记对青年的殷殷嘱托。

　　中国梦是国家的梦，民族的梦，也是包括广大青年在内的每个中国人的梦。"得其大者可以兼其小"。只有把人生理想融入国家和民族的事业中，才能最终成就一番事业。

　　青年志存高远，就能激发奋进潜力，青春岁月就不会像无舵之舟漂泊不定。正所谓"立志而圣则圣矣，立志而贤则贤矣"。

　　"人才有高下，知物由学"。梦想从学习开始，事业靠本领成就。广大青年要加强学习，不断增强本领。

　　"玉不琢，不成器；人不学，不知道"。知识是每个人成才的基石，在学习阶段一定要把基石打深、打牢。

　　思政要点：

　　德智体美劳全面发展，字字千金，都是经过多年总结摸索才得出来的。作为一名青年，同学们要在实践中养成劳动习惯，要全面发展，做社会主义建设者和接班人，成为对社会有用的人，成为国之栋梁，担当起民族复兴的历史重任。

单元二　电工工具及仪表的使用	学习情境二	万用表及其使用	
姓名	班级	日期	

❓ **引导问题 2**：用万用表测量线路通断，如图 2-2-3 所示。

用数字式万用表测量线路通断的步骤是什么？

_____

_____

_____

_____

按下电源开关

功能开关置于"通断蜂鸣"测量挡

将红、黑表笔接被测导线的两端

(a)　　　　　　　　(b)

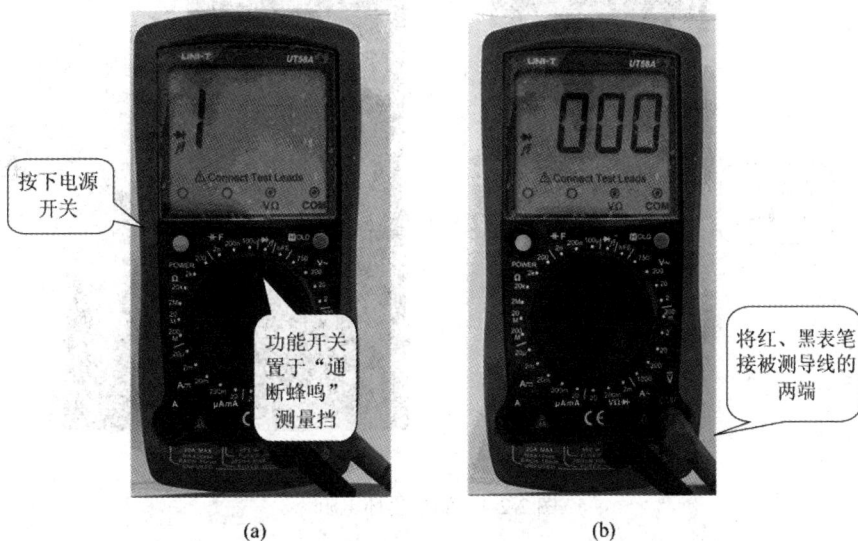

图 2-2-3　测量线路通断

特别提示

(1) 当检查线电路通断时，在测量前必须先将被测电路内所有电源关断，并将所有电容器内的残余电荷放尽。

(2) 电路通断测量，开路电压约为 3 V。

(3) 不要输入高于直流 60 V 或交流 30 V 以上的电压，避免伤害人身安全。

(4) 在完成所有的测量操作后，要断开表笔与被测电路的连接。

单元二　电工工具 及仪表的使用	学习情境二	万用表及其使用	
姓名	班级	日期	

引导问题 3：用万用表测量色环电阻，如图 2-2-4 所示。
用数字式万用表测量电阻的步骤是什么？

_____

_____

_____

设置挡位
在欧姆挡

直接识读
显示屏数据

(a) 挡位选择　　　　　(b) 测量读数

图 2-2-4　测量色环电阻

特别提示

(1) 如果被测电阻开路或阻值超过仪表最大量程时，显示器将显示"1"。

(2) 当测量电阻时，在测量前必须先将被测电路内所有电源关断，并将所有电容器内的残余电荷放尽，才能保证测量准确。

(3) 在低阻测量时，表笔会带来约 $0.1\sim0.2\ \Omega$ 电阻的测量误差。为获得精确读数，应首先将表笔短路，记住短路显示值，在测量结果中减去表笔短路显示值，才能确保测量精度。

(4) 如果表笔短路时的电阻值不小于 $0.5\ \Omega$ 时，应检查表笔是否有松脱现象或其他原因。

(5) 测量 1 兆欧以上的电阻时，可能需要几秒钟后读数才会稳定。这对于高阻的测量属于正常现象，为了获得稳定读数尽量选用短的测试线。

(6) 不要输入高于直流 60 V 或交流 30 V 以上的电压，避免伤害人身安全。

(7) 在完成所有的测量操作后，要断开表笔与被测电路的连接。

单元二　电工工具及仪表的使用	学习情境二	万用表及其使用	
姓名　　　　　　班级		日期	

⁇ 引导问题4：用万用表测量二极管，如图2-2-5所示。

用数字式万用表测量二极管的步骤是什么？

_____

_____

_____

_____

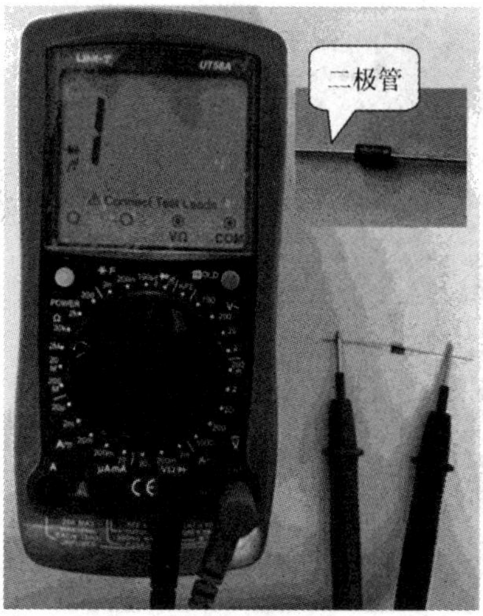

(a) 挡位选择 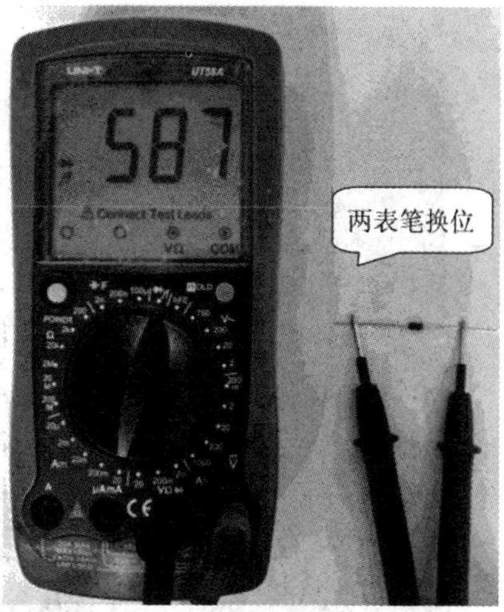　　　　　　　　　　(b) 测量读数

图2-2-5　测量二极管

特别提示

(1) 如果被测二极管开路或极性反接时显示"1"。

(2) 当测量二极管时，在测量前必须首先将被测电路内所有电源关断，并将所有电容器内的残余电荷放尽。

(3) 二极管测试开路电压约为3 V。

(4) 不要输入高于直流60 V或交流30 V以上的电压，避免伤害人身安全。

(5) 在完成所有的测量操作后，要断开表笔与被测电路的连接。

单元二　电工工具 及仪表的使用	学习情境二	万用表及其使用	
姓名　　　　　　　班级		日期	

引导问题 5：用万用表测量三极管。

用数字型万用表测量三极管是否为 PNP 型的方法是什么？(见图 2-2-6)

_____

_____

_____

_____

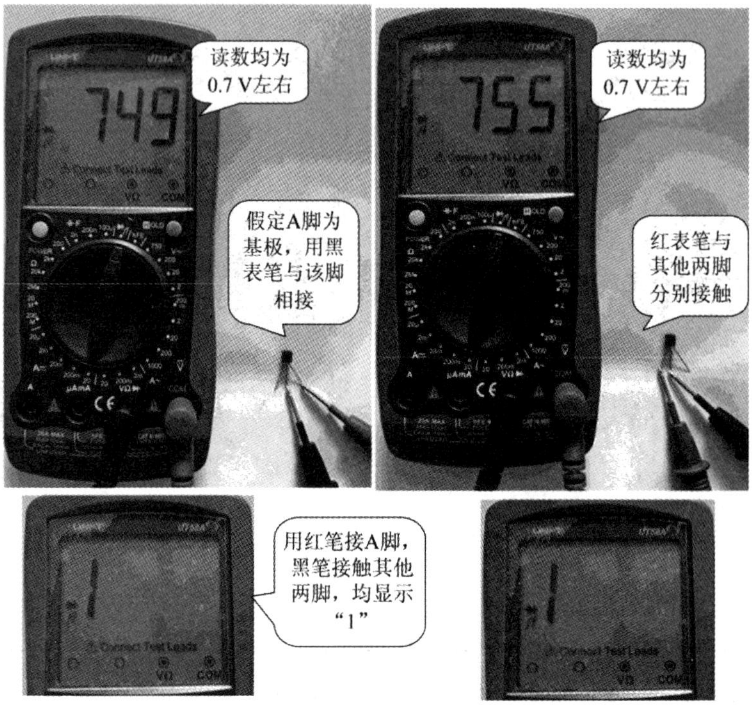

图 2-2-6　测量 PNP 型三极管

引导问题 6：用万用表测电容，如图 2-2-7 所示。

用数字式万用表测量电容的步骤是什么？

_____

_____

_____

_____

单元二　电工工具及仪表的使用	学习情境二	万用表及其使用	
姓名	班级	日期	

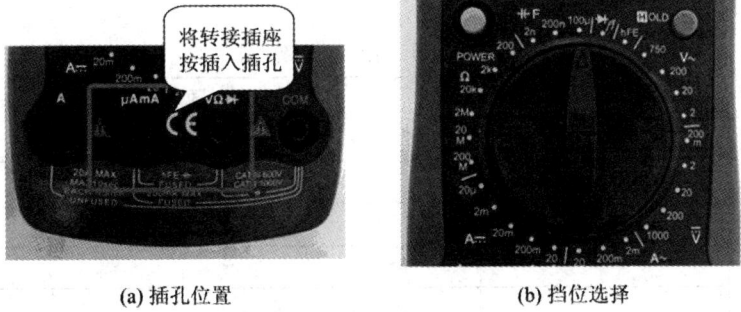

(a) 插孔位置　　　　　　　　　(b) 挡位选择

图 2-2-7　测量电容

工作计划

(1) 制订工作方案，并填入表 2-2-2。

表 2-2-2　工 作 方 案

步骤	工 作 内 容	负责人
1		
2		
3		
4		
5		
6		

单元二 电工工具 及仪表的使用	学习情境二	万用表及其使用	
姓名	班级	日期	

(2) 测量并记录，填入表 2-2-3。

表 2-2-3 记 录 数 值

序号	测量项目	读　　数	备注

进行决策

(1) 各组派代表比赛，能正确选用量程和操作，并正确读数。

(2) 各组代表对自己的组员进行考核。

(3) 老师对各组代表进行点评。

工作实施

按照要求正确使用万用表进行测量。

(1) 各组领取一个万用表。

(2) 万用表的使用注意事项及操作步骤。

(3) 按照任务要求完成测量。

(4) 文明生产、小组合作。

(5) 万用表的使用注意事项及操作步骤。

(6) 按照任务要求完成测量。

(7) 文明生产、小组合作。

单元二 电工工具 及仪表的使用	学习情境二	万用表及其使用	

姓名		班级		日期	

评价反馈

各组派代表到工作台前进行测量操作演示，并完成评价表 2-2-4～表 2-2-6。

表 2-2-4 学生自评表

序号	评价项目	完成情况记录	自评结论：
1	是否按时间计划完成任务		
2	引导问题中理论知识是否填写完整		
3	熟知万用表的使用方法		
4	操作方法正确		
5	能正确读出仪表示数		

表 2-2-5 学生互评表

序号	评价项目	组内互评	组间互评	互评结论：
1	能正确选用量程			
2	能正确插入表笔			
3	操作方法正确			
4	能正确读出仪表示数			
5	安全文明生产			
6	规范整理实训器材			

表 2-2-6 教师评价表

序号	评价项目	教师评价	教师评价结论：
1	学习准备情况		
2	引导问题填写情况		
3	操作规范		
4	熟知万用表的使用方法		
5	能正确选用量程		
6	能正确读数		
7	规范整理实训器材		
8	沟通协作		
9	文明生产		

综合评价结果：

单元二　电工工具及仪表的使用	学习情境二	万用表及其使用	
姓名	班级	日期	

学习情境的相关知识点

　　数字式万用表是一种多功能、多量程的便携式仪器。测量时，在屏幕上直接显示所测得的数据，使用起来比较方便，可以把人为误差减小到最小的程度，读数的精度也比较高。

　　UT58A 系列数字万用表是一种性能稳定、可靠性高且具有高度防振的多功能、多量程测量仪表，具有特大屏幕、全功能符号显示及输入连接提示、全量程过载保护和独特的外观设计，可用于测量交直流电压、交直流电流、电阻、电容、二极管、三极管、音频信号频率等，其面板结构如图 2-2-8 所示。

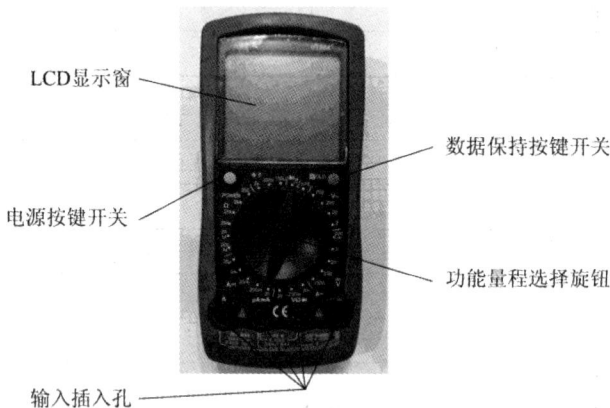

图 2-2-8　UT58A 型数字万用表面板结构

一、安全工作准则

　　(1) 使用前要检查仪表和表笔，谨防任何损坏或不正常的现象，如果发生任何异常情况，如表笔裸露、机壳损坏、液晶显示器无显示等，请不要使用。严禁使用没有后盖和没有盖好的仪表，否则有电击危险。

　　(2) 表笔破损必须更换，必须换同样型号或相同电气规格的表笔。

　　(3) 当仪表正在测量时，不要接触裸露的电线。

　　(4) 测量高于直流 60 V 或交流 30 V 以上的电压时，务必小心谨慎，切记手指不要超过表笔护指位，以防触电。

　　(5) 在不能确定被测量值的范围时，必须将功能量程开关置于最大量程位置。

　　(6) 切勿在端子和端子之间，或任何端子和接地之间施加超过仪表上所标注的额定电压或电流。

　　(7) 测量时功能开关必须置于正确的量程挡位。在功能量程开关转换之前，必须断开表笔与被测电路的连接，严禁在测量进行中转换挡位，防止损坏仪表。

单元二　电工工具 及仪表的使用	学习情境二	万用表及其使用	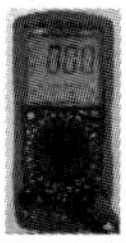
姓名　　　　　班级		日期	

(8) 进行二极管或电路通断测量之前，必须先将电路中所有的电源切断，并将所有的电容器内的残余电荷放尽。

(9) 测量电流以前，应先检查仪表的保险丝是否完好，在仪表连接到电路上之前，应先将电路的电源关闭。

(10) 不要在高温、高湿、易燃、易爆和强电磁场环境中存放或使用仪表。

(11) 请勿随意改变仪表内部接线，以免损坏仪表和导致安全问题。

(12) 测量完毕应及时关断电源。长时间不用时，应取出电池。

二、使用前的检查与注意事项

数字式万用表使用前的检查与注意事项有以下几点：

(1) 将电源开关置于"ON"状态，显示器应有数字或符号显示。若显示器出现低电压符号，应立即更换内置的 9 V 电池。

(2) 表笔插孔旁的符号，表示测量时输入电流、电压不得超过量程规定值，否则会损坏内部的测量线路。

(3) 测量前转换开关应置于所需的量程。测量交、直流电压，交、直流电流时，若不知被测数值的高低，可将转换开关置于最大量程，在测量中按需要逐步下降。

(4) 显示器如显示"1"则表示量程选择偏小，转换开关应置于更高的量程。

三、使用数字万用表

数字万用表功能强大，操作简便，测量结果显示准确直观，在使用时，对其使用环境及测量调整方法有严格的要求。

1. 连接测量表笔

图 2-2-9 为数字万用表表笔示意图。一般来说，数字万用表黑表笔可作为公共端插到"COM"插孔中，其余三个插孔对应不同的功能。

图 2-2-9　数字万用表表笔示意图

2. 功能量程选择旋钮

图 2-2-10 为数字万用表的功能旋钮。通过旋转功能旋钮，可选择不同的测量项目以

单元二　电工工具 及仪表的使用	学习情境二	万用表及其使用	
姓名	班级	日期	

及测量挡位。在功能旋钮的圆周上有万用表多种测量功能的标志，测量时仅需要旋动中间的功能旋钮，使其指示到相应的挡位，即可进行相应测量。

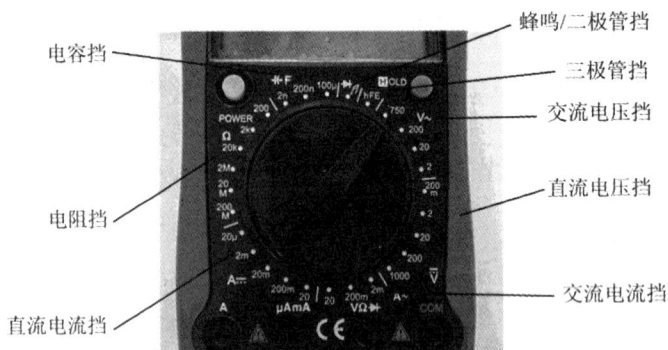

图 2-2-10　数字万用表的功能旋钮

四、基本使用方法及测量操作说明

数字万用表的型号很多，但其使用方法基本相同。下面以 UT-58A 系列数字万用表为例来介绍其操作方法。

1. 测量线路通断

(1) 按下电源开关，将红表笔插入"VΩ"插孔，黑表笔插入"COM"插孔。

(2) 将功能开关置于"通断蜂鸣"测量挡，并将表笔并联到被测线路两端。如果被测二端之间电阻>70 Ω，则认为电路断路；被测二端之间电阻<10 Ω，认为电路良好导通，蜂鸣器连续声响。

下面以测量一根导线为例来说明数字万用表测量线路通断的使用方法，测量操作如图 2-2-11 所示。

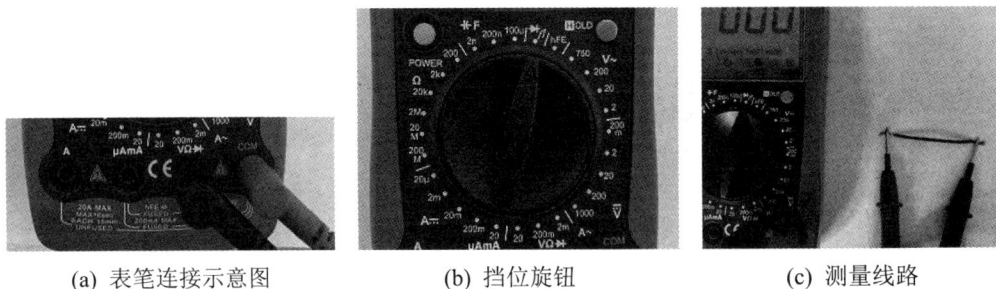

(a) 表笔连接示意图　　　　(b) 挡位旋钮　　　　(c) 测量线路

图 2-2-11　测量线路通断的方法

单元二　电工工具及仪表的使用	学习情境二	万用表及其使用	
姓名　　　　　　　班级		日期	

2. 测量电阻

(1) 按下电源开关，将红表笔插入"VΩ"插孔，黑表笔插入"COM"插孔。

(2) 将功能开关置于"Ω"测量挡，并将表笔并联到被测电阻上。

(3) 从显示器上直接读取被测电阻值。

图 2-2-12(a)为待测的电阻。根据所学知识可以识读出该电阻的阻值为 47 kΩ，误差是 ±1%。使用数字万用表进行测量，接通电源开关，将数字万用表的挡位调整至欧姆挡，根据电阻值，将量程调整为"2M"欧姆挡，如图 2-2-12(b)所示。电阻的引脚是无极性的，将万用表的红、黑表笔分别搭在待测电阻两端的引脚上，观察数字万用表的读数变化。如果阻值相近，则表明电阻正常；如果所测得的阻值与待测阻值差距较大，则说明电阻不良。图 2-2-12(c)为色环电阻的检测方法。

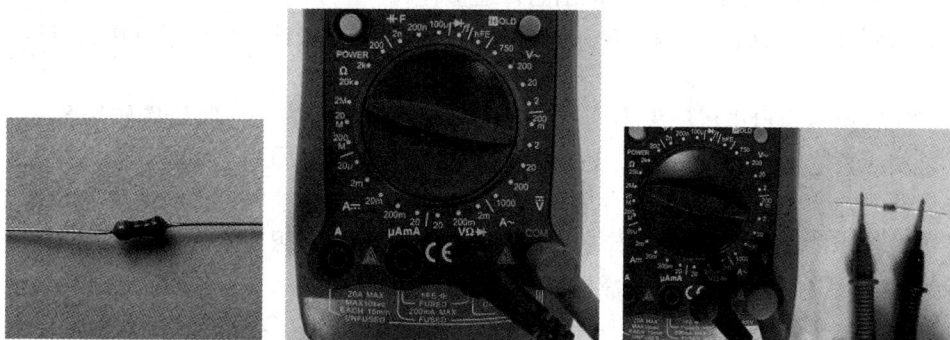

(a) 待测电阻　　　　　　　　(b) 挡位旋钮　　　　　　　　(c) 测量电阻

图 2-2-12　测量电阻的方法

3. 测量交直流电压

1) 测量直流电压

(1) 按下电源开关，将黑表笔插入 COM 插孔，红表笔插入"VΩ"插孔。

(2) 将转换开关置于"$\overline{\text{V}}$"范围的合适量程。

(3) 表笔与被测电路并联，红表笔接被测电路高电位端，黑表笔接被测电路低电位端，由屏幕直接将测量数据读取。

注意：该仪表不得用于测量高于 1000 V 的直流电压。

下面以测量一节标称为 9 V 电池的电压来说明直流电压的测量方法，测量操作如图 2-2-13 所示。

将黑表笔插入 COM 插孔，红表笔插入"VΩ"插孔。由于被测电池标称电压为 9 V，将功能量程开关置于电压测量挡，选择直流电压的"20 V"挡最为合适。将表笔并联到待测电池上，红表笔接电池的正极，黑表笔接电池的负极。从显示屏直接读出数值即可，如果显示数据有变化，待其稳定后读值。

单元二　电工工具 及仪表的使用	学习情境二	万用表及其使用	
姓名　　　　　　　　班级		日期	

(a) 表笔连接示意图　　　　　　　　(b) 挡位旋钮

图 2-2-13　测量电池的直流电压值的方法

2) 测量交流电压

(1) 按下电源开关，将黑表笔插入 COM 插孔，红表笔插入 "VΩ" 插孔。

(2) 将转换开关置于 "V～" 范围的合适量程。

(3) 测量时，表笔与被测电路并联且红、黑表笔不分极性，由屏幕直接将测量数据读取。

　　下面以测量市电电压的大小为例说明交流电压的测量方法，测量操作如图 2-2-14 所示。将黑表笔插入 COM 插孔，红表笔插入 "VΩ" 插孔。市电电压的标准值为 220 V，将转换开关置于 "V～" 范围的合适量程，万用表交流电压挡位只有 750 V 挡大于且最接近该数值，故将挡位开关选择交流 "750 V" 挡，将红、黑表笔分别插入交流市电的电源插座(表笔不分极性)，由屏幕直接将测量数据读取。

(a) 表笔连接示意图　　　　　　　　(b) 挡位旋钮

图 2-2-14　测量市电的电压值的方法

4. 测量交直流电流

1) 测量直流电流

(1) 按下电源开关，将黑表笔插入 COM 插孔，测量最大值不超过 200 mA 电流时，红表笔插入 "mA" 插孔；测量 200 mA～20 A 电流时，红表笔应插入 "20 A" 插孔。

(2) 将转换开关置于 "DCA" 范围的合适量程。

(3) 将该仪表串入被测线路中，红表笔接高电位端，黑表笔接低电位端。

单元二 电工工具 及仪表的使用	学习情境二	万用表及其使用	
姓名	班级	日期	

(4) 从显示器上直接读取被测电流值。

注意：如果量程选择不对，过量程电流会烧坏万用表保险丝，应及时更换。

下面通过测量一只灯泡的工作电流为例来说明直流电流的测量方法，测量操作如图 2-2-15 所示。

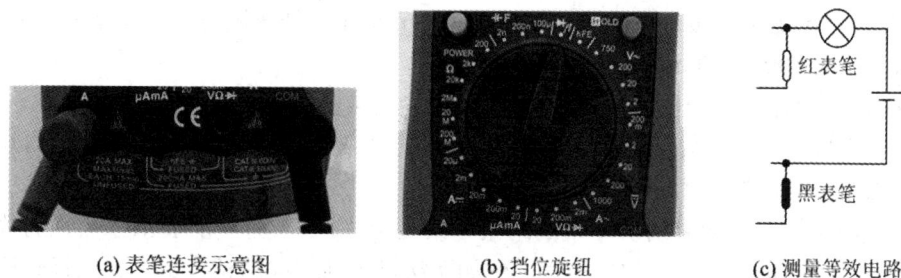

(a) 表笔连接示意图　　　　　(b) 挡位旋钮　　　　　(c) 测量等效电路

图 2-2-15　测量灯泡的工作电流

灯泡的工作电流较大，一般会超过 200 mA，故挡位开关选择直流 20 A 挡，并将红表笔插入"20 A"插孔，再将电池连向灯泡的一根线断开，红表笔置于断开位置的高电位处，黑表笔置于断开位置的低电位处，这样才能保证电流由红表笔流进，从黑表笔流出，然后观察显示屏，并读数。

2) 测量交流电流

(1) 按下电源开关，表笔插法同"测量直流电流"。

(2) 将转换开关置于"A～"范围的合适量程，选取的挡位应大于且最接近被测电流。

(3) 测量时，先将被测电路断开，再将仪表串入被测量线路且红、黑表笔不分极性。

(4) 从显示器上直接读取被测电流值。

下面以测量一个电烙铁的工作电流为例来说明交流电流的测量方法，测量操作如图 2-2-16 所示。

被测电烙铁的标称功率为 30 W，根据 $I = P/U$ 可估算出其工作电流不会超过 200 mA，挡位开关选择交流 200 mA 最为合适，将万用表的红、黑表笔与电烙铁连接起来，然后观察显示屏，并读数。

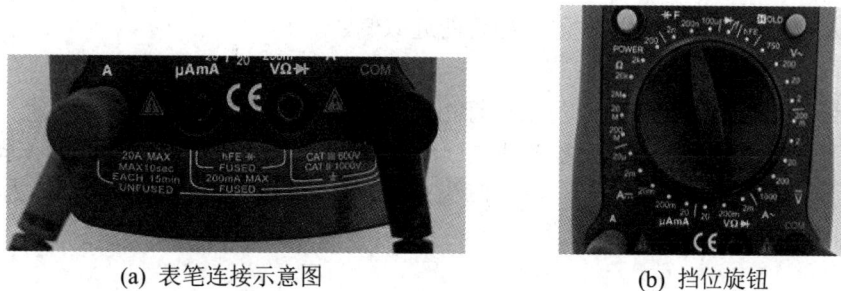

(a) 表笔连接示意图　　　　　　　　　　(b) 挡位旋钮

图 2-2-16　测量电烙铁的工作电流

单元二 电工工具 及仪表的使用	学习情境二	万用表及其使用	
姓名	班级	日期	

3) 测量二极管(见图 2-2-17)

(1) 将黑表笔插入"COM"插孔,红表笔插入"VΩ"插孔(红表笔极性为正,黑表笔极性为负)。

(2) 将功能开关置于二极管挡。

(3) 从显示器上直接读取被测二极管的近似正向 PN 结压降值,单位 mV。对硅 PN 结而言,一般 500~800 mV 确认为正常值。

(4) 两表笔换位,若显示屏显示"1",则为正常;否则此管被击穿。

二极管好坏判断:红表笔插入"VΩ"插孔,黑表笔插入"COM"插孔,将功能开关置于二极管挡,然后颠倒表笔再测一次。

测量结果如下,如果两次测量的结果一次显示"1",另一次显示零点几的数字,那么此二极管就是一个正常的二极管,假如两次显示都相同的话,那么此二极管已经损坏。显示的数字即是二极管的正向压降,硅材料为 0.6 V 左右,锗材料为 0.2 V 左右,根据二极管的特性,可以判断此时红表笔接的是二极管的正极,而黑表笔接的是二极管的负极。

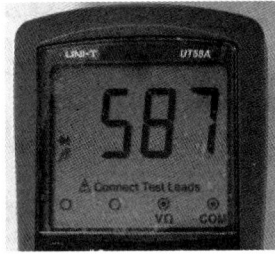

(a) 表笔连接示意图　　　　(b) 挡位旋钮　　　　(c) 读数

图 2-2-17　测量二极管的方法

4) 测量三极管 hFE

(1) 将转接插座插入"VΩ"和"mA"两插孔中。

(2) 将量程开关置于"hFE"挡位,然后将被测 NPN 或 PNP 型三极管插入转接插座对应孔位。

(3) 从显示器上直接读取被测三极管的近似值。

下面介绍三极管引脚的判断。

(1) 判断 b 极:表笔插孔与二极管相同。先假定 A 脚为基极,用黑表笔与该脚相接,红表笔与其他两脚分别接触;若两次读数均为 0.7 V 左右,然后用红笔接 A 脚,黑笔接触其他两脚,若均显示"1",则 A 脚为基极,否则需要重新测量,且此管为 PNP 型管,如图 2-2-18 所示。

单元二　电工工具及仪表的使用	学习情境二	万用表及其使用	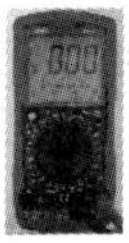
姓名	班级	日期	

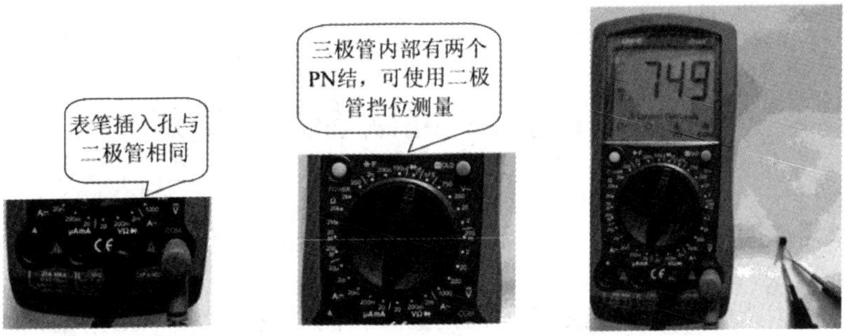
表笔插入孔与
二极管相同
三极管内部有两个
PN结，可使用二极管挡位测量
749

(a) 表笔连接示意图　(b) 挡位旋钮　(c) 测量三极管

图 2-2-18　测量 PNP 型三极管的方法

(2) 判断 c、e 极：可以利用“hFE”挡来判断：先将转换开关打到“hFE”挡，前面已经判断出管型，将基极插入对应管型“b”孔，其余两脚分别插入“c”“e”孔，此时可以读取数值，即 β 值；再固定基极，其余两脚对调；比较两次读数，读数较大的管脚位置与表面“c”“e”相对应。

5) 测量电容(见图 2-2-19)

(1) 首先将电容两端短接，对电容进行放电，确保数字万用表的安全。

(2) 将转换开关旋转至电容挡相对应量程，不清楚被测电容的大小时从高挡位开始。

(3) 将转换插座插入“mA”和“VΩ”插孔；然后将被测电容插入转接插座 Cx 对应的插孔。

(4) 从显示器上直接读取被测电容值。

注意：UT58A 型号的万用表不能直接测量电容，所以得用转换头来测量。

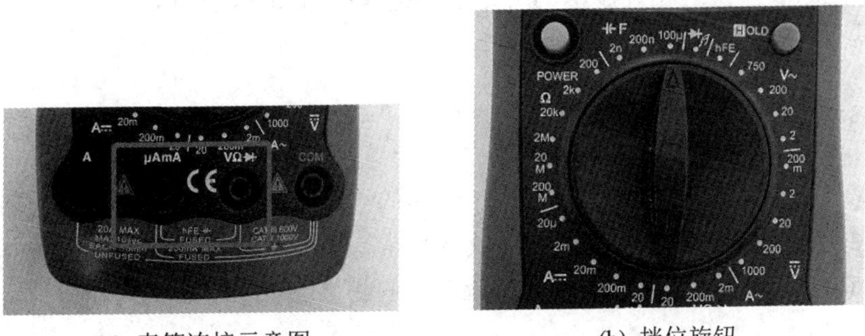
μAmA
VΩ
COM
POWER
HOLD
hFE

(a) 表笔连接示意图　(b) 挡位旋钮

图 2-2-19　测量电容的方法

单元二　电工工具 及仪表的使用	学习情境三	兆欧表及其使用	
姓名	班级	日期	

学习情境三　兆欧表及其使用

学习情境描述

(1) 教学情境描述：兆欧表是电工常用的一种测量仪表，是专供用来检测电气设备、供电线路的绝缘电阻的一种便携式仪表。电气设备绝缘性能的好坏，关系到电气设备的正常运行和操作人员的人身安全。为了防止绝缘材料由于发热、受潮、污染、老化等原因所造成的损坏，为便于检查修复后的设备绝缘性能是否达到规定的要求，都需要经常测量其绝缘电阻，避免发生触电伤亡及设备损坏等事故。

(2) 关键知识点：兆欧表的结构、注意事项及操作步骤说明，用兆欧表测量绝缘电阻和交流电压的方法。

(3) 关键技能点：用兆欧表测量绝缘电阻和交流电压的步骤及检测过程。

学习目标

(1) 理解兆欧表的结构及使用注意事项。
(2) 掌握兆欧表的正确使用方法。
(3) 正确选用合适挡位量程。
(4) 用兆欧表测量三相异步电动机定子的绝缘电阻和交流电压。
(5) 具有良好的职业道德和安全操作意识。

任务书

兆欧表主要用来测量电气设备和电气线路的绝缘电阻。绝缘电阻是否合格是判断电气设备能否正常运行的必要条件，因此要熟练掌握兆欧表测量电气设备的绝缘电阻。本次任务要求用兆欧表完成绝缘电阻和交流电压的测量。

单元二　电工工具 及仪表的使用	学习情境三	兆欧表及其使用	
姓名	班级	日期	

任务分组

学生任务分配表如表 2-3-1 所示。

表 2-3-1　学生任务分配表

班级		组号		工位号	
组长		学号		指导老师	
组员					

任务分工：

知识储备

引导问题 1：认识兆欧表的外观。

VC60B⁺ 型数字式兆欧表的面板如图 2-3-1 所示。按照序号顺序依次标注出每部分的含义。

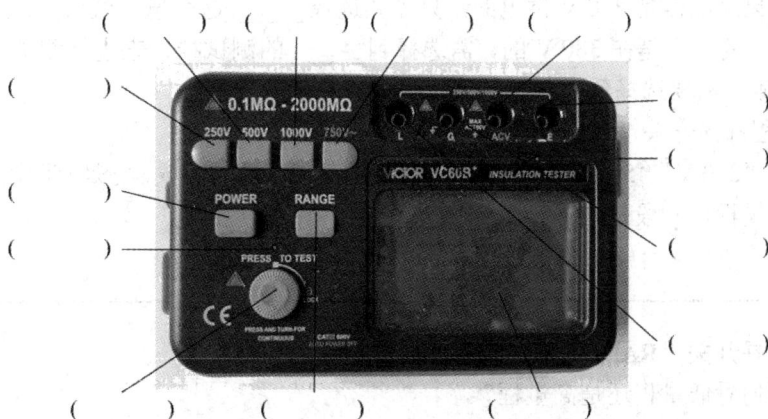

(a) 正面

单元二　电工工具 及仪表的使用	学习情境三	兆欧表及其使用	
姓名	班级	日期	

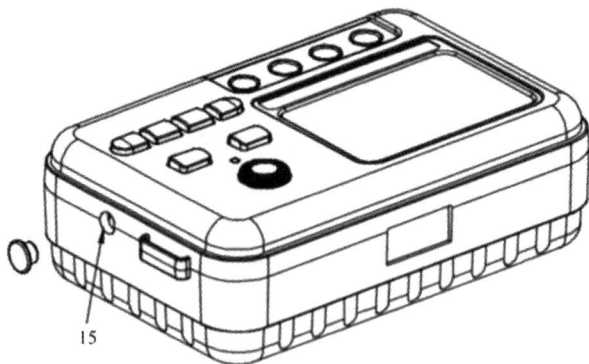

(b) 侧面

图 2-3-1　VC60B⁺ 型数字式兆欧表的面板

特别提示

电源适配器插孔注意事项：

仪表侧面有一个 9 V 的 DC 输入孔，是在有适配器的情况下用适配器直接供给兆欧表进行供电。它并不是用来充电的充电插口，只要插上 9 V 的供电(适配器)后，会自动避开电池供电的线路。

引导问题 2：兆欧表测试电压的量程。

(1) "250 V""500 V""1000 V"是兆欧表测试电压的量程。

根据被测的物体是用在 220 V 供电还是 380 V 供电或者更高供电的情况，来对应选择挡位。如果用电器是 220 V 供电的，只需要选择_____这个量程就可以；如果是一台三相电机，它的供电是在 380 V 的，需选择到_____的测试挡位来进行测试；在 500 V、600 V 的时候，需要选择到_____的测试挡位。

(2) 量程选择开关"RANGE"键。

在选择"250 V""500 V""1000 V"其中的某一个挡的时候，它是有两段量程的，一段是_____量程，一段是_____量程。

特别提示

量程选择开关"RANGE"键，高低挡位量程的切换：

问：如何看低量程还是高量程？

答：看显示界面。在没按下去的时候，低量程的显示是有带小数点的；按下去以后，它就切换到高量程。

单元二　电工工具及仪表的使用	学习情境三	兆欧表及其使用	
姓名　　　　　　班级　　　　　　日期			

引导问题 3：兆欧表的四个插孔如图 2-3-2 所示。
"L""G""ACV" 和 "E" 这四个插孔分别代表什么？

_____

_____

_____

_____

兆欧表测量功能：插在 "_____" 和 "_____" 的这两个插孔。
兆欧表市电测量：插在 "_____" 和 "_____" 的这两个插孔。

图 2-3-2　兆欧表的四个插孔

特别提示

　　四个插孔对应的是兆欧表的测量功能和市电电压测量功能。选择兆欧表的测量功能时，只能插在 "L" 和 "E" 的这两个插孔，上面标有 250 V/500 V/1000 V，正好对应兆欧表的挡位选择量程。"G" 和 "ACV" 就是市电测量时候使用的测量插孔。测量市电的时候，黑色表笔接 "G"，"ACV" 插孔接红色的表笔。

引导问题 4：兆欧表测量绝缘电阻。
绝缘电阻测量的操作步骤是什么？

_____

_____

_____

_____

单元二　电工工具 及仪表的使用	学习情境三	兆欧表及其使用	
姓名　　　　　　班级		日期	

特别提示

(1) 如果按测试键测量时仪器出现关机，请重新开机进行测量。

(2) 测试时测量端会有 250 V、500 V、1000 V 高压产生，请在测量时不要接触测量端的裸露线与端子，以免危险。

(3) 测量完成后测试端可能会有未释放完的电压，请将测试线短路放电后，才能接触测试线。

(4) 测量时如果"RANGE"开关按下去，并且量程开关选择在"1000 V"上面，显示"1"即表示绝缘电阻已经超过 2000 MΩ。

引导问题 5：兆欧表测量交流电压(见图 2-3-3)。

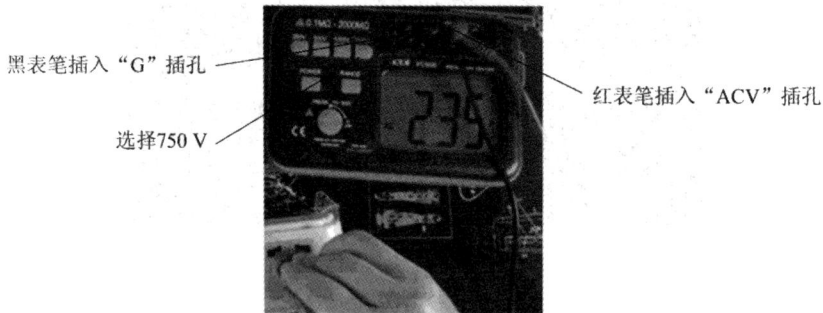

黑表笔插入"G"插孔
选择750 V
红表笔插入"ACV"插孔

图 2-3-3　兆欧表测量交流电压

简述交流电压测量的操作步骤。

_____

_____

_____

_____

特别提示

如果屏幕显示"1"，则表明已经超过量程范围。

兆欧表测量交流电压，选择到 750 V 以后，按下电源开关"POWER"开机。将黑色表笔插入"G"插孔，红色表笔插入"ACV"插孔，如图 2-3-3 所示，测出的电压值为 235 V。

单元二　电工工具及仪表的使用	学习情境三	兆欧表及其使用	
姓名	班级	日期	

特别提示

（1）如果设备是工作的，根据实际测试结果 235 V 来选择 250 V 挡位就可以进行测试了。

（2）如果测出来的电压高于 250 V，或者说高于 250 V 达到 380 V 的时候，选择到 500 V 的测试挡位来进行测量。

思政课堂

在短道速滑男子 5000 米接力半决赛上，上一棒队友意外摔倒时，任子威第一时间与其拍手完成交接，奋起直追；在冬残奥会开幕式上，伴随着全场观众的加油声，视障运动员李端摸索着将最后一棒火炬成功插入主火炬台……回望北京冬奥会、冬残奥会，一幕幕迎难而上、勇往直前的瞬间，成为冰雪盛会的精彩缩影，照见精神的力量和价值。

在北京冬奥会、冬残奥会总结表彰大会上，习近平总书记深刻总结了胸怀大局、自信开放、迎难而上、追求卓越、共创未来的北京冬奥精神，并对其丰富内涵作出了精辟概括，明确指出："迎难而上，就是苦干实干、坚韧不拔，保持知重负重、直面挑战的昂扬斗志，百折不挠克服困难、战胜风险，为了胜利勇往直前。"北京冬奥会、冬残奥会筹办举办是在异常困难的情况下推进的。迎难而上的精神熔铸在冬奥申办、筹办、举办的全过程中。

思政要点：

中国体育健儿迎难而上、挑战极限，让梦想在冬奥舞台绚丽绽放，为祖国和人民赢得了新的荣耀。同学们，站在新的历史起点上，我们不能有任何喘口气、歇歇脚的念头，必须发扬迎难而上的精神。认真动手操作，学会使用兆欧表，为后面的学习奠定良好的基础。

单元二 电工工具 及仪表的使用	学习情境三	兆欧表及其使用	
姓名	班级	日期	

工作计划

(1) 制订工作方案，并完成表 2-3-2。

表 2-3-2 工作方案

序号	测量对象	测量数据
1		
2		
3		
4		
5		
6		
7		

(2) 参数测量及评分表，并完成表 2-3-3。

表 2-3-3 评分表

序号	内容	评分标准	配分	得分	备注

单元二 电工工具 及仪表的使用	学习情境三	兆欧表及其使用	
姓名	班级	日期	

进行决策

(1) 各组派代表到指定工作台前，使用兆欧表测量绝缘电阻和交流电压。

(2) 各组对其他组的操作提出点评。

(3) 老师对各组的操作进行点评，对于共性问题一并指出。

工作实施

(1) 按照操作步骤进行测量。

① 领取兆欧表。

② 领取三相异步电动机。

③ 按照正确操作步骤进行测量。

(2) 测量绝缘电阻(见图 2-3-4)。

① 将测试线"E"接至被测对象地端，"L"接至被测线路端，如图 2-3-4 所示。测试电缆时，插孔"G"接保护环。

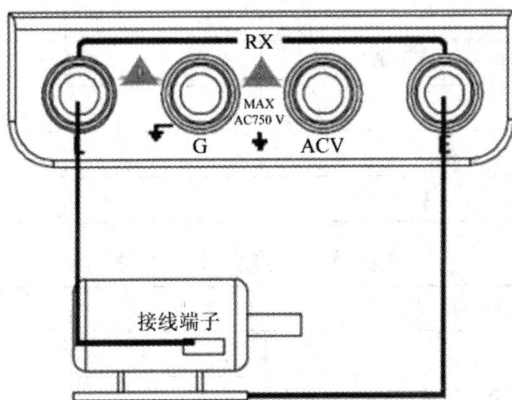

图 2-3-4 接线示意图

② 请根据需要选择测试电压"250 V""500 V""1000 V"。

③ 测量时根据测量需要选择量程开关"RANGE"，开关弹起来为低量程，按下去为高量程。

④ 按下圆形测试开关，红色指示灯点亮，背光灯打开，显示屏上显示高压指示符号，进入测量状态。

⑤ 向右侧旋转可松开手一直保持测量状态；当显示值稳定后，即可读数。

单元二　电工工具 　　　及仪表的使用	学习情境三	兆欧表及其使用	
姓名	班级	日期	

评价反馈

各组派代表到工作台前进行测量操作演示。并完成评价表 2-3-4～表 2-3-6。

表 2-3-4　学 生 自 评 表

序号	评 价 项 目	完成情况记录	自评结论：
1	是否能正确选用量程		
2	引导问题中理论知识是否填写完整		
3	是否能正确连线		
4	操作方法		
5	能正确读出仪表示数		

表 2-3-5　学 生 互 评 表

序号	评 价 项 目	组内互评	组间互评	互评结论：
1	是否能正确选用量程			
2	是否能正确连线			
3	引导问题中理论知识是否填写完整			
4	操作方法			
5	能正确读出仪表示数			
6	安全文明生产			

表 2-3-6　教 师 评 价 表

序号	评 价 项 目	教师评价	教师评价结论：
1	口述操作步骤		
2	引导问题中理论知识填写情况		
3	是否能正确选用量程		
4	是否能正确连线		
5	操作方法		
6	操作规范		
7	能正确读出仪表示数		
8	安全文明生产		

综合评价结果：

单元二　电工工具 及仪表的使用	学习情境三	兆欧表及其使用	
姓名	班级	日期	

![icon] **学习情境的相关知识点**

　　兆欧表是一种测量绝缘电阻的仪表。由于这种仪表的阻值单位通常为兆欧(MΩ)，所以常称作兆欧表。兆欧表主要用来测量电气设备和电气线路的绝缘电阻。兆欧表可以测量绝缘导线的绝缘电阻，判断电气设备是否漏电等。有些万用表也可以测量兆欧级的电阻，但万用表本身提供的电压低，无法测量高压下电气设备的绝缘电阻，如有些设备在低压下绝缘电阻很大，但电压升高，绝缘电阻很小，漏电很严重，容易造成触电事故。

　　根据工作和显示方式不同，兆欧表通常可分作三类：摇表、指针式兆欧表和数字式兆欧表。

　　数字兆欧表种类很多，使用方法基本相同，下面以 VC60B$^+$ 型数字式兆欧表为例来说明。

　　VC60B$^+$ 数字兆欧表，是采用低损耗高变比电感储能式直流电压变换器将 9 V 电压变换成 250 V/500 V/1000 V 直流电压。采用数字电桥进行电阻测量，用于绝缘电阻的测试，具有使用轻便，量程宽广，背光显示，测试锁定，自动关机等功能，还可以进行市电测量，性能稳定，适用于电机、电缆、机电设备、电信器材、电力设施等绝缘电阻检测需要。

　　VC60B$^+$ 型数字式兆欧表的面板如图 2-3-5 所示。

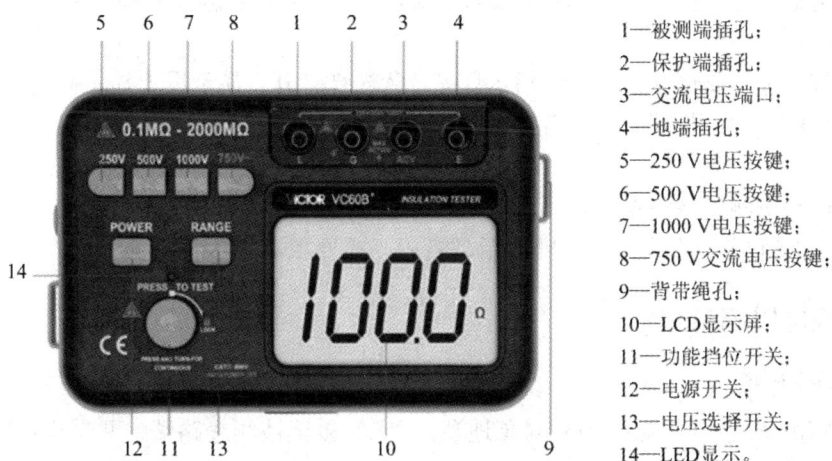

1—被测端插孔；
2—保护端插孔；
3—交流电压端口；
4—地端插孔；
5—250 V电压按键；
6—500 V电压按键；
7—1000 V电压按键；
8—750 V交流电压按键；
9—背带绳孔；
10—LCD显示屏；
11—功能挡位开关；
12—电源开关；
13—电压选择开关；
14—LED显示。

图 2-3-5　VC60B$^+$ 型数字式兆欧表的面板

单元二　电工工具 及仪表的使用	学习情境三	兆欧表及其使用	
姓名	班级	日期	

一、操作步骤

(1) 打开电池盒后盖装入 5 号电池 6 节，注意电池极性不要接反，如图 2-3-6 所示。

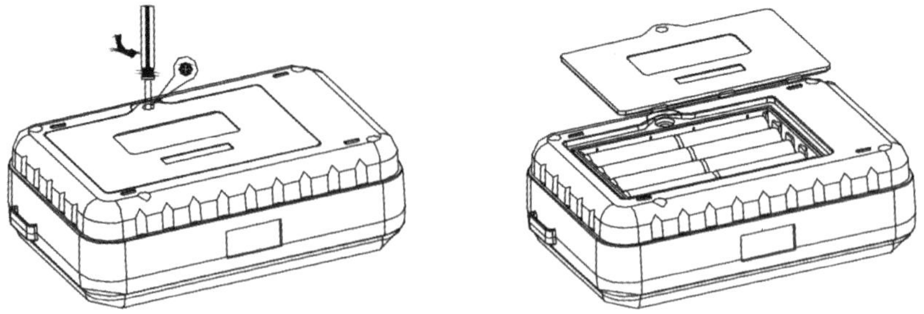

(a) (b)

图 2-3-6　电池后盖装入电池

(2) 将电源开关"POWER"键按下。

(3) 根据测量需要选择测试电压(500 V)。

(4) 根据测量需要选择量程开关(RANGE)，开关弹起来为低量程，按下去为高量程。

(5) 将被测对象的电极接到本仪表相应插孔。

(6) 测试电缆时，插孔"G"接保护环。

(7) 将输入线"E"接至被测对象的地端，"L"接至被测线路端，要求"L"引线尽量悬空。

(8) 按下圆形测试开关，红色指示灯亮，背光灯打开，显示屏上显示高压指示符号，进入测量状态，测试即进行，向右侧旋转可松开手一直保持测量状态，当显示值稳定后，即可读数。

(9) 如果按测试键测量时仪器出现关机，请重新开机进行测量。

(10) 如果仅最高位显示 1，即表示超量程，需要以高量程挡取数。

二、绝缘电阻测量

1. 操作步骤

(1) 将测试线"E"接至被测对象地端，"L"接至被测线路端，测试电缆时，插孔"G"接保护环。

(2) 请根据需要选择测试电压"250 V""500 V""1000 V"。

(3) 测量时根据测量需要选择量程开关"RANGE"，开关弹起来为低量程，按下去为高量程。

(4) 按下圆形测试开关，红色指示灯点亮，背光灯打开，显示屏上显示高压指示符

单元二　电工工具 及仪表的使用	学习情境三	兆欧表及其使用	
姓名	班级	日期	

号，进入测量状态。

（5）向右侧旋转可松开手一直保持测量状态；当显示值稳定后，即可读数。

2. 实际动手操作

先来看仪表的正面情况：

0.1 MΩ 到 2000 MΩ 测试量程是指它可以从 0.1 MΩ 的阻值测到 2000 MΩ 的阻值。

"250 V""500 V""1000 V"是兆欧表测试电压的量程。"750 V"是测试用电器用电环境的一个测试挡位，就是说，在不知道用电器用在多少 V 的时候，选择这个挡位。

开机键用来开关机。

"RANGE"键用于切换挡位量程，在选择"250 V""500 V""1000 V"其中的某一个挡的时候，它是有两段量程的，一段是低量程，一段是高量程。

仪表的侧面有一个 9 V 的 DC 输入孔，它用于在有适配器的情况下用适配器直接供给仪表进行供电，它并不是用来充电的充电插口。

我们根据被测的物体是在 220 V 供电或 380 V 或者更高供电的情况下，来对应选择我们的挡位。如果用电器是 220 V 供电的，只需要选择 250 V 这个量程就可以；如果是一台三相电机，它的供电是 380 V 的，需选择 500 V 的测试挡位来进行测试；当被测物体供电电压在 500 V、600 V 的时候，需要选择到 1000 V 的测试挡位。

把表笔插在对应的孔位如图 2-3-7 所示，红色表笔插"L"，黑色表笔插"E"，这个就是对应兆欧表的一个绝缘阻值测量的功能。

红色表笔插"L"
黑色表笔插"E"

图 2-3-7　表笔插在对应的孔位

测试之前先开机。先给它短路进行一个回零，能正常回零就没问题。然后来进行测试，现在测的是三相异步电机，在测试之前先把三相异步电机的扣给解掉，如图 2-3-8 所示。不管是测三相之间还是三相对地，都需要解扣来进行测量。没有解扣的时候，就无法找到到底是哪一相对地不绝缘了，或者哪一相短路了。

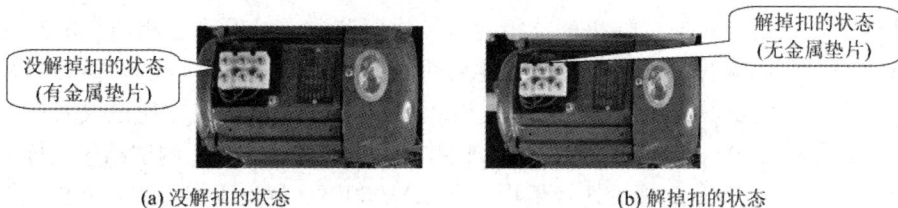

没解掉扣的状态
（有金属垫片）

解掉扣的状态
（无金属垫片）

(a) 没解扣的状态　　　　　　　(b) 解掉扣的状态

图 2-3-8　三相异步电动机

单元二　电工工具 及仪表的使用	学习情境三	兆欧表及其使用	
姓名	班级	日期	

开始测试，被测的是一个 380 V 的电机，所以选择 500 V 的测量挡位如图 2-3-9 所示。

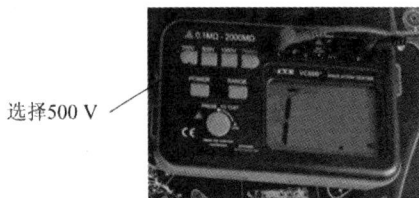

选择 500 V

图 2-3-9　选择 500 V 的测量挡位

测试的时候，红表笔接 U、V、W 其中一项，然后黑表笔接地。测试地的时候就必须要找到裸露金属部分，不要测有喷到绝缘漆的部分。会导致测量的数据不真实。或者有接地位置的部分来进行测量，测试的时候我们只需要按住测试键，然后往右边旋转，如图 2-3-10 所示。

图 2-3-10　测量示意图

大概等到 15 s 的时间，看它数值是否正确。当看到仪表一直显示"1"，然后有测量符号，就说明它的绝缘阻值已经超过我们测试现在所选的量程。一般来说三相电机的绝缘阻值都是在 0.5 MΩ 以上视为合格的。当然也有一些要求更大的，这个就不做讨论了。

然后来测试第二相与接地之间的绝缘，等大概 15 s，仪表显示"1"，表明第二相对地绝缘也是没问题，显示超过我们量程。第三相对地，也是同样的显示，表明第三相对地也是绝缘良好的。测试完以后，把测试键恢复原位。这个时候我们就判断出三相异步电机三相对地都是绝缘良好的。

3. 测量三相电机的功能

如果想测三相电机的功能，就需要对它的三相之间的绝缘进行测试。选择到第一相，然后选择到第一相的首端和第二相的首端进行测试。当看到三相电机的绝缘强度也超过仪表所测的量程时，就表明它的绝缘强度是可以的。然后可以切换到更大的挡位量程来看一下它的具体数值。如果还是显示"1"的话，就说明它超过仪表最大的测试量程了。测试完第一相和第二相后，再来测试第一相和第三相，测试结果同样会显示"001"，表示超出量程。然后切换量程，显示"000"，就说明相与相之间出现短路的情况，这时就需要拆开来进行检修。正常来说三相电机必须是保持高阻值的一个状态，

单元二　电工工具 及仪表的使用	学习情境三	兆欧表及其使用	
姓名	班级	日期	

就是"1"超量程的状态。第二相和第一相的末端，第一相和第三相的末端，都是能达到超量程这样的一个测试状态。这个就是兆欧表绝缘值的一个测试。在我们测试完以后，取消测试键，然后拉开表笔，再切换到最小的量程，进行关机，这个时候我们兆欧表就测试完成。在测试完以后，我们所查看到的电机的绝缘程度是良好的，说明它是没有问题的。可以放心使用。

三、交流电压测量

1. 操作步骤

(1) 选择量程开关按键为"AC750 V"。

(2) 将红表笔接"ACV"，黑表笔接"G"端。

(3) 将被测表笔跨接在测试电路中。

(4) 待读数稳定后，即可读取数据。

2. 实际动手操作

来看一下电压测试功能，对于市电，选择到 750 V 以后，开机。黑表笔插"G"，红表笔插"ACV"，如图 2-3-11 所示。

图 2-3-11　表笔插在对应的孔位

进行电压测量的时候，不需要去按动测试按键，就可以进行测量。图 2-3-12 所示是在一个 235 V 的测试电压情况下的市电情况。如果设备是工作在这样电压的情况下，知道它的工作电压，那么选择 250 V 挡位就可以进行测试了。如果测出来的电压高于250 V，或者说高于 250 V 达到 380 V 就是三相电的电压的时候，就需要选择到 500 V 的测试挡位来进行测量。

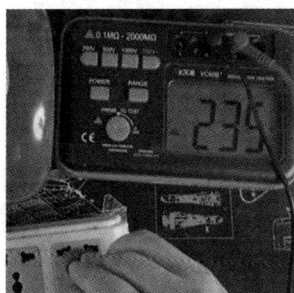

图 2-3-12　测量市电

单元二　电工工具 及仪表的使用	学习情境三	兆欧表及其使用	
姓名	班级	日期	

四、安全注意事项

(1) 当测试电压选择键不按下时，输出电压插孔上将可以输出高压。

(2) 测试时应首先检查测试电压选择及 LCD 上测试电压的提示与所需的电压是否一致。

(3) 被测对象应完全脱离电网供电，并且应经短路放电证明被测对象不存在电力危险才能进行操作，以保障操作安全。

(4) 测试时不允许手持测试端，以保证读数准确及人身安全。

(5) 仪表不宜置于高温处存放，避免阳光直射影响液晶显示器的寿命。

(6) 电池能量不足时有符号显示，请及时更换电池。长期存放时应及时取出电池，以免电池漏液损坏仪表。

(7) 空载时，如有数字显示，属正常现象，不影响测试。

(8) 在进行 MΩ 测试时，如果显示读数不稳定可能是环境干扰或绝缘材料不稳定造成的，此时可将"G"端接到被测对象屏蔽端，即可使读数稳定。

(9) 为保证测试安全性和减少干扰，测试线采用硅橡胶材料，请勿随意更换测试线。

(10) 当外接适配器供电时，会断开内部电池供电，此时不能对电池进行充电。

单元二　电工工具及仪表的使用	学习情境四	电桥及其使用	
姓名	班级	日期	

学习情境四　电桥及其使用

学习情境描述

(1) 教学情境描述：电桥是采用桥式电路的电测量仪器，是一种比较式的测量仪器。它在电工测量中应用极为广泛，可以用来测量电阻、电容、电感、频率、温度、压力等许多物理量。它的主要特点是灵敏度高，测量准确度高。电桥分为直流电桥和交流电桥两大类。直流电桥根据结构不同又分为直流单臂电桥和直流双臂电桥。随着现代模拟和数字技术的发展，现多采用数字电桥。数字电桥正向着更高准确度、更多功能、高速、集成化以及智能化程度方面发展。

(2) 关键知识点：数字电桥的使用方法和注意事项。

(3) 关键技能点：用数字电桥测量电阻、电容、电感的步骤和检测过程及方法。

学习目标

(1) 掌握电桥的使用方法和注意事项。

(2) 了解电桥的基本结构，认清面板。

(3) 掌握测量电阻、电容、电感的操作步骤。

(4) 能够按照步骤测量电阻、电容、电感。

(5) 在操作中能够熟练、规范、安全地使用电桥。

(6) 培养操作人员严谨的工作作风，从而提高工作效率，为安全生产提供保障。

任务书

数字电桥就是能够测量电感、电容、电阻、阻抗的仪器，测量对象为阻抗元件的参数，包括交流电阻 R、电感 L 及其品质因数 Q，电容 C 及其损耗因数 D。因此，又常称数字电桥为数字式 LCR 测量仪。本次任务要求能够用数字电桥测量电阻、电容、电感。

单元二 电工工具及仪表的使用	学习情境四	电桥及其使用	
姓名	班级	日期	

任务分组

学生任务分配表如表 2-4-1 所示。

表 2-4-1 学生任务分配表

班级		组号		工位号	
组长		学号		指导老师	
组员					
任务分工:					

知识储备

引导问题 1: 认识测量界面。

VICTOR 4080 手持 LCR 电桥的测量界面如图 2-4-1 所示。请在括号里写出每部分的含义。

图 2-4-1 LCR 电桥的测量界面

引导问题 2: 认识前面板。

VICTOR 4080 手持 LCR 电桥的前面板如图 2-4-2 所示。请在括号里写出每部分的含义。

单元二　电工工具 及仪表的使用	学习情境四	电桥及其使用	
姓名	班级	日期	

图 2-4-2　LCR 电桥的前面板

❓ 引导问题 3：测量电阻。

(1) 测试连接如图 2-4-3 所示。

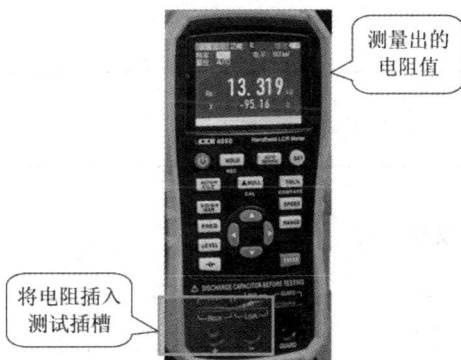

图 2-4-3　测试连接图

(2) 测量电阻的操作步骤是什么？

_____

_____

_____

_____

单元二　电工工具 及仪表的使用	学习情境四	电桥及其使用	
姓名　　　　　　　　班级		日期	

特别提示

　　仪器使用交流信号对电阻进行测量,因此测试结果反映器件的交流电阻特性,而不是直流电阻。

　　引导问题 4: 测量电容。

(1) 测试连接如图 2-4-4 所示。

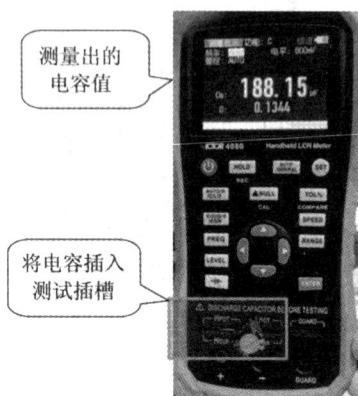

测量出的
电容值

将电容插入
测试插槽

图 2-4-4　测试连接图

特别提示

　　测量前请确认电容已完全放电。

(2) 简述测量电容的操作步骤。

_____

_____

_____

特别提示

　　电容器或容性器件在接入测试前,一定要充分放电,大容量的电容器,其放电时间可能会比较长。如果接入未完全放电的容性器件,可能会损坏仪器内部器件。

单元二　电工工具及仪表的使用	学习情境四	电桥及其使用	
姓名	班级	日期	

引导问题 5：测量电感。

(1) 测试连接如图 2-4-5 所示。

(2) 简述测量电感的操作步骤。

_____

_____

_____

_____

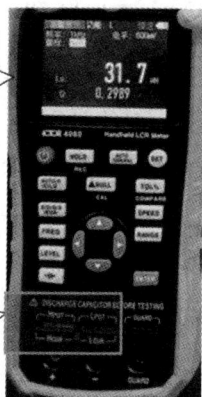

图 2-4-5　测试连接图

思政课堂

作为一个农家孩子，"考高中、上大学、闯世界"是李文航给自己规划的人生梦想。然而，2017年中考失利后，父母下定决心把荒废一年光阴的李文航送到职业院校读书，希望儿子能学一门技术。在理论教学与实际操作相结合的一体化课堂上，他惊喜地发现自己很适应这种学习模式。在一次次动手动脑中，他找回了久违的学习乐趣与自信。

不知不觉中，大学梦已经成为过去时，在李文航心中，一个新的梦想正在萌芽——学技能，练本领，一样能成才！2020 年，李文航以优异成绩获得第 46 届世界技能大赛河南省选拔赛一等奖，然而在代表河南冲击国家集训队时失利受挫。在老师的鼓励下，他调整心态全力投入训练，在今年全国乡村振兴职业技能大赛河南选拔赛中一举夺魁，挺进国赛。为突破一道题目中的难点，李文航会在训练场练到半夜，进入一种忘我的境界："当终于攻破难关，解决了题目中的'拦路虎'，那种成就感瞬间就抵消了所有疲劳。"疫情防控期间，由于学校封闭管理，备赛集训暂停。去不了学校，李文航就买来三合板、电线、电器元件，在家里拼装了一面电路墙自己练习，始终保持着良好的备赛状态。2021 年 9 月 26 日至 28 日，全国乡村振兴职业技能大赛在新疆乌鲁木齐举行。凭借高超的技能本领与过硬的心理素质，李文航沉着应战，发挥出色，一举夺得电工学生组金牌。

思政要点：

从"拆家的熊孩子"到"网游少年"，再到全国技能大赛冠军的逆袭故事，这个真实的故事告诉我们，技能改变人生。作为一名中职生，我们要努力学习技能，要以此为新起点，不断努力、继续前进，书写人生更多精彩。

单元二 电工工具及仪表的使用	学习情境四	电桥及其使用	

姓名		班级		日期	

工作计划

(1) 制订工作方案，并完成表 2-4-2。

表 2-4-2 工 作 方 案

序号	工 作 内 容	小组长
1		
2		
3		

(2) 使用数字电桥测量 R 值，并完成表 2-4-3。

表 2-4-3 使用数字电桥测量 R 值

待测电阻的标称值		电阻 1	电阻 2	电阻 3	电阻 4
万用表测量值					
数字电桥测量值	100 Hz				
	1 kHz				
	10 kHz				

(3) 使用数字电桥测量 C 值，并完成表 2-4-4。

表 2-4-4 使用数字电桥测量 C 值

待测电容的标称值		电容 1	电容 2	电容 3	电容 4
万用表测量值					
数字电桥测量值	100 Hz				
	1 kHz				
	10 kHz				
D 值	100 Hz				
	1 kHz				
	10 kHz				

单元二　电工工具 及仪表的使用	学习情境四	电桥及其使用	
姓名	班级	日期	

(4) 使用数字电桥测量 L 值，并完成表 2-4-5。

表 2-4-5　使用数字电桥测量 L 值

待测电感		变压器 1		变压器 2	
		初级	次级	初级	次级
数字电桥 测量值	100 Hz				
	1 kHz				
	10 kHz				
Q 值	100 Hz				
	1 kHz				
	10 kHz				

进行决策

(1) 各组派代表到工作台前进行测量操作。

(2) 各组对其他组的操作步骤提出点评。

(3) 老师对各组的操作步骤进行点评。

工作实施

(1) 按照操作步骤进行测量。

① 领取手持数字电桥。

② 领取电子元件。

③ 按照正确操作步骤进行测量。

(2) 操作指南。

① 开关机。

② 参数选择。

a. 频率的选择。

b. 电平的选择。

c. 量程的选择。

d. 测量速度的选择。

e. $L/C/R/Z$ 主参数的选择。

f. $X/D/Q/\theta/ESR$ 副参数的选择。

g. 标称值的选择。

h. 等效方式的选择。

③ 相对模式。

④ 读数保持模式(HOLD)。

⑤ 数据记录功能(最大值、最小值、平均值)。

⑥ 校正功能。

单元二 电工工具及仪表的使用	学习情境四	电桥及其使用	
姓名	班级	日期	

评价反馈

各组派代表到工作台前进行测量操作，每做一步口述步骤，并完成评价表 2-4-6～表 2-4-8。

表 2-4-6 学生自评表

序号	评 价 项 目	完成情况记录	自评结论:
1	口述步骤		
2	熟知电桥的使用方法		
3	测量操作方法正确		
4	能正确读取测量结果		

表 2-4-7 学生互评表

序号	评 价 项 目	组内互评	组间互评	互评结论:
1	口述步骤			
2	熟知电桥的使用方法			
3	测量操作方法正确			
4	能正确读取测量结果			
5	操作熟练度			
6	测量过程中的安全情况			

表 2-4-8 教师评价表

序号	评 价 项 目	教师评价	教师评价结论:
1	学习准备情况		
2	操作规范		
3	操作熟练度		
4	熟知电桥的使用方法		
5	关键技能		
6	测量过程中的安全情况		
7	测量操作方法		
8	能正确读取测量结果		
9	安全文明生产		

综合评价结果:

单元二 电工工具 及仪表的使用		学习情境四	电桥及其使用	
姓名		班级	日期	

学习情境的相关知识点

一、VICTOR 4080 手持数字电桥

1. 概况

VICTOR 4080 手持 LCR 是用于测量电感、电容、电阻等元件参数的便携手持式测量仪器，其体积小巧，采用 5 V 锂电池供电，既可适用于台式机的应用场所，更适用于流动测量和手持测量场合。

VICTOR 4080 提供主参数 4 位半分辨率，副参数 0.0001 读数分辨率，最高测量频率可达 100 kHz，测量电平可选为 0.6 Vrms 或 0.3 Vrms，全自动量程以快速、中速、慢速显示测量结果，并自动按元件性质选择合适的测量参数，使之兼备了手持表的便捷性和台式机的优良性能。

仪器操作简洁直观，测试频率、参数、速度选择即按即现；同时还具备记录模式可辅助获取读数；操作方便的开路短路校正功能提高了测量的准确性；实用配置菜单可设定蜂鸣器、自动关机、语言等操作。

仪器标配有远程通信功能，可通过 Mini-USB 电缆连接至 PC，实行远程控制和数据采集。

2. 前面板

手持数字电桥的前面板说明如图 2-4-6 所示(注：长按指按住按键 2 s 以上，功能复用键区分长按、短按，其余按键均为短按)。

1—2.8 英寸 TFT 液晶显示屏，显示仪器所有的功能。

2—数据保持数据记录复用键，短按关闭数据保持功能，长按打开关闭数据记录功能。

3—电源键，关机状态下长按开机，开机状态下长按则关机。

4—主参数快捷键，用于快速切换主参数。

5—相对和校正功能复用键，短按打开关闭相对功能，长按打开校正功能。

6—副参数快捷键，用于快速切换副参数。

7—频率快捷键，用于快速切换固定点频率。

8—电平快捷键，用于快速切换固定点电平。

9—偏置电压和电解电容模式复用键，短按进入电解电容模式，长按快速选择偏置电压。

10—等效方式快捷键，用于快速切换等效方式。

11—界面切换键，用于快速在"测量显示""系统设置"两个界面之间切换。

单元二　电工工具 及仪表的使用	学习情境四	电桥及其使用	
姓名	班级	日期	

12—比较器开关以及容限值快捷复用键，短按快速切换偏差容限值，长按打开或关闭比较器。

13—测量速度快捷键，用于快速切换需要的测量速度。

14—量程快捷键，用于快速切换所需的量程。

15—方向键，用于左右方向键控制光标移动，上下方向键选择参数。

16—确定键，用于确定参数或者某一功能的选择。

17—五端测试插槽。

18—三端测试插槽。

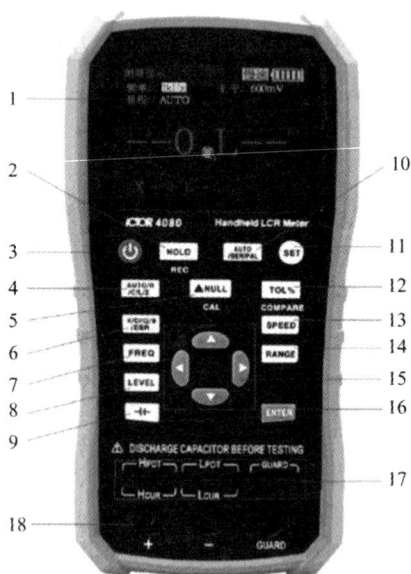

图 2-4-6　手持数字电桥前面板

3. 测量界面

测量界面如图 2-4-7 所示。

1—页标题，用于标识显示的页面。

2—测量参数设置。

3—主参数显示，"*"表示此时处于数据保持状态。

4—副参数显示。

5—状态栏。

"USB"为 USB 连接标志，连接 PC 时显示，其余时间隐藏；

"主参自动"为主参数显示标志，在自动状态下显示，其余时间为隐藏；

"慢速"显示测量速度；

电池图标为电量剩余提示，用于提示剩余的电量，以便及时给仪器充电。

单元二 电工工具 及仪表的使用	学习情境四	电桥及其使用	
姓名	班级	日期	

6—比较器显示，显示所测元件与标称值之间的偏差百分比，绿色及 P 表示在设定的容限范围内，红色及 F 表示超出设定的容限范围，比较器关闭则此栏关闭。

图 2-4-7　测量界面

4. 操作指南

1) 开关机

长按电源键，仪器开机，进入测量界面(默认)；开机状态下长按(2 s 以上)电源键关机。

2) 参数选择

(1) 频率的选择。VICTOR 4080 手持 LCR 使用交流测试信号施加在被测件(DUT)上进行测量，频率是交流信号源的主要参数之一，由于元件的非理想性和分布参数的存在，以及测试端和测试线分布参数的影响，同一元件使用不同的测试频率，可能会有不同的测量结果。因此，测量前，应选用合适的频率。

改变测试频率有以下两种方法：

方法一：直接按"FREQ"键，可以在不同的频率点之间切换。

方法二：通过左右方向键选定界面上频率，如图 2-4-8 所示，再按上下方向键切换频率点。

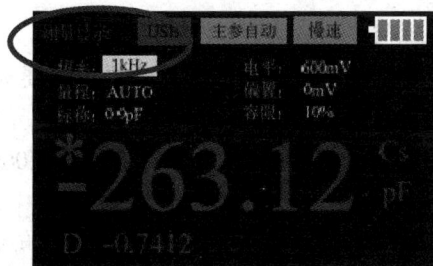

图 2-4-8　选定界面上频率

(2) 电平的选择。VICTOR 4080 手持 LCR 使用交流测试信号施加在被测件(DUT)上进行测量，不仅可以改变频率点，也可以改变测试信号的大小。

改变测试信号的大小有以下两种方法：

方法一：按"LEVEL"键进行信号大小的切换。

方法二：通过左右方向键选定界面上电平，如图 2-4-9 所示，再按上下方向键切换电平。

单元二　电工工具 及仪表的使用	学习情境四	电桥及其使用	
姓名	班级	日期	

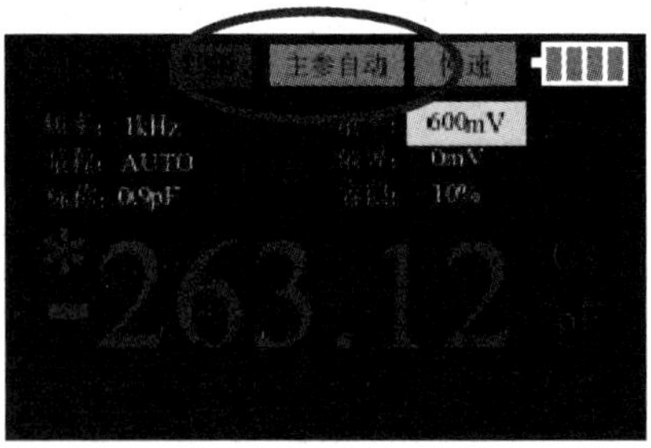

图 2-4-9　选定界面上电平

(3) 量程的选择。改变量程有以下两种方法：

方法一：开机即进入测量显示界面，通过左右方向键将光标移动到量程处，通过上下方向键切换量程(AUTO、100 Ω、1 kΩ、10 kΩ、100 kΩ)。

方法二：按"RANGE"键直接切换到下一量程，同时光标移动到量程处。

(4) 测量速度的选择。开机即进入测量显示界面，按"SPEED"键切换到下一测量速度(快速、中速、慢速)，状态栏上方有对应测量速度显示，快速(4 次/s)、中速(2 次/s)、慢速(1 次/s)。

(5) L/C/R/Z 主参数的选择。选择测量参数类型，应首先选择主参数。

按"AUTO/R/C/L/Z"键，可顺序切换以下主参数：R(电阻)、C(电容)、L(电感)、Z(阻抗)和 AUTO(自动)。当主参数选择 AUTO 时，状态栏上方有"主参自动"字样显示。

(6) X/D/Q/θ/ESR 副参数的选择。如有必要，可按副参数键选择副参数。

按"X/D/Q/θ/ESR"键可选择以下副参数：D(损耗)，Q(品质因素)，θ(相位角)，ESR(串联等效电阻)、X(电抗)。

(7) 标称值的选择。标称值的设置方法如下：

① 开机即进入测量显示界面，仪器测试夹上放置与需要标称值相近的元件。

② 长按"TOL%"键打开比较器，此时标称值即为被测元件的值，且标称保留小数点后一位的值，但是不得小于最小单位(例如，被测元件值为 1.0694 kΩ，则标称值为 1 kΩ；被测元件值为 330.92 Ω，则标称值为 330 Ω)。

③ 若此时标称值并不是所需的标称值，则通过左右方向键将光标移至标称处，按"ENTER"键进入标称值修改界面。

(8) 等效方式的选择。由于元件的非理想性及分布参数的存在，实际元件往往用理想元件的组合网络来进行等效。LCR 测试仪一般使用简单的串联和并联等效两种简单的等效模型。选用合适的等效模式，利于获得更好的测量效果。一般而言，低阻抗元件(如低于 100 Ω)，宜选用串联等效；高阻抗元件(如高于 10 kΩ)，宜选用并联等效；介于两者之间的，等效模式对于测量结果的影响比较小。按"AUTO/SER/PAL"键切换到下一等效方式(SER、PAL)。

单元二 电工工具及仪表的使用		学习情境四	电桥及其使用	
姓名		班级	日期	

3) 相对模式

短按"▲NULL"键打开相对功能并以当前数值为参考值,副参数显示参考值,主参数显示相对值。

4) 读数保持模式(HOLD)

数据保持功能用于冻结显示数据。测量仍在进行,但液晶上显示数据并不随测量更新。

打开读数保持:按"HOLD"键打开读数保持功能,液晶上显示"*"表明数据保持功能已激活。此时液晶上主副参数显示的是按"HOLD"键之前的测量结果。

关闭读数保持:如要关闭读数保持,再按"HOLD"键,液晶上"*"消失,仪器返回正常测量显示模式。

5) 数据记录功能(最大值、最小值、平均值)

如果被测元件的测量数据稳定性较差,在一定范围内波动,可以使用数据记录模式辅助读数。数据记录模式下,可以在一定范围内动态获取最大值、最小值和平均值。

打开记录功能:长按"HOLD"键打开数据记录功能,副参数显示记录值,此时HOLD功能失效,短按"HOLD"键可切换选择显示最大值、最小值、平均值。

关闭记录功能:长按"HOLD"键关闭数据记录功能。

提示:改变测量参数类型后,将自动退出数据记录功能。

6) 校正功能

校正功能分开路校正和短路校正。通过校正可有效降低测试线带来的分布参数误差,短路校正可减小接触电阻和测试线电阻对测量低阻抗元件的影响;开路校正可减小测试线间的分布电容和分布电阻对测量高阻抗元件的影响。

校正方法如下:

(1) 进入校正功能之前,请确保被测试元件两端处于开路或短路状态。长按"▲NULL"键进入校正界面,此时仪器自动识别是开路还是短路,如图 2-4-10 所示。

(2) 短按"▲NULL"键进行开路(OPEN)或者短路(SHORT)校正,界面如图 2-4-11 所示。若校正成功,则副参显示"SUCESS";若校正失败,则显示"FAILED"。

图 2-4-10 仪器自动识别开路/短路

图 2-4-11 开路校正

单元二 电工工具 及仪表的使用	学习情境四	电桥及其使用	
姓名	班级	日期	

注意：校正过程中请勿改变测试元件两端状态。

(3) 校正结束后短按"▲NULL"键回到测量显示界面。

5. 测量

1) 测量电阻

操作步骤：

(1) 长按开机键开机。

(2) 按"AUTO/R/C/L/Z"键，直到界面上显示"Rs"以选择电阻测量，如图 2-4-12 所示。

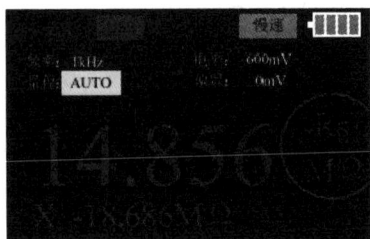

图 2-4-12 界面上显示 Rs

(3) 将电阻插入测试槽，或选用合适的测试附件(橡胶插头-鳄鱼夹、开尔文测试夹等)接入被测电阻。

(4) 按"FREQ"键选择所需要的测试频率，按"LEVEL"选择所需要的电平。

(5) 如需选择其他副参，则按"X/D/θ/ESR"。

(6) 从液晶屏上读取测量结果。

2) 测量电容

操作步骤：

(1) 长按开机键开机。

(2) 按"AUTO/R/C/L/Z"键，直到界面上显示"Cs"以选择电容测量，如图 2-4-13 所示。

图 2-4-13 界面上显示 Cs

(3) 将电容插入测试槽，或选用合适的测试附件(橡胶插头-鳄鱼夹等)接入被测电容。

(4) 按"FREQ"键选择。

单元二　电工工具 及仪表的使用	学习情境四	电桥及其使用	
姓名	班级	日期	

(5) 如需选择其他副参，按"X/D/θ/ESR"。

(6) 从液晶屏上读取测量结果。

3) 测量电感

操作步骤：

(1) 长按开机键开机。

(2) 按"AUTO/R/C/L/Z"键，直到界面上显示"Ls"以选择电感测量，如图 2-4-14 所示。

图 2-4-14　界面上显示 Ls

(3) 将电感插入测试槽，或选用合适的测试附件(橡胶插头-鳄鱼夹等)接入被测电感。

(4) 按"FREQ"键选择所需要的测试频率，按"LEVEL"选择所需要的电平。

(5) 如需选择其他副参，则按"X/D/θ/ESR"。

(6) 从液晶屏上读取测量结果。

4) 测量阻抗

(1) 长按开机键开机。

(2) 按"AUTO/R/C/L/Z"键，直到界面上显示"Zs"以选择电阻测量，如图 2-4-15 所示。

图 2-4-15　界面上显示 Zs

(3) 将阻抗元件插入测试槽，或选用合适的测试附件(橡胶插头-鳄鱼夹，开尔文测试夹等)接入被测元件。

(4) 按"FREQ"键选择所需要的测试频率，按"LEVEL"选择所需要的电平。

(5) 如需选择其他副参，则按"X/D/θ/ESR"。

(6) 从液晶屏上读取测量结果。

单元三　　照明电路装调

照明电路装调概述

　　电气照明广泛应用于家庭、医院、工厂、机关、学校、商店等各种不同场合，特别是在日常生产中需要使用大量照明设备来辅助生产，照明电路的装调是电工必须掌握的基本技能之一。作为一名电工必须要掌握基本照明电路的工作原理，能够正确选择、检测和安装插座、开关等元器件；能独立根据任务要求，使用常用工具进行白炽灯、日光灯、电子荧光灯、LED 灯等灯具的安装，达到工艺安装要求标准；能够准确分析并排除照明电路的故障。

单元三　照明电路装调	学习情境一	两个一开双控开关控制一盏灯电路的安装	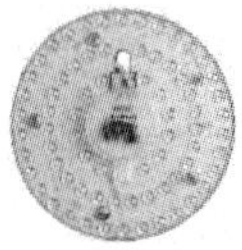
姓名	班级	日期	

学习情境一　两个一开双控开关控制一盏灯电路的安装

学习情境描述

(1) 教学情境描述：走进宿舍楼道，观察楼道两个一开双控开关控制一盏灯电路的日常使用方法。同学们下晚自习后回宿舍，走到一楼时闭合一楼开关，楼道吸顶灯点亮；走到二楼时按下二楼开关，楼道吸顶灯熄灭。两层楼两个开关联动控制吸顶灯，节省电力同时节省了人力。这就是最简单的二控一灯照明电路。

(2) 关键知识点：开关、照明灯具的分类、一开双控开关的结构及主要参数；两个一开双控开关控制一盏灯电路的工作原理。

(3) 关键技能点：线槽的安装工艺及注意事项；两个一开双控开关控制一盏灯电路的敷设方法、步骤及工艺要求和检测过程。

学习目标

(1) 正确理解两个一开双控开关控制一盏灯电路的构成。
(2) 正确理解两个一开双控开关控制一盏灯电路的工作原理。
(3) 能够按照接线工艺要求正确安装两个一开双控开关控制一盏灯电路。
(4) 初步掌握两个一开双控开关控制一盏灯电路的敷设方法和对简单故障的检修。

任务书

本任务要求学生熟悉照明电气的线路图以及图形、文字符号；掌握线槽的施工工艺，掌握两个一开双控开关控制一盏灯电路的敷设方法，特别是一开双控开关、灯座的接线工艺，以及两个一开双控开关控制一盏灯电路的工作原理。

单元三　照明电路装调	学习情境一	两个一开双控开关控制一盏灯电路的安装	
姓名	班级	日期	

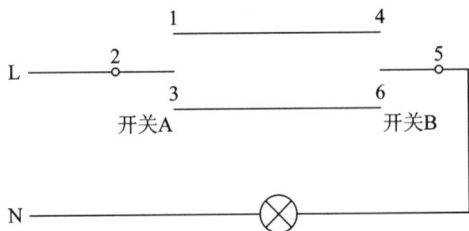

任务分组

学生任务分配表如表 3-1-1 所示。

表 3-1-1　学生任务分配表

班级		组号		工位号	
组长		学号		指导老师	
组员					
任务分工：					

知识储备

引导问题 1：认识两个一开双控开关控制一盏灯的电路。

两个一开双控开关控制一盏灯的电路如图 3-1-1 所示。其工作原理如下：

控制 1：合上开关 A(2-3)→灯亮，断开开关 A(2-3)或断开开关 B(5-6)→灯灭

控制 2：合上开关 B(4-5)→灯亮，断开开关 A(4-5)或断开开关 B(2-1)→灯灭

两个一开双控
开关控制一盏
灯电路的安装

图 3-1-1　两个一开双控开关控制一盏灯电路

单元三 照明电路装调	学习情境一	两个一开双控开关控制一盏灯电路的安装	
姓名	班级	日期	

(1) 分别绘制两个一开双控开关控制一盏灯电路处于断开状态和接通状态的原理图。

状态一：	状态二：
状态三：	状态四：

(2) 两个一开双控开关控制一盏灯电路中分别用到了哪些电器元件？它们的作用是什么？

_____

_____

思政课堂

视力健康关乎每一个青少年的身体健康与未来，党中央、国务院给予高度重视。此前，教育部、国家卫生健康委等八部委联合印发了《综合防控儿童青少年近视实施方案》。全光谱 LED 因其接近太阳光谱，而成为当前 LED 照明行业较为先进的技术发展趋势，其能更好地改善室内健康用光，对预防近视、健康心理等都具有积极的作用。

思政要点：

国家对青少年近视防治工作十分重视，广大青少年应注意近视的日常预防。

引导问题 2：了解一开双控开关(见图 3-1-2)。

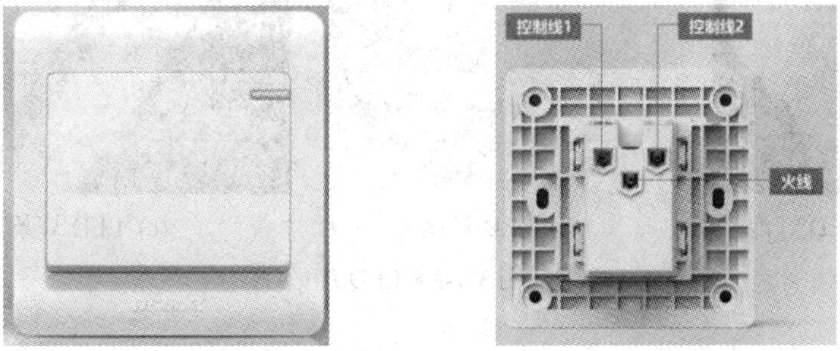

(a) 一开双控开关外形　　　　(b) 一开双控开关结构

图 3-1-2　一开双控开关

单元三　照明电路装调	学习情境一	两个一开双控开关控制 一盏灯电路的安装	
姓名	班级	日期	

(1) 一开双控开关有哪些主要参数?

_____

_____

_____

_____

(2) 一开双控开关与一开单控开关相比较有哪些不同?

_____

_____

_____

_____

特别提示

使用一开双控开关时应注意以下事项:

(1) 使用前,要熟悉一开双控开关的接线步骤,不能将电线接错。原因:电源进线的位置错接会影响双控开关的使用,甚至会导致电线短路等问题。

(2) 在安装之前,要注意选定合适的安装位置与安装高度,通常情况下照明开关安装高度是 1.4 m,原因是这样方便使用。

引导问题 3:了解照明电路中的 LED 灯具,如图 3-1-3 所示。

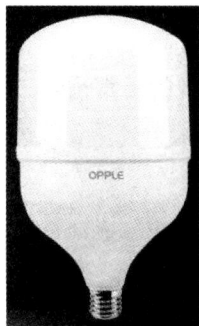 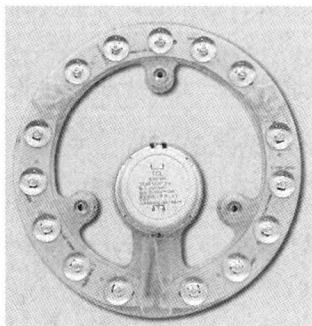 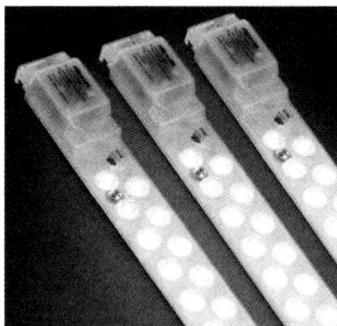

(a) LED 灯泡　　　　　　(b) LED 灯盘　　　　　　(c) LED 灯条

图 3-1-3　LED 灯

单元三　照明电路装调	学习情境一	两个一开双控开关控制 一盏灯电路的安装	
姓名　　　　　　　　　班级		日期	

(1) 常用的照明灯具有哪些？

_____

_____

_____

_____

(2) 螺口灯座(见图 3-1-4)的接线要求有哪些？

(a) 灯座外形　　　　　　　　　　　　(b) 灯座结构

图 3-1-4　螺口灯座

_____

_____

_____

_____

特别提示

使用一开双控开关时应注意以下事项：

(1) 相线应接在中心触点的端子上，零线应接在螺纹的端子上。因为接反后灯口的金属螺纹带电，更换灯泡时容易发生触电事故。

(2) 灯头的绝缘外壳不应有破损和漏电。对带开关的灯头，开关手柄不应有裸露的金属部分。这样可以防止漏电，引起触电事故。

(3) 对装有白炽灯泡的吸顶灯具，灯泡不应紧贴灯罩。当灯泡与绝缘台之间的距离小于 5 mm 时，灯泡与绝缘台之间应采取隔热措施。因为若距离过近，则长时间温度聚集会损坏灯具。

单元三　照明电路装调	学习情境一	两个一开双控开关控制 一盏灯电路的安装	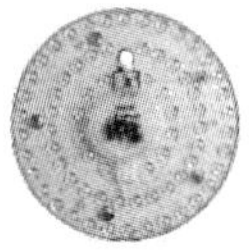
姓名	班级	日期	

工作计划

(1) 制订工作方案，并完成表3-1-2。

表 3-1-2　工 作 方 案

步骤	工 作 内 容	负责人
1		
2		
3		
4		
5		
6		
7		
8		

(2) 列出完成本任务所需仪表、工具、耗材和器材清单，并完成表3-1-3。

表 3-1-3　器 具 清 单

序号	名　称	型号与规格	单位	数量	备注

单元三　照明电路装调	学习情境一	两个一开双控开关控制 一盏灯电路的安装	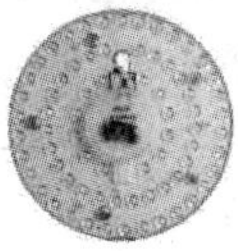
姓名	班级	日期	

引导问题4： 画出两个一开双控开关控制一盏灯电路的布置图。

布置图：

特别提示

关于电气布置图的说明如下：

　　安装前，灯具及其配件应齐全，应无机械损伤、变形、油漆剥落和灯罩破裂等缺陷。根据设计图确定出灯具的位置，采用预埋吊钩、螺栓、螺钉、膨胀螺栓、尼龙塞或塑料塞等方式固定；严禁使用木楔。当设计无规定时，上述固定件的承载能力应与电气照明装置的重量相匹配。

进行决策

　(1) 各组派代表展示设计方案。

　(2) 各组对其他组的设计方案提出自己的建议。

　(3) 老师对各组的设计方案进行点评，选出最佳方案。

单元三　照明电路装调	学习情境一	两个一开双控开关控制 一盏灯电路的安装	
姓名　　　　　　　班级		日期	

工作实施

(1) 按照确定好的最佳方案实施。

① 领取元器件及耗材。

② 元器件检测。

③ 根据布置图合理安排各元件位置(见图 3-1-5)。

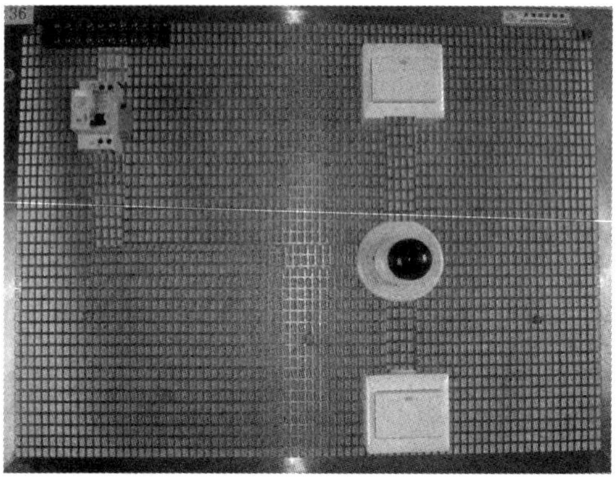

图 3-1-5　布置图

④ 做好线槽，并用螺丝钉固定线槽位置及元件位置。

⑤ 按照原理图连接线路，如图 3-1-6 所示。

◆ 识别出双联开关的"动桩头"与"静桩头"，并使相线的进出线均接在"动桩头"处；

◆ 双联开关采用针孔式接线，安装顺序是先接线后固定。

经过开关的相线一定要与平灯座中央铜片的接线柱连接

图 3-1-6　两个一开双控开关控制一盏灯电路布线示意图

单元三　照明电路装调	学习情境一	两个一开双控开关控制 一盏灯电路的安装	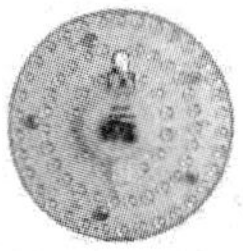
姓名　　　　　　班级		日期	

⑥ 安装线槽，如图 3-1-7 所示。

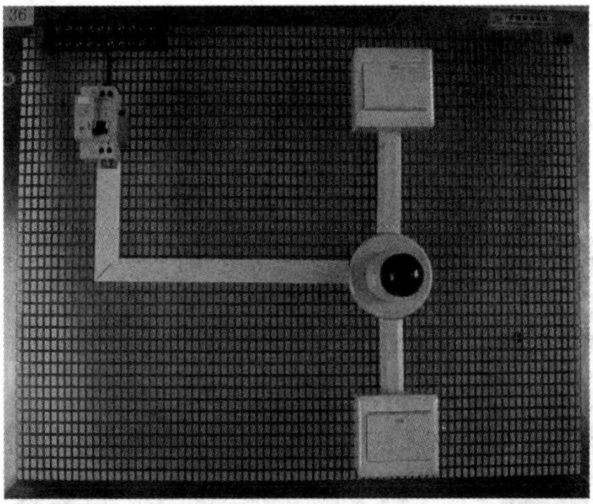

图 3-1-7　两个一开双控开关控制一盏灯电路线槽的安装示意图

(2) 用万用表检查电路。

① 通电前，依据电路原理图仔细检查实物是否连接正确。

② 取下螺口灯泡进行检查。

检查方法：把两个开关接通、断开各三次，观察万用表显示盘，若显示盘无反应，则说明安装中没有短路现象，但尚不能证明其安装正确。若显示为零，说明安装中有短路现象，则应找出故障予以排除。

③ 装上螺口灯泡进行检查。

检查方法：依次接通、断开两个开关各三次，观察万用表显示盘的值的变化，应该每接通、断开一次开关，显示盘的值就变化一次(即在 0 与 1 之间变化)。

如果多次接通、断开双联开关，显示盘的值却只变化一次，则说明安装有错误，多为开关接线错误。

如果装上好的螺口灯泡，不论接通、断开多少次开关，显示盘的值始终不动，则这是断路现象，多为接线有误。

(3) 通电试验。

① 先用测电笔确定电源的相线和零线，把电路的相线和零线同电源正确地连接起来。

② 合闸时先合总闸，再合分闸，最后闭合灯开关。拉闸时的顺序与合闸时相反。

单元三　照明电路装调	学习情境一	两个一开双控开关控制 一盏灯电路的安装	
姓名	班级	日期	

③ 分别拨动(或拉动)开关 1 和开关 2 多次(奇数次)，观察灯泡的发光情况应是：亮——暗——亮——暗——亮，两个一开双控开关控制一盏灯电路通电验证示意图如图 3-1-8 所示。

图 3-1-8　两个一开双控开关控制一盏灯电路通电验证示意图

引导问题 5：完成下列安全注意事项。

(1) 相线应接在螺口灯头的_____上。

(2) 螺口灯头的螺纹应与_____相连。

(3) 在电路中开关应控制_____线。

(4) 墙边开关安装时距离地面的高度为_____m。

单元三　照明电路装调	学习情境一	两个一开双控开关控制 一盏灯电路的安装	
姓名	班级	日期	

评价反馈

各组派代表展示作品，介绍任务完成过程，并完成评价表 3-1-4～表 3-1-6。

表 3-1-4　学 生 自 评 表

序号	评 价 项 目	完成情况记录	自评结论：
1	是否按时间计划完成任务		
2	引导问题中理论知识是否填写完整		
3	工作台是否整理干净		
4	耗材使用过程中有无浪费现象		
5	施工过程中的安全情况		

表 3-1-5　学 生 互 评 表

序号	评 价 项 目	组内互评	组间互评	互评结论：
1	是否按时间计划完成任务			
2	施工质量			
3	引导问题中理论知识是否填写完整			
4	工作台是否整理干净			
5	耗材使用过程中有无浪费现象			
6	施工过程中的安全情况			

表 3-1-6　教 师 评 价 表

序号	评 价 项 目	教师评价	教师评价结论：
1	学习准备情况		
2	引导问题中理论知识填写情况		
3	操作规范		
4	施工质量		
5	关键技能		
6	施工时间		
7	8S 管理落实情况		
8	沟通协作		
9	汇报展示		
综合评价结果：			

单元三　照明电路装调	学习情境一	两个一开双控开关控制 一盏灯电路的安装	
姓名	班级	日期	

![学习情境的相关知识点]

一、开关

开关是人们每日接触最频繁的电气器具之一，起接通和断开电路的作用。

按安装条件可将开关分为明装式和暗装式，按使用方式可将开关分为拉线开关和翘板开关；按构造可将开关分为单联、双联和三联开关以及声控光敏开关。其中，声控开关可在环境光照度低到一定数值时，通过声音振动使开关闭合，延时一段时间后自动断开。按外壳防护形式还可将开关分为普通式、防水防尘式、防爆式等。

开关规格以额定电压和额定电流来表示，室内开关的额定电压一般为 250 V，电流一般在 3~10 A 之间。常见开关类型如图 3-1-9 所示。

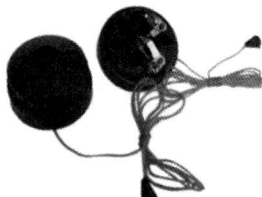

(a) 拉线开关　　　　　(b) 旋钮开关　　　　　(c) 翘板开关

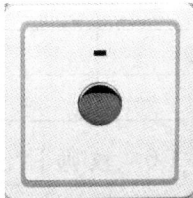

(d) 触摸开关　　　　(e) 声光控开关　　　　(f) 红外感应开关

图 3-1-9　常见开关

一开双控开关属于翘板开关的一种，就是一个开关同时带常开、常闭两个触点(即为一对)，其电路符号如图 3-1-10 所示。

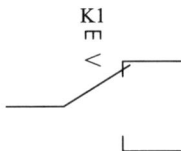

图 3-1-10　一开双控开关的电路符号

二、照明灯具

现代灯具包括家居照明、商业照明、工业照明、道路照明、景观照明、特种照明等。

单元三　照明电路装调	学习情境一	两个一开双控开关控制 一盏灯电路的安装	
姓名	班级	日期	

家居照明从最早的白炽灯泡发展到荧光灯管，再到后来的节能灯、卤素灯、卤钨灯、气体放电灯和 LED 特殊材料的照明灯等，所有的照明灯具大多还是在这些光源的发展下而发展的，如从电灯座到荧光灯支架到目前的各类工艺灯饰等。

照明灯具有很多种类型，常见灯具如图 3-1-11 所示。从光照上来分，可以分为日光灯、镁光灯、白炽灯、节能灯、霓虹灯等，它们颜色不同、亮度各异，因此，使用的地方也不尽相同。比如，节能灯高效节能，可能更适合于厨卫场所；白炽灯光线柔和，则更适合于卧室；LED 灯也叫发光二极管，其特点是节能，发光效率高，缺点是价格偏高，高流明产品少。

　　(a) LED 灯　　　　　　　　　　(b) 节能灯　　　　　　　(c) 白炽灯

图 3-1-11　常用灯具

三、线槽

塑料槽板(阻燃型)布线是把绝缘导线敷设在塑料槽板的线槽内，上面用盖板把导线盖住。这种布线方式适用于办公室、生活间等干燥房屋内的照明，也适用于工程改造更换线路以及弱电线路吊顶内暗敷等场所使用。

线槽的种类很多，不同的场合应合理选用，如一般室内照明等线路选用 PVC 矩形截面的线槽，如果用于地面布线应采用带弧形截面的线槽。用于电气控制一般采用带隔栅的线槽，为了显示隔栅，图片中将其上盖去掉了，如图 3-1-12 所示。

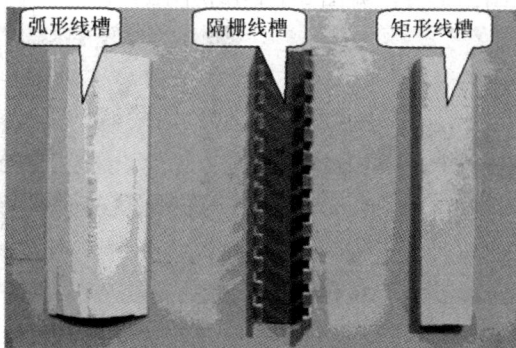

图 3-1-12　常用线槽

单元三　照明电路装调	学习情境一	两个一开双控开关控制 一盏灯电路的安装	
姓名	班级	日期	

塑料槽板布线的配线方法和步骤如下：

(1) 根据导线直径及各段线槽中导线的数量确定线槽的规格。线槽的规格是以矩形截面的长、宽来表示的，弧形的一般以宽度表示。

(2) 定位划线时为使线路安装得整齐、美观，塑料槽板应尽量沿房屋的线脚、横梁、墙角等处敷设，并与用电设备的进线口对正，与建筑物的线条平行或垂直。

选好线路敷设路径后，根据每节 PVC 槽板的长度，测定 PVC 槽板底槽固定点的位置(先测定每节塑料槽板两端的固定点，然后按间距 500 mm 以下均匀地测定中间固定点)。

(3) 槽板固定时，在 PVC 槽板安装前，应首先将平直的槽板挑选出来，剩下弯曲的槽板设法利用在不明显的地方。其方法如下：

① 根据电源、开关盒、灯座的位置，量取各段线槽的长度，用锯分别截取。在线槽直角转弯处应采用 45° 拼接，如图 3-1-13 所示。

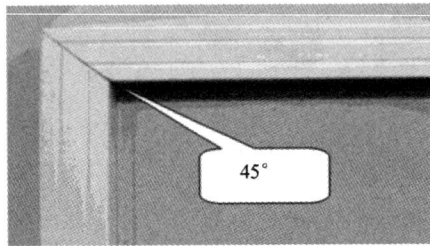

图 3-1-13　线槽拼接

② 用手电钻在线槽内钻孔(钻孔直径为 4.2 mm 左右)，用作线槽的固定，如图 3-1-14(a)所示。相邻固定孔之间的距离应根据线槽的宽度确定，一般距线槽的两端在 5～10 mm，中间在 30～50 mm。若线槽宽度超过 50 mm，则固定孔时应在同一位置的上下分别钻孔。中间两钉之间距离一般不大于 500 mm。

③ 将钻好孔的线槽沿走线的路径用自攻螺丝或木螺丝固定。如果是固定在砖墙等墙面上，应在固定位置上画出记号，如图 3-1-14(b)所示。

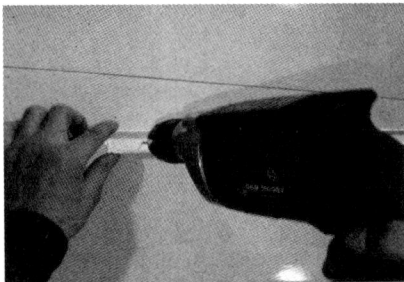

(a) 线槽内钻孔　　　　　　　　　　(b) 作出标记

图 3-1-14　线槽施工

单元三　照明电路装调	学习情境一	两个一开双控开关控制 一盏灯电路的安装	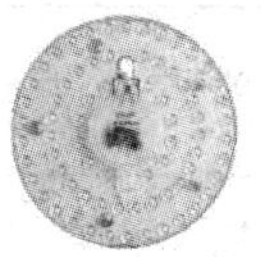
姓名　　　　　　　　　班级		日期	

④ 用冲击钻或电锤在相应位置上钻孔。钻孔直径一般在 8 mm，其深度应略大于尼龙膨胀杆或木榫的长度。

⑤ 埋好木榫，用木螺钉固定槽底，也可用塑料胀管来固定槽底。

(4) 导线敷设应以一分路一条 PVC 槽板为原则。PVC 槽板内不允许有导线接头，以减少隐患，如必须有接头时则要加装接线盒。导线敷设到灯具、开关、插座等接头处，要留出 100 mm 左右线头，用作接线。在配电箱和集中控制的开关板等处，按实际需要留足长度，并在线段上做好统一标记，以便接线时识别。

(5) 在敷设导线的同时，边敷线边将盖板固定在底板上，如图 3-1-15 所示。

图 3-1-15　线槽盖板固定

单元三　照明电路装调	学习情境二	日光灯电路及其安装与调试	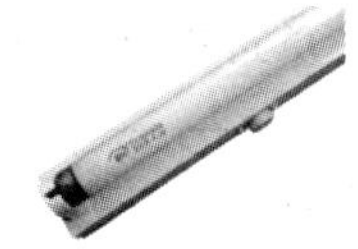
姓名	班级	日期	

学习情境二　日光灯电路及其安装与调试

学习情境描述

(1) 教学情境描述：走进教室，打开日光灯。按下开关，日光灯回路接通，仔细观察日光灯的工作方式，记录日光灯从暗到正常工作状态下灯管出现的各种现象，带着相关问题，学习日光灯的工作原理和照明电路的接线方法。

(2) 关键知识点：灯管、镇流器、启辉器在日光灯照明电路中所起的作用，以及在电路原理图中代表的图形符号。

(3) 关键技能点：固定熔断器、开关、日光灯的安装接线方法及注意事项；日光灯照明电路的敷设方法；电路完成接线后，常见故障现象的分析判断与维修方法。

学习目标

(1) 正确理解日光灯照明电路的工作原理。
(2) 正确识读日光灯照明电路的原理图、接线图。
(3) 能够按照接线工艺要求正确安装日光灯照明电路。
(4) 初步掌握日光灯照明电路中常见故障现象的分析判断方法。
(5) 能够根据故障现象检修日光灯照明电路。

任务书

日光灯是一种应用较为广泛的电光源。日光灯由灯管、镇流器、启辉器、灯座等组成，其工作原理是在接通电源的瞬间，电源沿日光灯管两端的灯丝经启辉器、镇流器及电源构成回路，由相关元件发挥作用，实现类似日光灯的照明效果。本次任务要求完成日光灯照明电路的安装检测与维修。

单元三　照明电路装调	学习情境二	日光灯电路及其安装与调试	
姓名	班级	日期	

任务分组

学生任务分配表如表 3-2-1 所示。

表 3-2-1　学生任务分配表

班级		组号		工位号	
组长		学号		指导老师	
组员					
任务分工：					

知识储备

引导问题 1：认识单管日光灯电路。

单管日光灯电路如图 3-2-1 所示。其工作原理如下：

合上开关 S1→＿＿＿＿辉光放电双金属片接触使电路构成通路→＿＿＿＿被电流加热发射电子→＿＿＿＿两极断开电流突然切断→＿＿＿＿产生瞬时高压使电子在高电压作用下加速运动碰撞管内＿＿＿＿分子电离产生热使水银产生的蒸气也被电离并发出强烈的＿＿＿＿照射到管壁内的＿＿＿＿发出近乎白色的可见光。

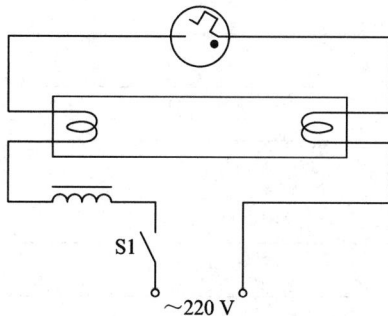

图 3-2-1　单管日光灯电路

单元三　照明电路装调	学习情境二	日光灯电路及其安装与调试	
姓名	班级	日期	

(1) 单管日光灯电路中分别用到了哪些电器元件？

_____

_____

(2) 分别绘制双管日光灯电路和三管日光灯电路。

双管日光灯电路：	三管日光灯电路：

❓ 引导问题 2：了解灯管。

日光灯灯管如图 3-2-2 所示。

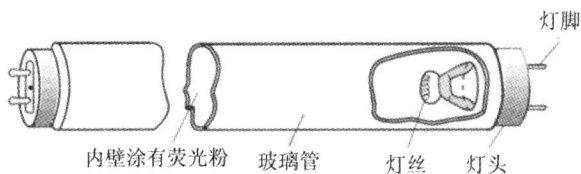

图 3-2-2　日光灯灯管

（内壁涂有荧光粉　玻璃管　灯丝　灯头　灯脚）

(1) 灯管由哪些部分构成？灯管内壁涂有荧光粉，起什么作用？如果不涂会怎么样？

_____

_____

_____

(2) 灯管是如何点亮的？

_____

_____

_____

单元三 照明电路装调	学习情境二	日光灯电路及其安装与调试	
姓名	班级	日期	

特别提示

使用灯管的注意事项如下：

(1) 不能过于频繁地启动日光灯。因为根据灯管的工作原理可知，过于频繁地启动会造成灯管两端过早发黑，影响灯管的输出功率，造成灯管损坏。

(2) 日光灯管会随着使用而逐渐老化，光通量会明显下降。与新灯管的光通量相比，端部发黑的灯的光通量相差约一半(下降了一半)。当两端自然发黑时，应更换新灯管，否则会损伤视力；灯丝的发射材料已经耗尽，灯管很难启动，启辉器要反复跳转才能启动灯管；而且如果不及时更换灯管，会损坏启辉器，导致镇流器过热，影响灯管使用的安全性。

引导问题 3：了解镇流器(见图 3-2-3)。

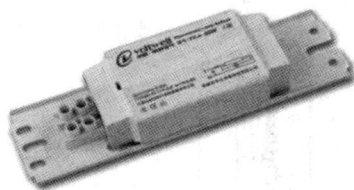

(a) 电感式镇流器 (b) 电子式镇流器

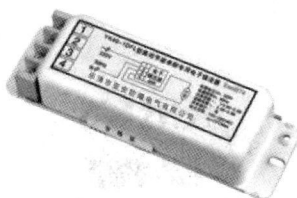

图 3-2-3 镇流器

(1) 电感式镇流器由哪些部分组成？按结构形式及外形如何分类？

_____

_____

(2) 镇流器在日光灯电路中起什么作用？

_____

_____

(3) 选用镇流器时有哪些注意事项？

_____

_____

_____

单元三　照明电路装调	学习情境二	日光灯电路及其安装与调试	
姓名	班级	日期	

特别提示

选用镇流器的注意事项如下：

(1) 不能过于频繁地启动日光灯。因为根据灯管的工作原理可知，过于频繁地启动会造成灯管两端过早发黑，影响灯管的输出功率，造成灯管损坏。

(2) 日光灯管会随着使用而逐渐老化，导致光通量明显下降。与新灯管的光通量相比，端部发黑的灯的光通量减少了一半。两端自然发黑时，应更换新灯管，否则会损伤视力；灯丝的发射材料已经耗尽，灯管很难启动，启辉器要反复跳转才能启动灯管；如果不及时更换灯管，会损坏启辉器，导致镇流器过热，影响安全。电子镇流器通常可以兼具起辉器的功能，故此又可省去单独的起辉器。

引导问题 4： 了解启辉器(见图 3-2-4)。

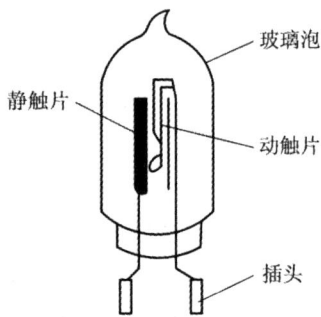

(a) 启辉器外观　　　　(b) 启辉器结构

图 3-2-4　启辉器

(1) 启辉器由哪些部分组成？简要描述启辉器的工作过程。

_____

_____

_____

(2) 启辉器在日光灯电路中起什么作用？

_____

_____

_____

单元三　照明电路装调	学习情境二	日光灯电路及其安装与调试	
姓名	班级	日期	

(3) 选用启辉器时有哪些注意事项？

_____

_____

_____

特别提示

选用启辉器的注意事项如下：

(1) 启辉器的功率应与灯管和镇流器的功率匹配。因为若启辉器的功率无法点亮灯管，长时间这样会造成灯管损坏。

(2) 启辉器坏了，日光灯就无法正常点亮，会较暗，有时候还会一会儿亮一会儿暗。由于启辉器有启动次数的限制，所以不断闪烁会消耗启辉器的使用次数，使启辉器老化。

思政课堂

　　"中国女排"作为团结、拼搏、顽强的代名词已化为时代丰碑，而"女排精神"作为时代精神的一部分，已烙印在国人内心深处，成为催人奋进的精神源泉。女排精神超越了行业领域的隔阂，融入国家精神谱系，夯筑成中华民族精神的支柱与脊梁。女排精神是一种团结协作的集体精神。排球是一项需要团队协作、集体合作才能完成的体育项目，需要每一个体在其中各安其位、各司其职，才能顺畅地完成全部环节。在电影《夺冠》中，排球所承载的集体主义精神体现得更具仪式感，每次得分后击掌、每次开局时手掌重叠的影像都凸显了集体的意义，彰显了团结的价值。

　　思政要点：

　　同学们在今后的工作中要充分发扬团结协作的集体精神，树立全局意识，具有大局观念。

单元三　照明电路装调	学习情境二	日光灯电路及其安装与调试	
姓名	班级	日期	

工作计划

(1) 制订工作方案，并完成表 3-2-2。

表 3-2-2　工 作 方 案

步骤	工 作 内 容	负责人
1		
2		
3		
4		
5		
6		
7		
8		

(2) 列出本任务所需仪表、工具、耗材和器材清单，并完成表 3-2-3。

表 3-2-3　器 具 清 单

序号	名　称	型号与规格	单位	数量	备注

单元三　照明电路装调	学习情境二	日光灯电路及其安装与调试	
姓名	班级	日期	

引导问题 5：画出单管日光灯电路的布置图。

布置图：

特别提示

关于电气布置图的说明如下：

　　日光灯的灯座是两个为一套，其中一个是固定式，另一个是带弹簧的活动式，主要功能是便于日光灯灯管的安装。日光灯灯座固定式与活动式的安装、接线方法相同，安装日光灯灯座前，先要确定日光灯灯座的位置。灯座的位置是根据日光灯灯管的长度来确定的，应画出两灯座的固定位置。

进行决策

(1) 各组派代表展示设计方案。

(2) 各组对其他组的设计方案提出自己的建议。

(3) 老师对各组的设计方案进行点评，选出最佳方案。

单元三　照明电路装调	学习情境二	日光灯电路及其安装与调试	
姓名　　　　　　　　班级		日期	

🛠 工作实施

(1) 按照确定好的最佳方案实施。

① 领取元器件及耗材。

② 进行元器件检测。

日光灯控制电路

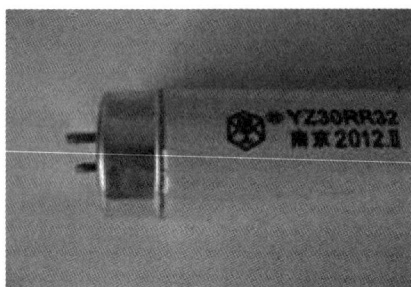

a. 观察日光灯外观是否良好，有无残缺、裂纹等；用手触摸其各个部位，保证无松动、接触牢固可靠；用万用表电阻挡检测其两端是否有阻值，如图 3-2-5(b)所示；保证其内部灯丝连接良好。

(a) 日光灯灯管外观　　　　　　　　(b) 灯丝检测

图 3-2-5　直管日光灯及日光灯灯丝检测

b. 观察电感式镇流器外观是否良好，有无残缺、裂纹等；用手触摸其各个部位，保证无松动、接触牢固可靠；用万用表电阻挡检测其两端是否有阻值，见图 3-2-6；保证其内部线圈完好。

c. 检查启辉器电容是否被击穿，如图 3-2-7 所示。

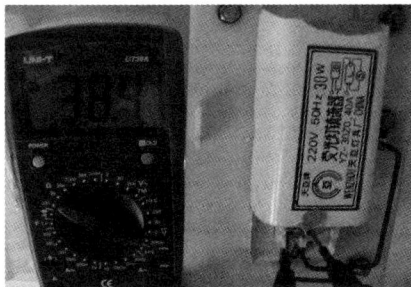

图 3-2-6　镇流器及检测　　　　　　图 3-2-7　启辉器电容检测

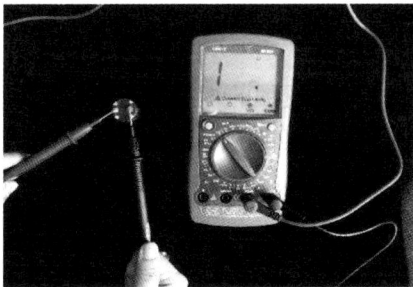

单元三 照明电路装调		学习情境二	日光灯电路及其安装与调试	
姓名	班级		日期	

③ 根据布置图(见图 3-2-8),合理安排各元件位置。

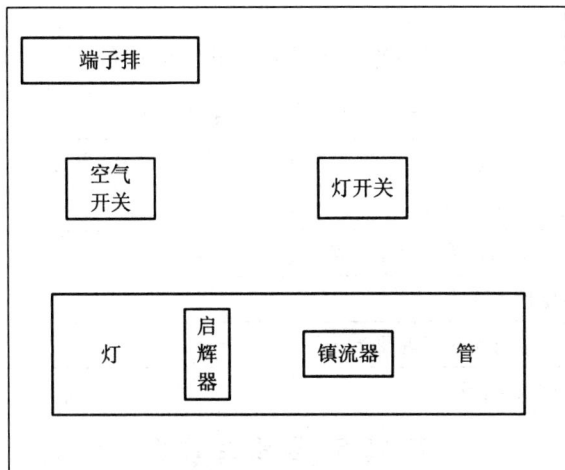

图 3-2-8 布置图

④ 做好线槽,并用螺丝钉固定线槽位置及元件位置。

⑤ 按照原理图连接线路。

a. 首先按安装位置图安装所有电器元件。

b. 将镇流器安装在灯架的中间位置。然后将启辉器座安装在灯架的一端,两个灯座分别固定在灯架两端,中间距离要按所用灯管长度量好。

c. 各配件位置固定后,按电路图进行接线,只有灯座才是边接连线边固定在灯架上。接线时应先接日光灯的导线,再接开关和电源零线,最后接电源火线。

(2) 对照电路原理图用万用表检查电路是否正确。

(3) 通电试验。

① 将电源零线和火线分别接到电源上。

② 合闸时先合总闸,再合分闸,最后闭合灯开关。拉闸时顺序与合闸时相反。

引导问题 6:完成下列安全注意事项的填空题。

(1) 日光灯引发火灾的主要部件是_____,所以安装位置一定要注意远离可燃物。

(2) 广告灯箱有功耗为 40 W 的日光灯 50 只,若全日使用,每天消耗_____度电。

单元三　照明电路装调	学习情境二	日光灯电路及其安装与调试	
姓名	班级	日期	

评价反馈

各组派代表展示作品，介绍任务完成过程，并完成评价表 3-2-4～表 3-2-6。

表 3-2-4　学 生 自 评 表

序号	评 价 项 目	完成情况记录	自评结论：
1	是否按时间计划完成任务		
2	引导问题中理论知识是否填写完整		
3	工作台是否整理干净		
4	耗材使用过程中有无浪费现象		
5	施工过程中的安全情况		

表 3-2-5　学 生 互 评 表

序号	评 价 项 目	组内互评	组间互评	互评结论：
1	是否按时间计划完成任务			
2	施工质量			
3	引导问题中理论知识是否填写完整			
4	工作台是否整理干净			
5	耗材使用过程中有无浪费现象			
6	施工过程中的安全情况			

表 3-2-6　教 师 评 价 表

序号	评 价 项 目	教师评价	教师评价结论：
1	学习准备情况		
2	引导问题中理论知识填写情况		
3	操作规范		
4	施工质量		
5	关键技能		
6	施工时间		
7	8S 管理落实情况		
8	沟通协作		
9	汇报展示		

综合评价结果：

单元三 照明电路装调	学习情境二	日光灯电路及其安装与调试	
姓名	班级	日期	

学习情境的相关知识点

一、日光灯电路的组成

日光灯主要由灯管、镇流器和启辉器等主要部分组成，其他部分如灯座、灯架及吊链等都属于附件部分。

1. 日光灯

灯管的形状分为直管和环形管，直管形日光灯如图 3-2-5(a)所示，是一根 15～40.5 mm 直径的玻璃管。在灯管内壁上涂有荧光粉，灯管两端各有一根灯丝，固定在灯管两端的灯脚上。灯丝上涂有氧化物。灯管内在真空情况下充有一定量的氩气和少量的水银，当灯丝通过电流而发热时，便发射出大量电子，发射出的电子便不断轰击水银蒸汽，使水银分子在碰撞中电离，并迅速使带电离子增加，产生肉眼看不见的紫外线，紫外线射到玻璃管内壁的荧光粉上便发出近似日光色的可见光。氩气有帮助灯管点燃并保护灯丝，延长灯管使用寿命的作用。

日光灯的工作特点是：灯管开始点燃时需要一个高电压，正常发光时只允许通过不大的电流，这时灯管两端的电压低于电源电压。

2. 启辉器

启辉器又名启动器、跳泡。启辉器由氖泡、纸介电容、引线脚和铝质或塑料外壳组成，氖泡内有一个固定的静触片和一个双金属片制成的倒 U 形触片。双金属片由两种膨胀系数差别很大的金属薄片黏合而成，动触片与静触片平时分开，两者相距 0.5 mm 左右，其构造如图 3-2-9 所示。与氖泡并联的纸介电容容量在 5000 pF 左右，它的作用是：① 与镇流器线圈组成 LC 振荡回路，能延长灯丝预热时间和维持脉冲放电电压；② 能吸收干扰收音机、电视机等电子设备的杂波信号。如果电容被击穿，去掉后氖泡仍可使灯管正常发光，但失去吸收干扰杂波的性能。启辉器安装在其底座上，如图 3-2-10 所示。

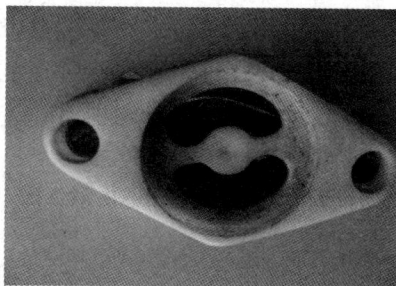

图 3-2-9 启辉器内部结构

图 3-2-10 启辉器底座

单元三　照明电路装调	学习情境二	日光灯电路及其安装与调试	
姓名	班级	日期	

3. 镇流器

镇流器是具有铁心的电感线圈，它有两个作用：① 在启动时与启辉器配合，产生瞬时高压点燃灯管；② 在工作时利用串联于电路中的高电抗限制灯管电流，延长灯管的使用寿命。

镇流器的结构形式有单线圈式和双线圈式两种。从外形上看，镇流器又分为封闭式、开启式和半开启式三种。镇流器的选用必须与灯管配套，即灯管瓦数必须与镇流器配套的标称瓦数相同。

二、日光灯电路工作原理

日光灯电路如图 3-2-11 所示，开关、镇流器、灯丝、启辉器、一端灯丝处于串联状态，特别需要注意的是开关必须接火线，电源是 220 V 单相交流电。

当日光灯电路接通电源以后，电源电压几乎全部加在启辉器氖泡动、静触片之间，使启辉器两个触片电极之间开始辉光放电，使双金属片受热膨胀而与静触片接触，于是电源、镇流器、灯丝和启辉器构成一个闭合回路，电流使灯丝发热而发射电子，启辉器动、静触片接触后，辉光放电消失，触片温度下降而恢复断开位置，将启辉器电路断开；当两个电极断开的瞬间，电路中的电流突然消失，于是镇流器产生一个较高的自感电动势，它与电源叠加后，加到灯管两端，使灯管内的惰性气体电离而引起弧光放电。在正常发光过程中，镇流器的自感还起着稳定电路中电流的作用。

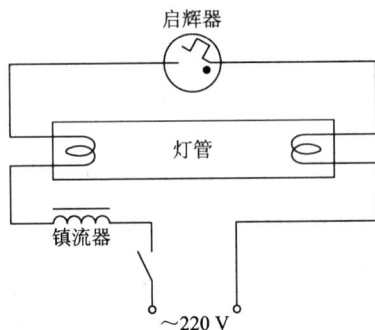

图 3-2-11　单管日光灯原理图

三、日光灯线路常见故障的维修

故障现象 1：日光灯不能发光。

故障分析及检修：一般造成上述现象的原因是灯座接触不良，使电路处于断路状态。可用手将两端灯脚推紧，如果还不能正常发光，应检查启辉器。检查方法采用比较法：将该日光灯的启辉器装入能正常发光的荧光灯中，重新接通电源，观察能否点亮日光灯，

单元三　照明电路装调	学习情境二	日光灯电路及其安装与调试	
姓名　　　　　　　班级		日期	

如果能，则证明该启辉器正常，反之应更换启辉器。如果启辉器是好的，应检查日光灯管，将日光灯管拆下，用万用表电阻挡分别测量灯管两端的灯丝引脚。正常灯管的阻值为十几欧姆，如果测出阻值无穷大，则说明灯丝已烧断，应更换灯管。

若灯管看上去正常，但日光灯出现灯管闪烁一下后熄灭，然后再也无法启动的现象，则一般造成此现象的原因往往是镇流器内部线圈短路，此时可用万用表测量确定，如测出的电阻阻值基本为零或无穷大，应更换镇流器。

故障现象 2：灯管一直闪烁。

故障分析及检修：造成上述现象的主要原因是启辉器损坏，如启辉器中电容器短路或双金属片无法断开，应更换启辉器。另外，由于线路中存在接触不良问题，造成电路时断时通。如灯座接触不良，则应检查线路的各个触点，方法是用万用表按原理图逐点测量，找出故障点，重新连接该触点。如果本地区电压是不稳定的，则应用万用表测量日光灯的电源电压，方法是将万用表置于交流 250 V 挡进行测量。要解决电压的问题，采用交流稳压电源即可，但应考虑电路的功率。

故障现象 3：日光灯在工作时有杂声。

故障分析及检修：造成上述现象一般是由于镇流器中的铁芯松动，应更换镇流器，更换时应注意镇流器的功率要与日光灯的功率相匹配。

单元四　电子电路装调与维修

电子电路装调与维修概述

　　在众多机电设备、家用电器、智能家居、汽车工业和工业控制中广泛应用了电子产品及应用模块，对技能型电子应用人才有着广泛的需求，围绕制造产业对电子应用技能人才的要求开发学习情境，培养学生电子电路装配、调试和应用技术的技能和职业素养，能够正确使用常用仪表，独自完成电阻的类别、功率、阻值的判别，掌握选型和质量好坏判别的标准。能够正确使用常用仪表，独自完成电容的类别、容量、耐压及质量的判别，掌握选型和质量好坏判别的标准。能够正确使用常用仪表，独自完成电感的类别、功率、阻值的判别，掌握选型和质量好坏判别的标准。能够正确使用常用仪表，独自完成二极管、三极管管脚及质量的判别，掌握选型和质量好坏判别的标准。能够正确使用常用仪表，独自完成晶闸管类别、型号、管脚及质量的判别，掌握选型使用和质量好坏判别的标准。能根据任务要求，独立完成电子电路的元器件安装、布局等并达到工艺要求。能根据任务要求，独立完成电子电路的连线焊接并达到工艺要求。能根据任务要求，读懂电气原理，应用电子焊接工具、仪表，独立完成学习情境任务的安装与调试，达到安装工艺和控制功能的要求。

单元四　电子电路装调与维修	学习情境一	单相桥式整流滤波电路	
姓名	班级	日期	

学习情境一　单相桥式整流滤波电路

学习情境描述

(1) 教学情境描述：人们生活中常用的手机充电器，它本身输入的是国家电网电压输送的交流电，而送到手机端后输出的却是直流电，其中有什么奥秘？它是怎样把交流电转换成直流电的呢？这就是电子电路中整流电路具备的功效。

(2) 关键知识点：电阻器、二极管、电容器、电感器及变压器等元件的特性、型号及选用方法；单相桥式整流电路的工作原理。

(3) 关键技能点：电阻器、二极管、电容器、电感器及变压器等元件的识别及检测；单相桥式整流电路的安装、调试和维修。

学习目标

(1) 了解各个元器件的作用，能够正确检测各元器件。
(2) 正确识读电路原理图，并掌握电路的工作原理。
(3) 能够按照焊接工艺要求正确合理地安装电路。
(4) 能够合理使用仪器仪表对电路进行检测和维修。
(5) 养成独立分析问题、解决问题和团结协作的能力。

任务书

凡能将交流电能转换为直流电能的电路统称为整流电路。由于交流电能大多数来自公共电网，因而整流电路是公共电网与电力电子装置的接口电路，其性能将影响电网的运行和电能质量。本次任务要求完成单相桥式整流滤波电路的安装、调试和维修。

单元四　电子电路装调与维修	学习情境一	单相桥式整流滤波电路	
姓名	班级	日期	

任务分组

学生任务分配表如表 4-1-1 所示。

表 4-1-1　学生任务分配表

班级		组号		工位号	
组长		学号		指导老师	
组员					
任务分工:					

知识储备

引导问题 1: 了解电路——单相桥式整流滤波电路的结构及工作原理。

单相桥式整流滤波电路如图 4-1-1 所示。

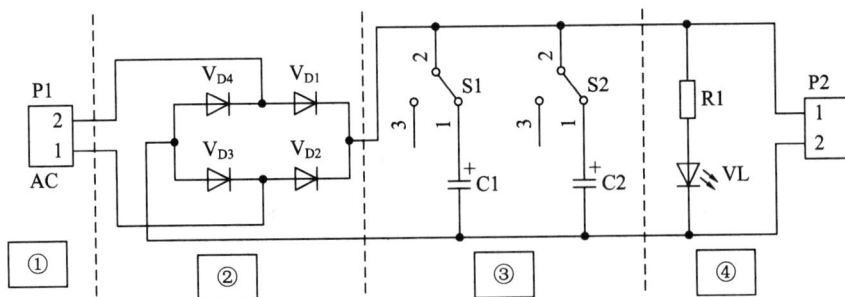

图 4-1-1　单相桥式整流滤波电路

单相桥式整流电路　　　　　电容滤波电路

单元四　电子电路装调与维修	学习情境一	单相桥式整流滤波电路	
姓名	班级	日期	

(1) 根据图 4-1-2 所示电路结构的划分，填写表 4-1-2。

表 4-1-2　单相桥式整流滤波电路各部分元器件名称

电路组成	组成部分名称	主要元件	作　用
第一部分			
第二部分			
第三部分			
第四部分			

(2) 描述单相桥式整流滤波电路的工作原理。

_____

_____

_____

_____

引导问题 2：了解半导体二极管(见图 4-1-2)。

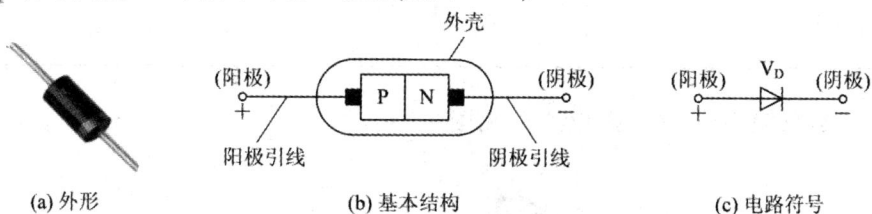

| (a) 外形 | (b) 基本结构 | (c) 电路符号 |

图 4-1-2　半导体二极管

(1) 绘制半导体二极管的图形符号并写出文字符号。

图形符号：	文字符号：

(2) 写出二极管的型号含义(见图 4-1-3)。

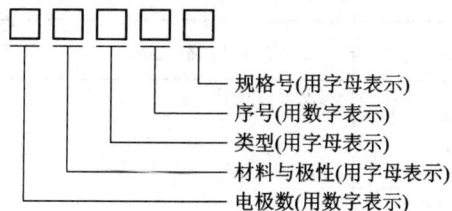

规格号(用字母表示)
序号(用数字表示)
类型(用字母表示)
材料与极性(用字母表示)
电极数(用数字表示)

图 4-1-3　型号含义

二极管伏安特性

单元四 电子电路装调 与维修	学习情境一	单相桥式整流滤波电路	
姓名	班级	日期	

(3) 二极管的基本特性是：_____

(4) 如何选用二极管？

_____

_____

_____

特别提示

使用半导体二极管的注意事项如下：

(1) 二极管的型号直接标注在它的上面，选用二极管时要考虑二极管的功率和反向耐压值。

(2) 二极管是有极性器件，使用时注意正、负极区别。对于普通二极管，带有白环标志的一端为负极，另一端则为正极。

(3) 对于标志模糊的二极管，需要借助万用表来判断其正、负极。

(4) 二极管一般只在表面上标注型号，因此，它的参数需要从厂家资料或者出版物上查找。

引导问题 3：了解电解电容器(见图 4-1-4)。

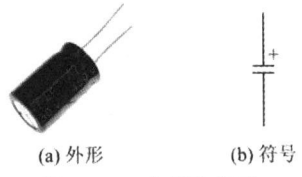

(a) 外形   (b) 符号

图 4-1-4 电解电容器

(1) 绘制电解电容器的图形符号并写出文字符号。

图形符号：	文字符号：

(2) 写出原理图 4-1-1 中所示电解电容各参数代表的含义。

元件表面参数：	参数代表的含义：

单元四　电子电路装调 与维修	学习情境一	单相桥式整流滤波电路	
姓名　　　　　　班级		日期	

(3) 如何选用电解电容器？

_____

_____

特别提示

使用电解电容的注意事项如下：

(1) 电解电容由于有正负极，因此在电路中使用时不能颠倒连接。在电源电路中，输出正电压时电解电容的正极接电源输入端，负极接地；输出负电压时电解电容的负极接输出端，正极接地。当电源电路中的滤波电容极性接反时，电容的滤波作用大大降低，一方面会引起电源输出电压的波动，另一方面又因反向通电使电解电容发热(此时相当于一个电阻)，当反向电压超过某个值时，电容的反向漏电电阻将变得很小，通电工作不久，就会使电容因过热而炸裂损坏。

(2) 加在电解电容两端的电压不能超过其允许的工作电压，在设计实际电路时应根据具体情况留有一定的余量。

(3) 电解电容在设计电路中不应放置在大功率发热元件附近，以防止因受热而使电解液加速干涸。

(4) 对于有正负极性的信号滤波电容，可采取两个电解电容同极性串联的方法，当作一个无极性电容。

(5) 为了防止电路各部分供电电压因负载变化而产生变化，所以在电源的输出端及负载的电源输入端一般接有数十至数百微法的电解电容。

引导问题 4：了解电阻器(见图 4-1-5)。

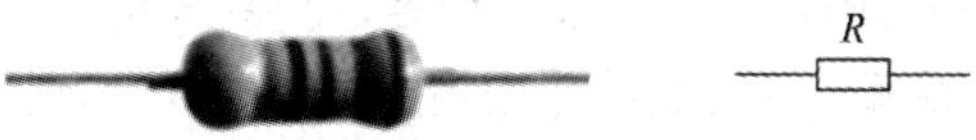

(a) 外形　　　　　　　　　　(b) 符号

图 4-1-5　电阻器

(1) 绘制电阻器的图形符号并写出文字符号。

图形符号：	文字符号：

(2) 写出原理图 4-1-1 中所示电阻器阻值。

色环：	标称值：	误差：

单元四　电子电路装调与维修	学习情境一	单相桥式整流滤波电路	
姓名	班级	日期	

(3) 电阻器在电路中常见的作用有哪些?

_____

_____

_____

(4) 电阻的连接方式有哪些?以三个电阻为例填写表 4-1-3。

表 4-1-3　电阻连接方式

连接方式	图　示	总电阻和分电阻的关系	总电流和分电流的关系	总电压和分电压的关系

特别提示

温度对导体电阻的影响如下:

(1) 温度升高,自由电子移动受到的阻碍增加。

(2) 温度升高,使物质中带电质点数目增多,更易导电。随着温度的升高,导体的电阻是增大还是减小,看哪一种因素的作用占主要地位。

(3) 一般金属导体,温度升高,其电阻增大。少数合金电阻,几乎不受温度影响,可用于制造标准电阻器。超导现象:在极低温(接近于热力学零度)状态下,有些金属(一些合金和金属的化合物)的电阻突然变为零,这种现象叫作超导现象。

(4) 电阻的温度系数:温度每升高 1℃时,电阻阻值所变动的数值与原来电阻值的比。若温度为 t_1 时,导体电阻为 R_1,温度为 t_2 时,导体电阻为 R_2,则

$$\alpha = \frac{R_2 - R_1}{R_1(t_2 - t_1)}$$

即

$$R_2 = R_1[1 + \alpha(t_2 - t_1)]$$

单元四 电子电路装调 与维修	学习情境一	单相桥式整流滤波电路	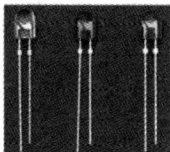
姓名	班级	日期	

引导问题 5：了解发光二极管(见图 4-1-6)。

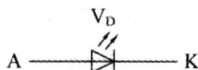

(a) 外形   (b) 符号

图 4-1-6 发光二极管

(1) 绘制发光二极管的图形符号并写出文字符号。

图形符号：	文字符号：

(2) 从外形上如何判断发光二极管的正负极？

_____

_____

_____

特别提示

使用 LED 发光二极管的注意事项如下：

(1) LED 产品必须在标准条件下使用，不能在高电流高电压条件下使用，否则出现烧坏、暗灯、时亮时不亮、闪烁、寿命减短、衰减快等不良现象。

(2) 请勿用有机溶剂清洗或擦拭发光管胶体，使得环氧树脂表面粗化，造成发光不正常或者胶体内部破裂，导致发光管内部金丝与芯片或芯片与支架的连接破坏，造成不发光或者发光不正常。

(3) 直插型发光管焊接：将发光管插入 PCB 时，请确保插到位，并保持几个发光管平稳及高低一致。

(4) 发光管的两只引脚中一只引脚较长，一只较短，脚长为正极，脚短为负极；插件时切勿插反，否则发光管不亮。

(5) 手工焊接时，请用功率不超过 30 W，烙铁尖为小于 1.5 mm 的烙铁较合适。

单元四　电子电路装调 与维修	学习情境一	单相桥式整流滤波电路	
姓名	班级	日期	

工作计划

(1) 制订工作方案，并完成表 4-1-4。

表 4-1-4　工 作 方 案

步骤	工 作 内 容	负责人
1		
2		
3		
4		
5		
6		
7		
8		

(2) 列出本任务所需仪表、工具及耗材清单，并完成表 4-1-5 和表 4-1-6。

表 4-1-5　仪表及工具清单

序号	名　称	型号与规格	单位	数量	备注

单元四　电子电路装调与维修	学习情境一	单相桥式整流滤波电路	
姓名　　　　　　班级		日期	

表 4-1-6　耗 材 清 单

标号	名　称	规　格	数量	备注

引导问题 6：了解电子元器件的安装次序。

试写出单相桥式整流滤波电路元器件的安装次序。

_____

_____

_____

_____

特别提示

电子元器件安装次序的原则如下：

电路板上元器件的安装次序应该以前道工序不妨碍后道工序为原则，一般是先装低矮的小功率卧式元器件，然后装立式元器件和大功率卧式元器件，再装可变元器件、易损元器件，最后装带散热器的元器件和特殊元器件。

插件次序也是先插跳线，再插卧式 IC 和其他小功率卧式元器件，最后插立式元器件和大功率卧式元器件；而开关、插座等有缝隙的元器件以及带散热器的元器件和特殊元器件一般都不插，留待上述已插元器件整体焊接以后再由手工分装来完成。

单元四　电子电路装调与维修	学习情境一	单相桥式整流滤波电路	
姓名	班级	日期	

进行决策

(1) 各组派代表展示设计方案。

(2) 各组对其他组的设计方案提出自己的建议。

(3) 老师对各组的设计方案进行点评，选出最佳方案。

思政课堂

洪家光，中共党员，1979 年 12 月出生，现任中国航发沈阳黎明航空发动机有限责任公司高级工程师，曾先后荣获中国青年五四奖章、全国五一劳动奖章、全国创新争先奖、全国劳动模范、全国优秀共产党员等荣誉称号。

2002 年，公司接手了一个难度巨大的任务——打磨飞机发动机叶片的滚轮，并且要把误差缩小在 0.003 mm 内。他主动请缨，带领团队经过 10 多年马不停蹄、上千次的尝试，将误差缩小到了 0.002 mm，他被称为"拼命三郎""工作疯子"。

此后，他又先后攻克了多个国家新一代重点型号发动机叶片磨削工具金刚石滚轮的加工课题，改写了公司金刚石滚轮大型面无法加工的历史，创造了让同行惊叹的佳绩。此项技术的应用累计为公司创造产值 9200 余万元，并已成功授权为国家发明专利。这个重要的突破写上了"中国制造"，留下了洪家光的名字。

思政要点：

引导学生面对困难要有迎难而上的勇气，要养成良好的职业道德修养和认真负责、踏实敬业的工作态度，以及严谨细致的工作作风。

工作实施

1. 元器件的识别及检测

(1) 二极管的识别及检测。将检测过程及结果填写到表 4-1-7 中。

表 4-1-7　二极管检测过程及结果

标号	型号	万用表挡位	正向电阻	反向电阻	二极管状态
V_{D1}					
V_{D2}					
V_{D3}					
V_{D4}					
VL					

单元四 电子电路装调与维修	学习情境一	单相桥式整流滤波电路	
姓名	班级	日期	

(2) 电容器的识别及检测。将检测过程及结果填写到表 4-1-8 中。

表 4-1-8　电容器检测过程及结果

标号	标称值	介　质	质量判定
C_1			
C_2			

2. 电路的焊接及装配

(1) 按类别摆放元件(见图 4-1-7)。

图 4-1-7　元器件摆放示意图

(2) 元器件的插装及焊接(见图 4-1-8)。

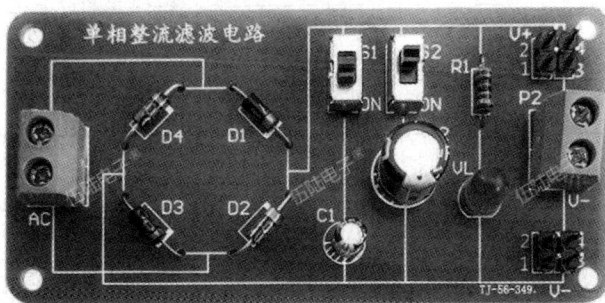

图 4-1-8　元器件插装焊接示意图

3. 电路的调试

(1) 用示波器观察单相桥式整流电路的输入、输出波形。

① 将 $u_{AC} = 12\ V$ 左右的工频交流信号接入电路 P_1，用万用表测量 P_1 电压值，并用示波器观察 P_1 的波形，将观察结果填入表 4-1-9 中。

② 用万用表测出 P_2 两端的电压值，并通过示波器观察 P_2 的波形，填入表 4-1-9 中。

单元四　电子电路装调 与维修	学习情境一	单相桥式整流滤波电路	
姓名	班级	日期	

表 4-1-9　示波器观察单相桥式整流电路的输入、输出波形结果

电路形式 (整流)	P_1 电压值	P_2 电压值	输入波形 P_1	输出波形 P_2
整流电路				

(2) 用示波器观测电容滤波的工作效果，测定其输出电压的量值关系。

① 闭合 S_1，即仅接入 C_1 一个电容时，观测输入电压和输出电压波形。把测量结果填入表 4-1-10。

② 闭合 S_1、S_2，即接入 C_1、C_2 两个电容时，观测输入电压和输出电压波形。把测量结果填入表 4-1-10。

表 4-1-10　示波器观测电容滤波的工作效果

电路形式 (整流及滤波)	P_1 电压值	P_2 电压值	输入波形 P_1	输出波形 P_2
S_1 闭合				
S_1、S_2 同时闭合				

特别提示

手工焊接的注意事项如下：

在焊接时，要有足够的热量和温度。如果温度过低，焊锡流动性差，很容易凝固，形成虚焊；如果温度过高，会使焊锡流淌，焊点不易存锡，助焊剂分解速度加快，使金属表面加速氧化，并导致印制电路板上的焊盘脱落。尤其在使用天然松香作助焊剂时，锡焊温度过高，很易氧化脱皮而产生炭化，造成虚焊。在实际焊接中，贴片元器件大多不耐高温，特别是三极管和集成芯片，高精度的元器件在电烙铁的高温下，一旦过了临界值会产生损坏，造成元器件内部的损坏，影响电路性能及工作。因此焊接时一定要掌握好焊接温度和时间。

单元四　电子电路装调与维修	学习情境一	单相桥式整流滤波电路	
姓名	班级	日期	

评价反馈

各组派代表展示作品，介绍任务完成过程。并完成评价表 4-1-11～表 4-1-13。

表 4-1-11　学生自评表

序号	评 价 项 目	完成情况记录	自评结论：
1	是否按时间计划完成任务		
2	引导问题中理论知识是否填写完整		
3	工作台是否整理干净		
4	耗材使用过程中有无浪费现象		
5	施工过程中的安全情况		

表 4-1-12　学生互评表

序号	评 价 项 目	组内互评	组间互评	互评结论：
1	是否按时间计划完成任务			
2	施工质量			
3	引导问题中理论知识是否填写完整			
4	工作台是否整理干净			
5	耗材使用过程中有无浪费现象			
6	施工过程中的安全情况			

表 4-1-13　教师评价表

序号	评 价 项 目	教师评价	教师评价结论：
1	学习准备情况		
2	引导问题中理论知识填写情况		
3	操作规范		
4	施工质量		
5	关键技能		
6	施工时间		
7	8S 管理落实情况		
8	沟通协作		
9	汇报展示		
综合评价结果：			

单元四　电子电路装调 与维修	学习情境一	单相桥式整流滤波电路	
姓名	班级	日期	

学习情境的相关知识点

一、二极管

1. 二极管的结构及其符号

二极管是最简单的半导体元件，是单向电子阀，电流只能从一个方向通过。它是由 P 型半导体材料和 N 型半导体材料组合成的，其外形如图 4-1-9(a)所示。二极管的基本结构和电路符号如图 4-1-9(b)、(c)所示，P 型半导体一侧引出的线称为阳极，N 型半导体一侧引出的线称为阴极。二极管是含有一个单一 PN 结的半导体器件。

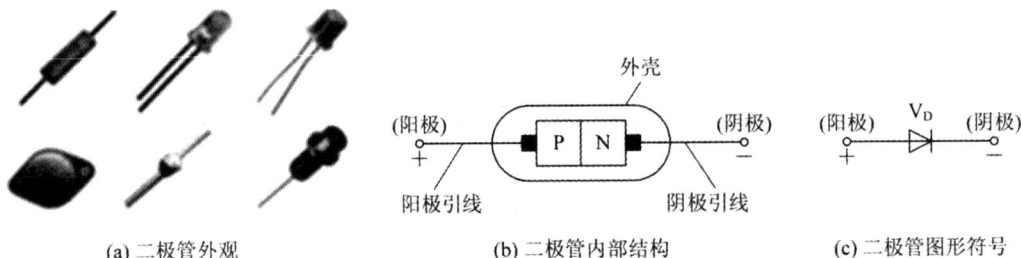

(a) 二极管外观　　　　　(b) 二极管内部结构　　　　(c) 二极管图形符号

图 4-1-9　半导体二极管

2. 二极管的特性

二极管的特性是单向导电，可以用加在二极管两端的电压和通过二极管的电流之间的关系，即二极管的伏安特性表示。图 4-1-10 所示为二极管的伏安特性曲线。

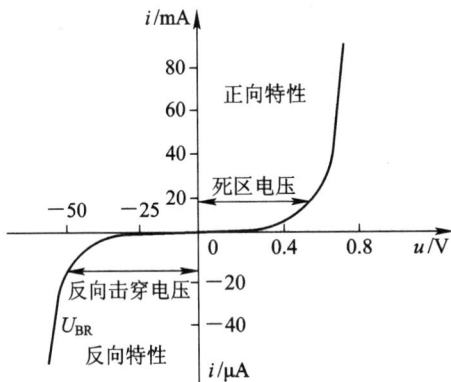

图 4-1-10　二极管的伏安特性曲线

单元四　电子电路装调 与维修	学习情境一	单相桥式整流滤波电路	
姓名	班级	日期	

1) 正向特性

当二极管所加正向电压较小时，由于外加电压不足以克服 PN 结内电场对载流子运动的阻挡作用，二极管呈现的电阻较大，因此正向电流几乎为 0。与这一部分相对应的电压称为死区电压(也称门槛电压)。

死区电压的大小与二极管材料及温度等因素有关，一般硅二极管的死区电压约为 0.5 V，锗二极管的死区电压约为 0.1 V。

当正向电压大于死区电压时，二极管正向导通。导通后，随着正向电压的升高，正向电流急剧增大，电压与电流的关系基本上为指数曲线。

导通后二极管两端的正向电压称为正向压降，一般硅二极管的正向压降约为 0.7 V，锗二极管的正向压降约为 0.2 V。由图 4-1-10 可见，这个电压比较稳定，几乎不随流过二极管电流的大小而变化。

2) 反向特性

当二极管加上反向电压时，加强了 PN 结的内电场，只有少数载流子在反向电压作用下通过 PN 结，形成很小的反向电流。反向电压增加，但不超过某一数值时，反向电流很小且基本不变，此处的反向电流通常也称为反向饱和电流。反向电流是由少数载流子形成的，它会随温度升高而增大，实际应用中，此值越小越好。

当反向电压增大到某一值时(特性曲线图 4-1-10 中的对应电压称为反向击穿电压，不同二极管的反向击穿电压不同)，反向电流急剧增大，此时二极管失去了单向导电性，这种现象称为反向击穿(属于电击穿)。反向击穿后电流很大，电压又很高，因而消耗在二极管上的功率很大，容易使 PN 结发热而超过它的耗散功率，产生热击穿。

产生反向击穿的原因是：当外加反向电压过高时，在强电场的作用下，空穴和电子数量大大增加，使反向电流急剧增大，此时二极管失去单向导电性。

反向击穿可分为雪崩击穿和齐纳击穿，二者的物理过程不同。雪崩击穿常发生在掺杂浓度低、空间电荷区较厚的 PN 结；齐纳击穿常发生在掺杂浓度高、空间电荷区较薄的 PN 结。

一般二极管中的电击穿大多属于雪崩击穿；齐纳击穿常出现在稳压管(齐纳二极管)中。

二、发光二极管

发光二极管(LED)是包含 PN 结的显示元件，如图 4-1-11 所示，其实质是由 P 型半导体和 N 型半导体组成的一个 PN 结。

单元四 电子电路装调 与维修		学习情境一	单相桥式整流滤波电路	
姓名	班级		日期	

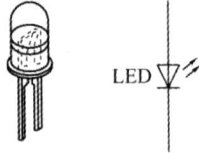

图 4-1-11　发光二极管及符号

发光二极管的简单工作原理为：PN 结 N 侧和 P 侧的电荷载流子分别为电子和空穴，如果加一正向偏压，复合区中的空穴就穿过 PN 结进入 N 型区，复合区中的电子也会越过 PN 结进入 P 型区，在 PN 结的附近，多余的载流子会发生复合，在复合过程中会发光。

不同的半导体材料，发出的光的颜色是不一样的，用砷化镓时，复合区发出的光是红色的，用磷化镓时则发出绿色的光。

发光二极管在使用时，必须正向偏置，还应串接限流电阻，不能超过二极管的极限工作电流。在使用时，发光二极管工作温度一般为 20～75℃，不可安装在发热元件附近。

三、二极管的型号

不同的二极管可以从它的形状和外观区别，某些二极管的材料和极性可以从它的型号和外观上直接进行辨别。二极管的种类繁多，国产半导体器件的型号组成及其意义如图 4-1-12 所示。例如 2AP9D 中，"2"代表电极数为 2，"A"表示 N 型锗材料，"P"表示普通管，"9"表示序号，"D"表示规格号。

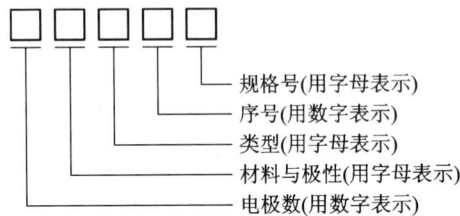

图 4-1-12　二极管型号组成及其意义

国产半导体器件型号组成部分的符号及意义如表 4-1-14 所示。

生产厂家通常都会在二极管外壳上用特定标记来表示正负极。最明确的方法是在外壳上画二极管符号，箭头指向一端为负极；螺栓式二极管带螺纹的一端是负极，这是一种工作电流很大的二极管；有的二极管上画有色环，带色环的一端为负极。

单元四 电子电路装调与维修	学习情境一	单相桥式整流滤波电路	
姓名	班级	日期	

表 4-1-14 国产半导体器件型号组成部分的符号及意义

第一部分		第二部分		第三部分				第四部分	第五部分
用数字表示器件电极数目		用汉语拼音字母表示器件材料和极性		用汉语拼音字母表示器件类型				用数字表示器件序号	用汉语拼音字母表示规格号
符号	意义	符号	意义	符号	意义	符号	意义		
2	二极管	A	N 型,锗材料	P	普通管	D	低频大功率管		
		B	P 型,锗材料	V	微波管		$f_n < 3$ MHz		
		C	N 型,硅材料	W	稳压管		$P_C \geqslant 1$ W		
		D	P 型,硅材料	C	参量管		高频大功率管		
3	三极管	A	PNP 型,锗材料	Z	整流管	A	$f_n \geqslant 3$ MHz		
		B	NPN 型,锗材料	L	整流堆		$P_C \geqslant 1$ W		
		C	PNP 型,硅材料	S	隧道管	T	半导体闸流管		
		D	NPN 型,硅材料	N	阻尼管		(可控整流器)		
		E	化合物材料	U	光电器件	Y	体效应管		
				K	开关管	B	雪崩管		
				X	低频小功率管	J	阶跃恢复管		
					$f_n < 3$ MHz	CS	场效应器件		
					$P_C < 1$ W	BT	半导体特殊器件		
				G	高频小功率管	FH	复合管		
					$f_n \geqslant 3$ MHz	PIN	PIN 型管		
					$P_C < 1$ W	JG	激光器件		

四、电容器

1. 基本概念

两个彼此靠近又相互绝缘的导体,就构成了一个电容器。这对导体叫电容器的两个极板。电容器按其电容量是否可变,分为固定电容器和可变电容器,可变电容器还包括半可变电容器,它们在电路中的符号参见表 4-1-15。

表 4-1-15 电容器在电路中的符号

	电容器	电解电容器	半可变电容器	可变电容器	双连可变电容器
图形符号		(有极性) (无极性)			

单元四　电子电路装调 与维修	学习情境一	单相桥式整流滤波电路	
姓名	班级	日期	

固定电容器的电容量是固定不变的，它的性能和用途与两极板间的介质有关，按介质分类有云母、陶瓷、金属氧化膜、纸介质、铝电解质电容等。

电解电容器是有正负极之分的，使用时不可将极性接反或接到交流电路中，否则会将电解电容器击穿。

电容量在一定范围内可调的电容器叫可变电容器。半可变电容器又叫微调电容。

电容器是储存和容纳电荷的装置，也是储存电场能量的装置。电容器每个极板上所储存的电荷的量叫电容器的电量。

将电容器两极板分别接到电源的正负极上，使电容器两极板分别带上等量异号电荷，这个过程叫电容器的充电过程。

电容器充电后，极板间有电场和电压。

用一根导线将电容器两极板相连，两极板上正负电荷中和，电容器失去电量，这个过程称为电容器的放电过程。

2. 公式

$$C = \frac{q}{U}$$

式中：C 表示电容量，q 表示电荷量，U 表示两极板间的电压。

3. 单位

电容的单位有法拉(F)、微法(μF)、皮法(pF)，它们之间的关系为

$$1\ F = 10^6\ \mu F = 10^{12}\ pF$$

五、电阻器

电阻是组成电路的基本元件之一。在电路中，电阻用来稳定和调节电流、电压，作分流器与分压器，并可作为消耗能量的负载。电子产品中，电阻是使用最多、最广泛的元件之一，它的特性和使用方法是从事电子产品加工和电子产品设计的人员必须具备的基本知识。当电流通过导体时，导体对电流有一定的阻碍作用，这种阻碍作用称为电阻。在电路中起电阻作用的元件称为电阻器，通常简称为电阻。电阻的文字符号是 R，电阻的基本单位是欧姆(Ω)，此外还有千欧(kΩ)、兆欧(MΩ)等。基本换算关系如下：1 MΩ = 1000 kΩ = 1 000 000 Ω

1. 色环电阻识别方法

1) 四色环电阻

第一、二环分别代表两位有效数的阻值；第三环代表倍率；第四环代表误差。电阻色环代表的含义见表 4-1-16。

单元四　电子电路装调与维修	学习情境一	单相桥式整流滤波电路	
姓名　　　　　　　班级		日期	

2) 五色环电阻

第一、二、三环分别代表三位有效数的阻值；第四环代表倍率；第五环代表误差。见图 4-1-13。如果第五条色环为黑色，一般用来表示为绕线电阻器；第五条色环如为白色，一般用来表示为保险丝电阻器；如果电阻体只有中间有一条黑色的色环，则代表此电阻为零欧姆电阻。

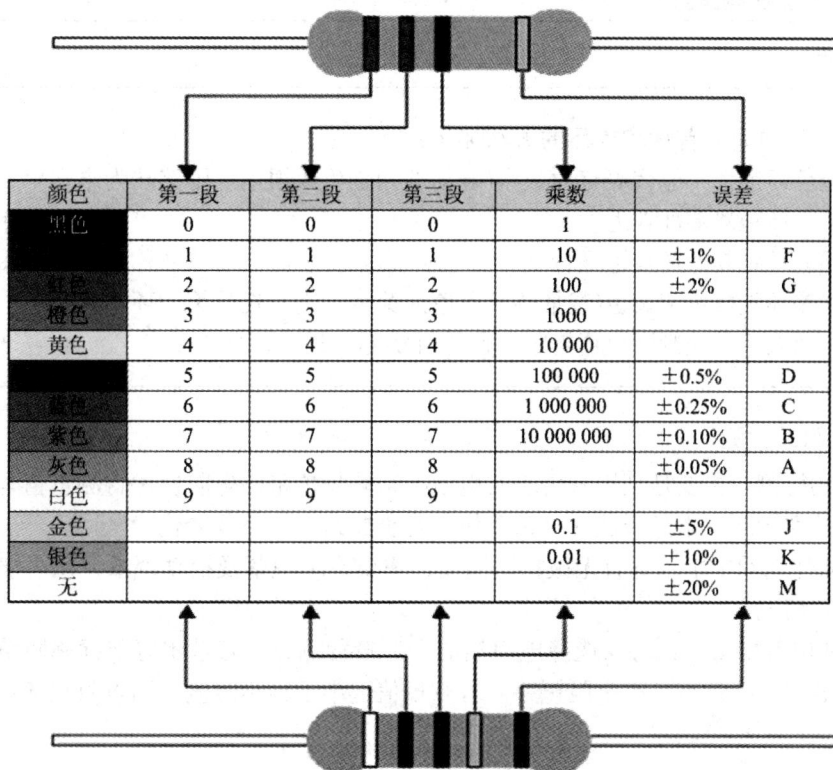

颜色	第一段	第二段	第三段	乘数	误差	
黑色	0	0	0	1		
	1	1	1	10	±1%	F
红色	2	2	2	100	±2%	G
橙色	3	3	3	1000		
黄色	4	4	4	10 000		
	5	5	5	100 000	±0.5%	D
蓝色	6	6	6	1 000 000	±0.25%	C
紫色	7	7	7	10 000 000	±0.10%	B
灰色	8	8	8		±0.05%	A
白色	9	9	9			
金色				0.1	±5%	J
银色				0.01	±10%	K
无					±20%	M

图 4-1-13　电阻色环代表的含义

单元四　电子电路装调与维修	学习情境一	单相桥式整流滤波电路
姓名　　　　　　班级		日期

色环电阻示例如表 4-1-16 所示。

表 4-1-16　色环电阻示例

色环电阻	对应色环	电阻值
	棕 黑 红 银	$10 \times 10^2 \times (1 \pm 10\%)\ \Omega$
	棕 黑 黑 红 棕	$100 \times 10^2 \times (1 \pm 1\%)\ \Omega$

特别提示

确定色环电阻的首环和末环的方法如下:
(1) 金色、银色不能代表有效数字(若某端为金色或银色, 则该端为末端)。
(2) 第一环距离端部较近。
(3) 误差环距其他环较远且较宽。
(4) 误差环无橙色和黄色(若某端是橙色或黄色, 则一定是第一环)。
(5) 若用眼睛无法判断色环电阻, 需进行实际测量。

2. 电阻的检测

电阻的检测, 主要是利用万用表的电阻挡来测量电阻的电阻值, 将测量值与标称阻值对比, 从而判断电阻是否能够正常工作, 是否断路、短路及老化。

(1) 从外观看电阻本身有无破损、脱皮, 引脚有无脱落及松动现象, 从外表排除电阻有无断路情况。

(2) 使用万用表测试时, 选择电阻挡的合适量程测量。若基本等于标称阻值, 则电阻正常; 若阻值接近零, 则电阻短路; 若测量值远小于标称阻值, 则电阻损坏; 若远大于标称阻值, 则电阻断路。

六、单相桥式整流滤波电路

将交流电转换为直流电的过程称为整流。利用二极管的单向导电性, 可将交流电变成直流电, 起到整流作用。整流电路输出的脉动直流电还含有很大的交流成分, 不能直接供给电气设备使用。为此, 需要将交流成分尽可能滤掉, 并且提高输出的直流成分, 使输出电压接近理想的直流电压。用来完成这一任务的电路就是滤波电路, 一般利用电容、电感这样的电抗元件根据交、直流阻抗的不同来实现滤波。电容对直流开路, 对交流阻抗小, 所以把电容并联在负载两端; 电感对直流阻抗小, 对交流阻抗大, 所以把电感与负载串联。经过滤波电路后, 既可保留直流成分, 又可降低交流成分, 减小了电路的脉动系数, 使输出电压变得平滑, 改善了直流电压的质量。滤波电路根据结构的不同主要有电容滤波电路、电感滤波电路、LC 滤波电路等。本节主要阐述单相桥式整流滤波电路。

单元四 电子电路装调 与维修	学习情境一	单相桥式整流滤波电路	
姓名	班级	日期	

1. 工作原理

电容滤波电路利用了电容"通交流阻直流"的特点，将电容 C 与负载并联后，整流后的脉动直流电中大部分交流成分就会从电容上通过，而只有直流成分和少量交流成分从负载上经过，从而使得负载上的电压、电流变得平滑。桥式整流电容滤波电路如图 4-1-14 所示。

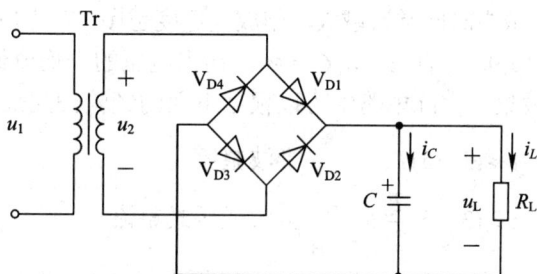

图 4-1-14 桥式整流电容滤波电路

采用桥式整流，如果在电路中没有接电容 C，根据前面的分析，在 u_2 正半周期时二极管 V_{D1}、V_{D3} 承受正向电压导通，在 u_2 负半周期时二极管 V_{D2}、V_{D4} 承受正向电压导通，输出电压 u_L 波形如图 4-1-15 所示。

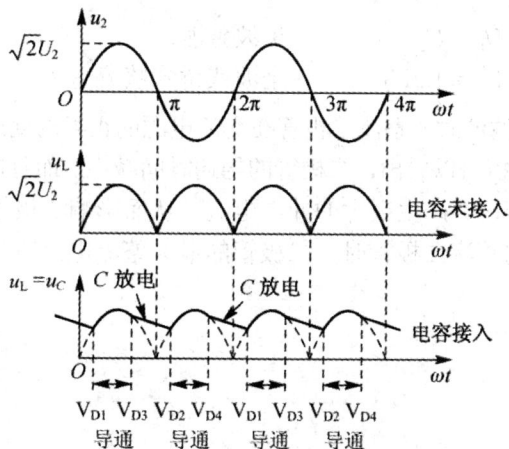

图 4-1-15 电容滤波时的波形

把电容并联到负载后，在 u_2 正半周期时二极管 V_{D1}、V_{D3} 导通，V_{D2}、V_{D4} 截止。这时，整流输出除了给负载供电外，还有电流 i_C 流过电容对其充电，电容两端电压 u_C(也即负载上输出电压 u_L)的极性为上正下负，忽略二极管的内阻，则导通时 $u_C = u_2$。当 u_2 到达峰值后开始下降，此时电容 C 上的电压 u_C 也由于放电而逐渐下降。当 $u_2 < u_C$ 时，二极管 V_{D1}、V_{D3} 也截止，电容通过负载放电，放电时间常数 $\tau = R_L C$，因此负载中仍然有电流流过，此时 $u_2 = u_C$。由于负载 R_L 一般比较大，因此放电的时间常数 τ 也较大，放

单元四　电子电路装调 与维修	学习情境一	单相桥式整流滤波电路	
姓名	班级	日期	

电速度较慢。到下一个半周期时，随着 u_C 的降低和 u_2 负向增大，当 $|u_2| > u_C$ 时，二极管 V_{D2}、V_{D4} 导通，又开始对电容 C 进行充电。因此，在负载上将得到图 4-1-15 中实线所示的输出电压 u_L。

2. 电容滤波的特点

(1) 电容滤波电路使得整流后输出电压中的脉动成分大大减少，并且电压较高。而且从波形图可以看出，放电时间常数越大，则放电速度越慢，输出电压越高、越平滑，滤波效果越好。当负载开路时，有 $\tau = R_L C = \infty$，输出电压的平均值最大 $(\sqrt{2} U_2)$。因此为了得到比较好的滤波效果，实际电路中可以根据下面的经验公式来选取时间常数。

$$\tau \geqslant (3 \sim 5)T \qquad \text{半波整流}$$
$$\tau \geqslant (3 \sim 5)\frac{T}{2} \qquad \text{全波或桥式整流} \tag{4-1-1}$$

式中，T 为交流电压的周期。又 $\tau = R_L C$，也可以根据式(4-1-1)选择滤波电容。在使用时一般选择大容量的电解电容(几十至几千微法)作为滤波电容，电容的耐压值应大于 $2U_2$。

(2) 当 C 一定，负载(即 R_L)减小时，负载电流 I_L 增加，电容的放电速度加快，U_L 下降。一般把输出电压 U_L 与输出电流 I_L 的变化关系曲线称为电路的外特性。

一般在实际工程中，可按以下公式估算负载上的输出电压平均值。

$$U_L = U_2 \qquad \text{半波整流}$$
$$U_L = 1.2U_2 \qquad \text{全波或桥式整流}$$

(3) 在未加入电容滤波时，整流二极管在交流电源的正半周期或负半周期导通。加入电容滤波后，从上述分析可以看出，二极管的导通时间减小，而且电容充电速度快。由于电容上的电压不能突变，会产生很大的冲击电流，从而影响二极管的使用寿命，因此在选择电容滤波电路中的整流二极管时，二极管的最大整流电流应为负载电流的 2～3 倍。

单元四　电子电路装调与维修	学习情境二	三端固定输出稳压器的制作	
姓名	班级	日期	

学习情境二　三端固定输出稳压器的制作

学习情境描述

(1) 教学情境描述：对于人体来说，电源对应人的心脏，为整个电路的正常工作提供能量，几乎所有电子设备都需要电压稳定的直流电源供电。电池因为费用较高，一般只用于低功耗的便携设备中，而更多场合下使用的是直流稳压电源，这样电子设备可以直接由交流电网供电，通过直流稳压电源把输入的交流电转变成稳定的直流电压输出供设备使用。

(2) 关键知识点：直流稳压电源的组成、三端集成稳压器的应用；组成电路各元器件的作用；电路的工作原理。

(3) 关键技能点：三端固定输出稳压器的引脚识别；电路组成各元件的选用、检测方法及使用注意事项；电路的安装步骤、工艺要求，以及电路的检测和维修。

学习目标

(1) 掌握三端固定输出稳压器电路的组成结构。
(2) 了解三端稳压器的使用方法。
(3) 了解各元件的作用，能够正确检测元器件。
(4) 掌握集成稳压器的基本调试和测量方法。
(5) 培养学生理论联系实际的能力。

任务书

三端固定输出稳压器是电子设备中的重要组成部分，用来将交流电网电压变为稳定的直流电压。它以体积小、重量轻、使用方便和工作可靠等优点被越来越广泛地应用。现通过三端固定输出稳压器的制作，理解它在现实生活中的重要性和实用性。

单元四　电子电路装调 与维修	学习情境二	三端固定输出稳压器的制作	
姓名	班级	日期	

任务分组

学生任务分配表如表 4-2-1 所示。

表 4-2-1　学生任务分配表

班级		组号		工位号	
组长		学号		指导老师	
组员					
任务分工:					

知识储备

引导问题 1：了解电路——三端固定输出稳压器的结构及工作原理。

三端固定输出稳压器电路如图 4-2-1 所示。

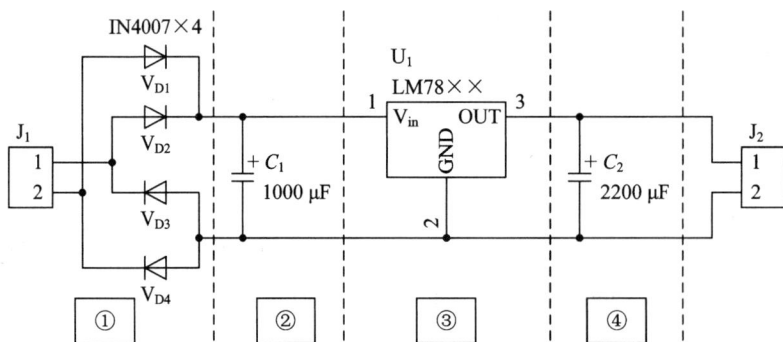

图 4-2-1　三端固定输出稳压器

单元四　电子电路装调 与维修	学习情境二	三端固定输出稳压器的制作	
姓名	班级	日期	

(1) 根据图 4-2-1 所示电路结构的划分，填写表 4-2-2。

表 4-2-2　三端固定输出稳压器电路各部分元器件名称

电路组成	组成部分名称	主要元件	作　　用
第一部分			
第二部分			
第三部分			
第四部分			

(2) 描述三端固定输出稳压器电路的工作原理。

_____

_____

_____

_____

_____

引导问题 2：了解整流电路的特点。

(1) 根据整流电路的特点，连接图 4-2-2 中四个二极管，使其达到整流效果，并且标出输入电压 u_i 和输出电压 u_o 端。

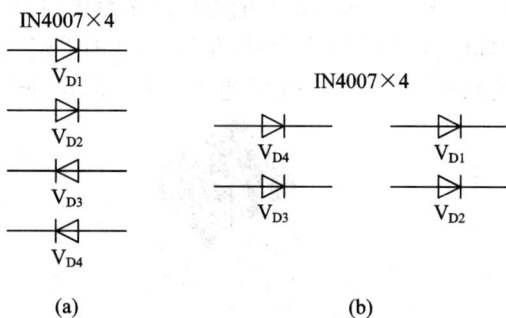

IN4007×4

V_{D1}

V_{D2}

V_{D3}

V_{D4}

IN4007×4

V_{D4}　　　V_{D1}

V_{D3}　　　V_{D2}

(a)　　　　　　　　　　(b)

图 4-2-2　二极管

单元四　电子电路装调与维修	学习情境二	三端固定输出稳压器的制作	

姓名		班级		日期	

(2) 根据如图 4-2-3 所示电路故障，请说明电路现象？

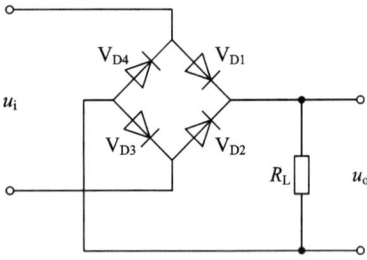

图 4-2-3　故障电路

	若 V_{D1} 或 V_{D3} 短路，则电路现象为：
	若 V_{D1} 或 V_{D3} 断路，则电路现象为：
	若 V_{D1} 或 V_{D3} 反接，则电路现象为：

特别提示

整流桥引脚的判别方法如下：

1. 外观判别法

整流桥(见图 4-2-4)由四只二极管组成，有四个引脚。两只二极管负极的连接点是全桥直流输出端的"正极"，两只二极管正极的连接点是全桥直流输出端的"负极"。大多数的整流全桥上，均标注有"+""–""～"符号。(其中"+"为整流后输出电压的正极，"–"为输出电压的负极，"～"为交流电压的输入端)，很容易确定出各电极。

图 4-2-4　整流桥

2. 万用表检测法

如果组件的正、负极性标记已模糊不清，也可采用万用表对其进行检测。检测时，将万用表置"$R \times 1\,k$"挡，黑表笔接全桥组件的某个引脚，用红表笔分别测量其余三个引脚，如果测得的阻值都为无穷大，则此黑表笔所接的引脚为全桥组件的直流输出正极；如果测得的阻值均在 $4\sim10\,k\Omega$ 范围内，则此时黑表所接的引脚为全桥组件直流输出负极，而其余的两个引脚则是全桥组件的交流输入引脚。

单元四　电子电路装调 与维修	学习情境二	三端固定输出稳压器的制作	
姓名	班级	日期	

引导问题3： 了解三端集成稳压器(见图4-2-5)。

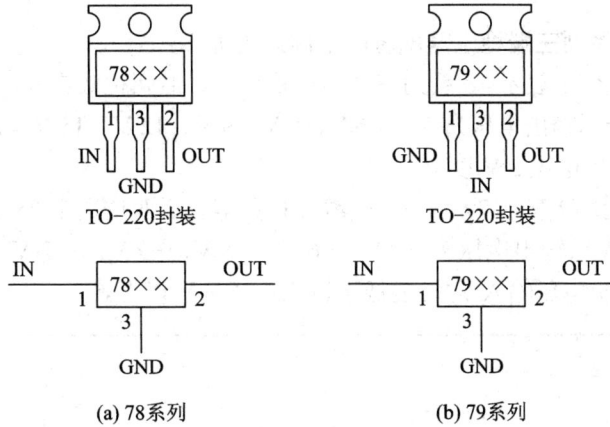

图4-2-5　三端集成稳压器

(1) 将78系列及79系列三端稳压器图形符号及各引脚的含义填写到表4-2-3。

表4-2-3　78系列及79系列三端稳压器图形符号及各引脚含义

项　目	78系列稳压器	79系列稳压器
图形符号		
引脚1		
引脚2		
引脚3		
输出电压		

(2) 写出三端固定集成稳压器的型号含义(见图4-2-6)。

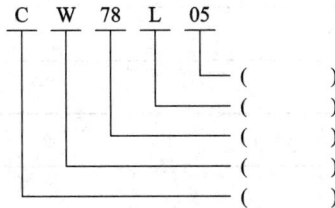

图4-2-6　型号含义

(3) 如何选用三端固定集成稳压器？

_____

_____

单元四　电子电路装调与维修	学习情境二	三端固定输出稳压器的制作	
姓名	班级	日期	

特别提示

78 系列与 79 系列三端稳压器电压的不同之处如下：

(1) 前两位数字 78 表示 78 系列三端线性稳压器，后两位数字 05、06、08、09、12、15、18、24 分别表示输出电压为 5 V、6 V、8 V、9 V、12 V、15 V、18 V、24 V，输入电压通常要高于输出电压 3 V 以上。

(2) 前两位数字 79 表示 79 系列三端线性稳压器，后两位数字 05、06、08、09、12、15、18、24 分别表示输出电压为 −5 V、−6 V、−8 V、−9 V、−12 V、−15 V、−18 V、−24 V，输入电压(负电压输入)通常要低于输出电压 3 V 以上。

工作计划

(1) 制订工作方案，并填写到表 4-2-4。

表 4-2-4　工　作　方　案

步骤	工　作　内　容	负责人
1		
2		
3		
4		
5		
6		
7		
8		
9		
10		

(2) 列出本任务所需仪表、工具及耗材清单，并填写到表 4-2-5 和表 4-2-6。

单元四　电子电路装调 与维修	学习情境二		三端固定输出稳压器的制作	
姓名	班级		日期	

表 4-2-5　仪表及工具清单

序号	名　称	型号与规格	单位	数量	备注

表 4-2-6　耗 材 清 单

标号	名　称	规　格	数量	备注

单元四　电子电路装调 　　　　与维修	学习情境二	三端固定输出稳压器的制作	
姓名	班级	日期	

引导问题4： 了解电子元器件的安装次序。

试写出三端固定输出稳压器电路中各元件的安装次序。

_____

_____

_____

特别提示

手工焊接的注意事项如下：

(1) 选用合适的焊锡，应选用焊接电子元件用的低熔点焊锡丝。

(2) 助焊剂，用25%的松香溶解在75%的酒精(重量比)中作为助焊剂。

(3) 电烙铁使用前要上锡，具体方法是：将电烙铁烧热，待刚刚能熔化焊锡时，涂上助焊剂，再用焊锡均匀地涂在烙铁头上，使烙铁头均匀涂上一层锡。

(4) 焊接方法，把焊盘和元件的引脚用细砂纸打磨干净，涂上助焊剂。用烙铁头蘸取适量焊锡，接触焊点，待焊点上的焊锡全部熔化并浸没元件引线头后，电烙铁头沿着元器件的引脚轻轻往上一提离开焊点。

(5) 焊接时间不宜过长，否则容易烫坏元件，必要时可用镊子夹住管脚帮助散热。

(6) 焊点应呈正弦波峰形状，表面应光亮圆滑，无锡刺，锡量适中。

(7) 焊接完成后，要用酒精把线路板上残余的助焊剂清洗干净，以防炭化后的助焊剂影响电路正常工作。

(8) 集成电路应最后焊接，电烙铁要可靠接地，或断电后利用余热焊接。或者使用集成电路专用插座，焊好插座后再把集成电路插上去。

(9) 电烙铁不使用时，务必保证放在烙铁架上。

进行决策

(1) 各组派代表展示设计方案。

(2) 各组对其他组的设计方案提出自己的建议。

(3) 老师对各组的设计方案进行点评，选出最佳方案。

单元四　电子电路装调与维修	学习情境二	三端固定输出稳压器的制作	
姓名　　　　　　班级		日期	

思政课堂

创新是引领发展的第一动力，在大国工匠张路明近 40 年的研发历程当中，创新贯穿其研发工作始终。从研究短波产品到超短波产品、集群产品、终端产品等项目中，张路明常有与众不同的创新思想、方法以及技巧，突破性地解决了很多技术难题。

作为无线电通信设计师，张路明的工作，是把承载声音的无线电波，高保真地发送、接收，让远隔重山的指挥员和战士如同近在咫尺。从 20 世纪 80 年代初入职至今，本着"我们多流一滴汗，战士少流一滴血"的责任担当，不断学习，不断创新，将各种技术圆融贯通，"使产品具有科学的精确、可靠与艺术美的和谐结合"。张路明所主导、参与研制的装备实现了从中长波到微波频段的全频段覆盖，包括中长波电台、短波电台、超短波电台、数字集群、北斗导航、卫星通信、智能终端、无人通信装备……

思政要点：

引领学生在学习过程中不仅要学好专业知识，更要有开拓创新的勇气。把两者有机结合，学以致用，为未来走上工作岗位奠定良好的基础。

工作实施

1. 元器件的识别及检测

(1) 二极管的识别及检测，将检测过程及结果填写到表 4-2-7 中。

表 4-2-7　二极管检测过程及结果

标号	型号	万用表挡位	正向电阻	反向电阻	二极管状态
V_{D1}					
V_{D2}					
V_{D3}					
V_{D4}					

(2) 集成电路的识别及检测，将检测过程及结果填写到表 4-2-8 中。

表 4-2-8　集成电路检测过程及结果

标号	外形图	输出电压值	质量判定
7805			

单元四　电子电路装调 与维修	学习情境二	三端固定输出稳压器的制作	
姓名	班级	日期	

(3) 电容的识别及检测，将检测过程及结果填写到表 4-2-9 中。

表 4-2-9　电容检测过程及结果

标号	电容量	耐压值	介质
C_1			
C_2			

2. 电路的焊接及装配

(1) 按类别摆放元件，示意图如图 4-2-7 所示。

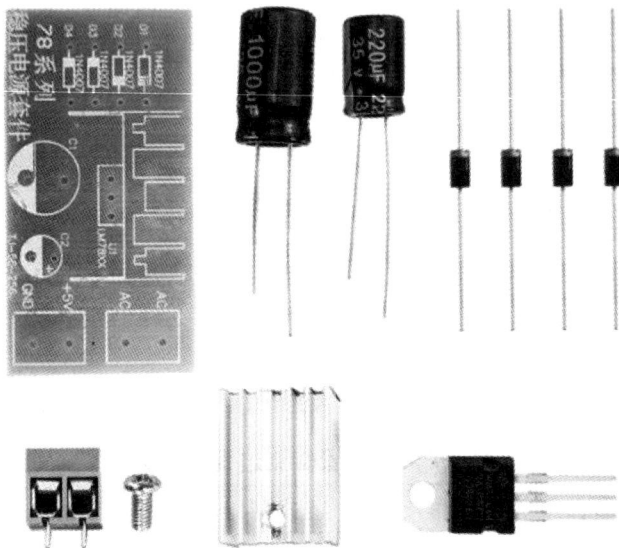

图 4-2-7　元器件摆放示意图

(2) 元器件的插装及焊接，示意图如图 4-2-8 所示。

图 4-2-8　元器件插装及焊接示意图

单元四　电子电路装调 与维修	学习情境二	三端固定输出稳压器的制作	
姓名	班级	日期	

特别提示

散热片的安装注意事项：

(1) 在实际应用中，应在三端集成稳压电路上安装散热器，以防止当稳压管温度过高时，稳压性能将变差，甚至损坏。

(2) 在安装三端集成稳压器 7805 时，应先用螺丝把散热片和 7805 元件先固定好，然后再进行插装和焊接。

3. 电路的调试

(1) 将 $u_{AC} = 9\text{ V}$ 左右的工频交流信号接入电路 AC，用示波器观察桥式整流输入电压和输出电压波形，并将结果记录在表 4-2-10 中。

表 4-2-10　单相桥式整流电路的输入、输出波形

电路形式	输入波形	输出波形
整流电路		

(2) 用万用表分别测试三端集成稳压器 7805 三个引脚的电压值，并分别记录在表 4-2-11 中。

表 4-2-11　7805 各引脚的电压值

电路元件	输入电压值	输出电压值	接地电压值
7805			

单元四　电子电路装调与维修	学习情境二	三端固定输出稳压器的制作	
姓名　　　　　　班级		日期	

特别提示

电子电路的调试步骤如下:

1. 调试前不加电源的检查

第一,对照电路图和实际线路检查连线是否正确,包括错接、少接、多接等;用万用表电阻挡检查焊接和接插是否良好。第二,元器件引脚之间有无短路,连接处有无接触不良,二极管、三极管、集成电路和电解电容的极性是否正确。第三,电源供电包括极性、信号源连线是否正确,电源端对地是否存在短路(用万用表测量电阻)。若电路经过上述检查,确认无误后,可转入静态检测与调试。

2. 静态检测与调试

断开信号源,把经过准确测量的电源接入电路,用万用表电压挡监测电源电压,观察有无异常现象:如冒烟、异常气味、手摸元器件发烫,电源短路等,如发现异常情况,立即切断电源,排除故障。

3. 动态检测与调试

动态调试是在静态调试的基础上进行的,调试的方法是在电路的输入端加上所需的信号源,并按照信号的流向逐级检测各有关点的波形、参数和性能指标是否满足设计要求,如必要,则要对电路参数做进一步调整。

发现问题,要设法找出原因,排除故障,继续进行。如无异常情况,分别测量各关键点直流电压,如静态工作点、数字电路各输入端和输出端的高、低电平值及逻辑关系、放大电路输入、输出端直流电压等是否在正常工作状态下,如不符,则调整电路元器件参数、更换元器件等,使电路最终工作在合适的工作状态。

单元四　电子电路装调与维修	学习情境二	三端固定输出稳压器的制作	
姓名	班级	日期	

评价反馈

各组派代表展示作品，介绍任务完成过程，并完成评价表 4-2-12～表 4-2-14。

表 4-2-12　学 生 自 评 表

序号	评 价 项 目	完成情况记录	自评结论：
1	是否按时间计划完成任务		
2	引导问题中理论知识是否填写完整		
3	工作台是否整理干净		
4	耗材使用过程中有无浪费现象		
5	施工过程中的安全情况		

表 4-2-13　学 生 互 评 表

序号	评 价 项 目	组内互评	组间互评	互评结论：
1	是否按时间计划完成任务			
2	施工质量			
3	引导问题中理论知识是否填写完整			
4	工作台是否整理干净			
5	耗材使用过程中有无浪费现象			
6	施工过程中的安全情况			

表 4-2-14　教 师 评 价 表

序号	评 价 项 目	教师评价	教师评价结论：
1	学习准备情况		
2	引导问题中理论知识填写情况		
3	操作规范		
4	施工质量		
5	关键技能		
6	施工时间		
7	8S 管理落实情况		
8	沟通协作		
9	汇报展示		

综合评价结果：

单元四　电子电路装调与维修	学习情境二	三端固定输出稳压器的制作	
姓名	班级	日期	

学习情境的相关知识点

一、三端集成稳压电源

将串联稳压电路和各种保护电路集成在一起就得到了集成稳压器。早期的集成稳压器外引线较多，现在常用的集成稳压器一般只有 3 个端子——输入端、输出端和公共端，故称其为三端集成稳压器(简称三端稳压器)。在三端集成稳压器内有过流、过热及短路保护电路。这种芯片接线简单、维护方便、价格低廉、使用安全可靠，被广泛采用。按照输出电压是否可调，三端集成稳压器可以分为固定式和可调式两种。

1. 三端固定输出稳压器

1) 三端固定输出稳压器的型号及外形封装

三端固定集成稳压器的输出电压固定，其型号组成及其意义如图 4-2-9 所示。

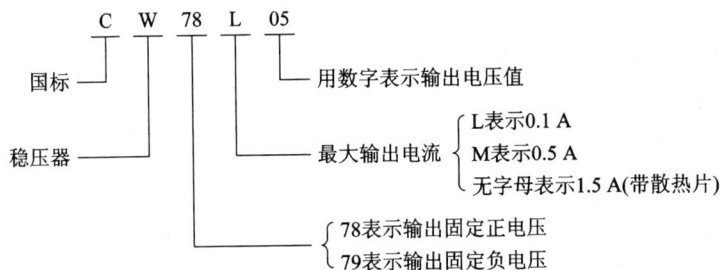

$$C \quad W \quad 78 \quad L \quad 05$$

国标

稳压器

用数字表示输出电压值

最大输出电流 { L表示0.1 A　M表示0.5 A　无字母表示1.5 A(带散热片) }

{ 78表示输出固定正电压　79表示输出固定负电压 }

图 4-2-9　三端固定集成稳压器的型号组成

常用的三端固定输出稳压器是 CW78、CW79 系列，CW 表示国标产品。78 系列输出固定正电压，其输出电压有 5 V、6 V、7 V、8 V、9 V、12 V、15 V、18 V 和 24 V 等。该系列的输出电流有 5 种，78 系列是 1.5 A，78M 是 0.5 A，78L 是 0.1 A，78T 是 3 A，78H 是 5 A。例如，CW78L05 表示输出固定正电压为 5 V、输出电流为 0.1 A 的国标产品。79 系列与 78 系列的不同是其输出电压为负值，如 CW79M12 的输出电压为 −12 V，输出电流为 0.5 A。

常用三端固定集成稳压器的外形及封装如图 4-2-10(a)所示。金属壳菱形为 TO-3 封装，塑料直插式为 TO-220 封装，其他的还有 TO-92、TO-202、F-2 等封装方式。对于不同型号、不同封装的集成稳压器，其 3 个电极的位置不同，要通过查阅手册来确定。

CW78、CW79 系列三端固定集成稳压器的电路符号如图 4-2-10(b)所示。

单元四　电子电路装调与维修	学习情境二	三端固定输出稳压器的制作	
姓名	班级	日期	

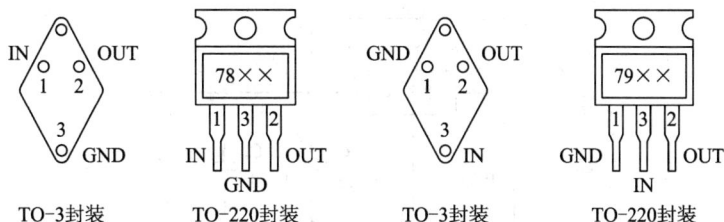

(a) 外形及封装

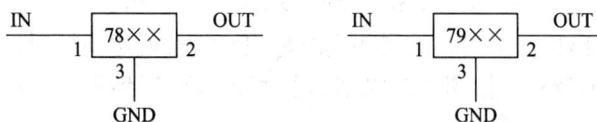

(b) 电路符号

图 4-2-10　常用三端固定集成稳压器的封装及电路符号

CW78 系列三端固定集成稳压器的主要参数如表 4-2-15 所示，在使用时需要查找到对应型号的相关参数、性能指标、外形尺寸等信息。另外，需要的时候要配上合适的散热片。

表 4-2-15　CW78 系列三端固定集成稳压器的主要参数

参数名称	型　号						
	7805	7806	7808	7812	7815	7818	7824
输入电压 U_I/V	10	11	14	19	23	27	33
输出电压 U_O/V	5	6	8	12	15	18	24
电压调整 S_U/(%·V^{-1})	0.0076	0.0086	0.01	0.008	0.0066	0.01	0.011
最小压差/V	2	2	2	2	2	2	2
峰值电流/A	2.2	2.2	2.2	2.2	2.2	2.2	2.2
输出电阻/Ω	17	17	18	18	19	19	20
输出温漂/(mV/℃)	1.0	1.0	1.2	1.2	1.5	1.8	2.4

2) 三端固定输出稳压器的应用

(1) 典型应用电路。三端固定输出稳压器的典型应用电路如图 4-2-11 所示，经过整流滤波后的直流电压 U_I 接输入端，输出端便可得到稳定的输出电压 U_O。正常工作时，输入输出电压差为 2～3 V。靠近 78 系列引脚处接电容 C_1、C_2(电容值在 0.1～1 μF)，用来实现频率补偿，以抑制电路引入的高频干扰和稳压电路的自激振荡。电容 C_3 用来减小稳压电源输出端由输入电源引入的低频干扰。二极管 V_D 起保护作用，一般情况下也可以不接。此电路可以实现输出固定的正电压，如果换成 79 芯片，并将输入电压改成负极性，电路稍作改动就可以输出固定的负电压。

单元四　电子电路装调 与维修	学习情境二	三端固定输出稳压器的制作	
姓名	班级	日期	

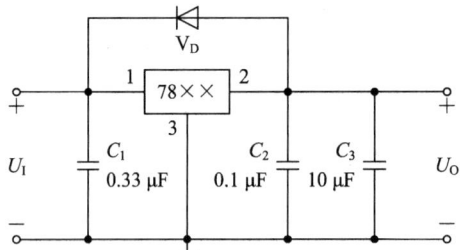

图 4-2-11　三端固定输出稳压器的典型应用电路

(2) 正负对称输出稳压电路。当需要同时输出正、负两组电压时，可采用 78 系列和 79 系列各一块组合的形式，按图 4-2-12 进行接线，即可得到正、负对称的两组电源。

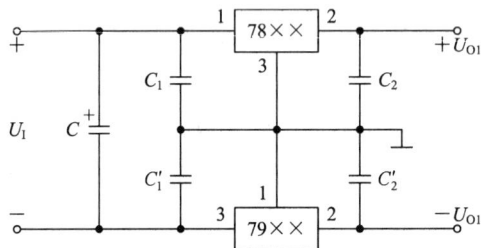

图 4-2-12　正负对称输出稳压电路

2. 三端可调输出稳压器

1) 三端可调输出稳压器的型号及外形封装

三端固定输出稳压器只能输出固定电压值，在实际应用中不太方便。为此，在其基础上发展了三端可调输出稳压器，其型号组成及其意义如图 4-2-13 所示。

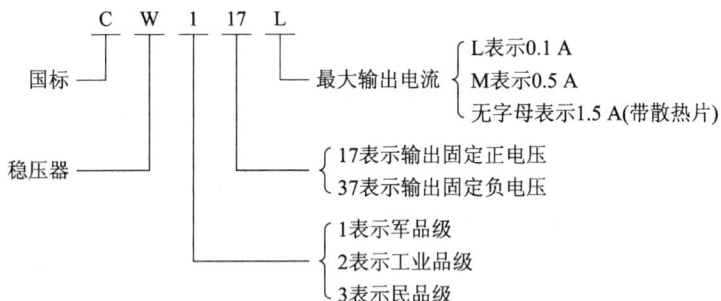

图 4-2-13　三端可调输出稳压器的型号组成

三端可调输出稳压器也有正电压输出系列(CW117、CW217、CW317)和负电压输出系列(CW137、CW237、CW337)两种，按照输出电流的大小，每个系列也有不同的等级。三端可调输出稳压器结构简单，又克服了固定式输出电压不可调的缺点，并且在内部电路设计及集成化工艺方面采用了更先进的技术，性能指标比三端固定稳压器高一个数量

单元四　电子电路装调 与维修	学习情境二	三端固定输出稳压器的制作	
姓名	班级	日期	

级。CW117 系列三端可调输出稳压器的主要性能如下：输出电压可调范围为 1.2～37 V，最大输出电流为 1.5 A，负载调整率为 0.1%，输出与输入电压差允许范围为 3～40 V。常用三端可调集成稳压器的外形及封装与三端固定集成稳压器相似，如图 4-2-14(a)所示。

CW317、CW337 系列三端可调集成稳压器的电路符号如图 4-2-14(b)所示。3 个端子分别为输入端、输出端和调节端。在电路正常工作时，输出端和调节端之间电压差恒等于 1.25 V。

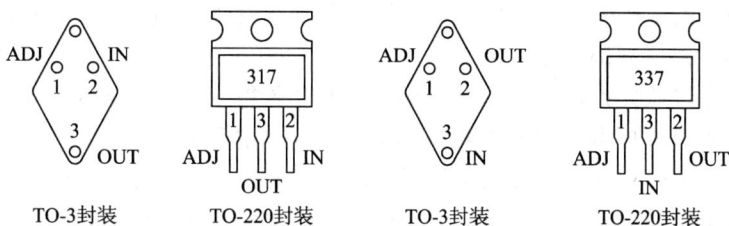

(a) 外形及封装

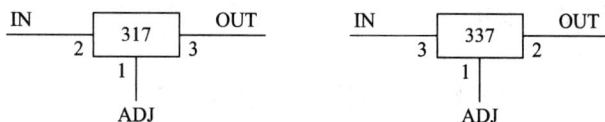

(b) 电路符号

图 4-2-14　常用三端可调集成稳压器的封装及电路符号

2) 三端可调输出稳压器的应用

由 CW317 构成的可调输出稳压电路如图 4-2-15 所示，通过两个外接电阻来调节输出电压。为了使电路能正常工作，CW317 的输出电流应不小于 5 mA，因此 R_1 一般取值为 120～240 Ω。由于芯片引脚 1 调节端的电流较小，约为 50 μA，且 R_2 阻值不大，R_2 上的压降可以忽略，因此输出电压为

$$U_O = 1.25\left(1+\frac{R_2}{R_1}\right)+50\times10^{-6}\times R_2 \approx 1.25\left(1+\frac{R_2}{R_1}\right)$$

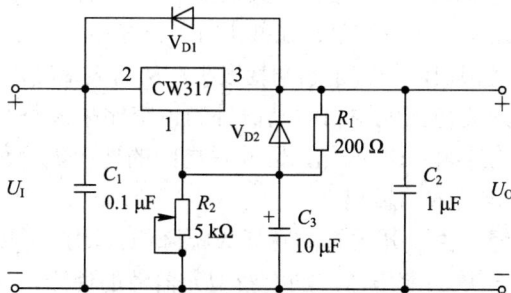

图 4-2-15　可调输出稳压电路

单元四　电子电路装调 与维修	学习情境二	三端固定输出稳压器的制作	
姓名　　　　　　班级		日期	

二、集成稳压器组成稳压电路的原理

1. 开关稳压电源的发展及其特点

开关稳压电源的雏形最早可追溯到 20 世纪 50 年代，1955 年美国首先研制成功了利用磁芯的饱和进行自激振荡的晶体管直流变换器，其中的功率晶体管就工作在开关状态。受当时技术的限制，无法制作出高耐压、开关速度较快的大功率晶体管，所以电源的输入电压和转换速度都较低。

到现在，经过研究人员的努力，各种形式的开关稳压电源不断地被研制出来。总体来说，开关稳压电源技术的发展主要经历了以下几个重要阶段：

(1) 在 20 世纪 60、70 年代，由于微电子技术的发展，高反压晶体管的出现使开关稳压电源摆脱了工频变压器，随后无工频变压器的开关稳压电源得到了飞速发展，真正使开关稳压电源实现了效率高、体积小、重量轻。并且，功率半导体器件也从双极型器件发展为 MOS 型器件，使电源技术可以向高频化发展，并可以大幅度降低导通损耗，电路形式也更加简单。

(2) 从 20 世纪 80 年代开始，高频化的发展促进了软开关技术的研究开发。软开关技术也称为零电压开关/零电流开关技术，它可以提高开关电源的效率，使功率变换器性能更好、质量更轻、尺寸更小。

(3) 随着数字电子技术的快速发展，全数字控制的数字化开关稳压电源正成为研究热点，它具有可编程的特点，可以实现快速、灵活的控制设计，适应能力强，能满足复杂情况下的需要。

(4) 从 20 世纪 90 年代中期开始，集成电力电子系统和集成电力电子模块技术开始发展，一体化的设计观念得到大力推广，它可以快速高效地向用户提供低成本、高可靠性的设计产品。但如何更好地研究发展这项技术，还是亟待解决的问题。

与线性稳压电源相比，开关稳压电源有如下几方面的特点：

(1) 功耗小，效率高。这是开关稳压电源最显著的特点。电路中开关管在激励信号的作用下，交替工作在饱和导通和截止两种开关状态下。在饱和导通时，虽然集电极电流较大，但集电极和发射极之间的压降很小；在截止时，正好相反，虽然压降很大，但集电极电流为零，而且转换速度很快，使管子的功耗很小，从而大幅度提高了电源的效率。

(2) 稳压范围宽。开关稳压电源由激励信号的占空比来调节其输出电压，可以通过调频或调宽来补偿输入信号电压的变化，因此对电网的适应能力很强，即使电网电压波动较大，仍然能保证稳定有效的输出。

(3) 体积小，质量轻。由于开关管的功耗大幅降低，因此可以不用再加体积较大的散热片，也不需要使用笨重的变压器，加上新型元器件的使用，现在的开关稳压电源体积更小，质量更轻。

单元四　电子电路装调 与维修	学习情境二	三端固定输出稳压器的制作	
姓名	班级	日期	

(4) 稳定性和可靠性高。开关稳压电源电路中可以很方便地引入灵敏度很高的过压、过流等保护电路，在发生故障时快速切断电源，而且使用模块化设计，元器件的温升也不高，大大提高了开关稳压电源的稳定性和可靠性。

(5) 电路形式灵活多样。开关稳压电源电路的形式很多，有自激式和他激式，开关型和谐振型，调宽型和调频型等，开发人员可以根据各种电路的特点和应用的需要灵活设计。

开关稳压电源也有自身的一些缺点。由于开关管工作在开关状态，它会在电路中产生较严重的尖峰干扰、谐振干扰等，这些干扰会严重影响系统的正常运行，甚至会串入电网，使附近的电子仪器和设备受到严重干扰而不能工作。另外，实际应用中的开关稳压电源的电路结构比较复杂，输出电压中纹波和噪声成分较大，故障率高，维修难度大。

综上所述，开关稳压电源的优势显著，只要精心设计，合理布局，采取适当的消除和屏蔽干扰的措施，就可以扬长避短，把这些不利的影响降到最小。

2. 开关集成稳压器及其应用

开关集成稳压器是将基准电压源、三角波发生器和比较器等集成到一块芯片上，做成各种封装。使用开关集成稳压器来设计开关稳压电源可以使电路结构简化、体积减小、开发周期缩短，电路的可靠性得到提高。下面介绍一种常用的 LM2576 系列的开关集成稳压器。

图 4-2-16 所示为 LM2576-ADJ 的引脚图，它是由美国国家半导体公司生产的单片降压式开关稳压器，由振荡器、取样放大器、比较器、PWM 调制器和功率开关等部分组成，输出电压可以调节。其主要技术参数如下：输入电压为 3.5～40 V；输出电压为 1.23～37 V；输出电流为 3 A；振荡器固定频率为 52 kHz；具有热关闭和限流保护功能。

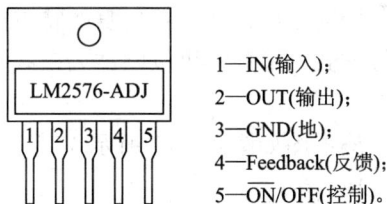

1—IN(输入)；
2—OUT(输出)；
3—GND(地)；
4—Feedback(反馈)；
5—$\overline{\text{ON}}$/OFF(控制)。

图 4-2-16　LM2576-ADJ 的引脚图

3. 开关稳压电源的分类

电子技术的发展对电源的要求越来越高，也大大促进了开关稳压电源的发展，其在航天、通信、计算机、彩色电视等方面得到了广泛的应用。开关稳压电源的分类如表 4-2-16 所示。

单元四　电子电路装调与维修	学习情境二	三端固定输出稳压器的制作
姓名　　　　　　班级		日期

表 4-2-16　开关稳压电源的分类

分　类　方　式	种　　类
按激励方式划分	他激式 自激式
按调制方式划分	脉宽调制型 频率调制型 混合调制型
按开关管电流的工作方式划分	开关型 谐振型
按输入与输出的电压大小划分	晶体管型 可控硅型
按工作方式划分	升压式 降压式
按开关管的类型划分	可控整流型 斩波型 隔离型
按开关管数量和连接方式划分	单端式 推挽式 半桥式 全桥式
按开关管与负载的连接方式划分	串联型 并联型

　　尽管这些分类都是站在不同的角度，从产品自身的特点出发进行划分的，但整体上看，根据开关管与负载的连接方式，最后都可以归结为串联型开关稳压电源和并联型开关稳压电源两大类。

　　串联型开关稳压电源的结构框图如图 4-2-17 所示，其主要由输入电路、变换电路、控制电路和输出电路 4 部分组成。

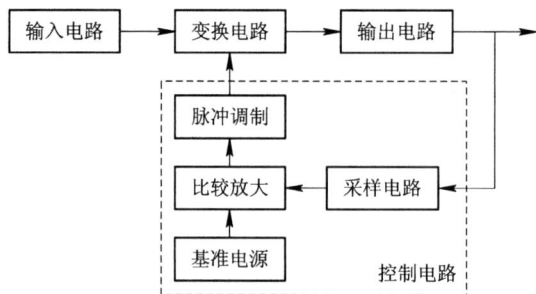

图 4-2-17　串联型开关稳压电源的结构框图

单元四　电子电路装调与维修	学习情境三	心形闪光灯电路的制作与调试	
姓名	班级	日期	

学习情境三　心形闪光灯电路的制作与调试

学习情境描述

(1) 教学情境描述：灯是人们在生活中依赖的用电设备。很早以前灯只是作为一种照明的工具给人们的生活来更大的方便，但是随着社会的稳定、科学技术、电子技术的迅速的发展，人们对灯的应用不仅仅是作为一种照明来使用，人们希望灯不仅能给人们的生活做照明，还可采取一种技术进行控制，让灯来给人们的生活增辉添彩。因此对灯的各种控制器件和方法便应运而生。

(2) 关键知识点：发光二极管和三极管的结构、型号、选用原则及检测方法；电路板焊接要点；反馈电路的类型和判别方法，以及心形闪光灯电路的工作原理。

(3) 关键技能点：发光二极管、三极管引脚识别方法及使用注意事项；心形闪光灯电路的安装方法、步骤及工艺要求和调试方法。

学习目标

(1) 掌握发光二极管以及三极管的结构、型号命名方法、使用方法及检测方法等。
(2) 正确识读心形闪光灯电路原理图，并理解其工作原理。
(3) 能够按照手工焊接工艺要求正确安装心形闪光灯电路。
(4) 掌握用万用表及相关仪器调试电路的方法。
(5) 能够根据故障现象检修心形闪光灯电路。

任务书

本电路含有 18 只红色 LED，共分成 3 组，排列组成一个心形的图案，并由三极管振荡电路驱动。通过焊接、安装和调试，使红色的心形图案不断地按顺时针方向旋转闪亮。

单元四　电子电路装调 与维修	学习情境三	心形闪光灯电路的制作与调试	
姓名	班级	日期	

任务分组

学生任务分配表如表 4-3-1 所示。

表 4-3-1　学生任务分配表

班级		组号		工位号	
组长		学号		指导老师	
组员					

任务分工:

知识储备

引导问题 1: 了解电路——心形闪光灯电路的结构及工作原理(见图 4-3-1)。

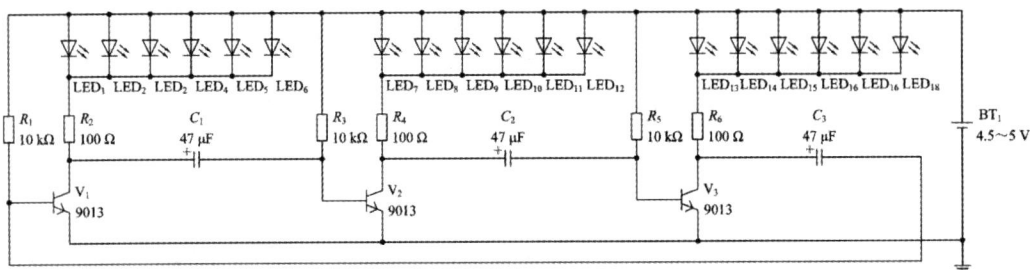

图 4-3-1　心形闪光灯的电路原理图

(1) 根据原理图结构回答下列问题:

心形闪光灯电路主要由＿＿＿＿个发光二极管,＿＿＿＿个三极管,＿＿＿＿个偏置电阻,以及＿＿＿＿个电容组成。

单元四　电子电路装调 与维修	学习情境三	心形闪光灯电路的制作与调试	
姓名	班级	日期	

(2) 描述心形闪光灯电路的工作原理。

_____

_____

_____

_____

引导问题 2：认识元件——三极管。

三极管内部结构及电路符号如图 4-3-2 所示。

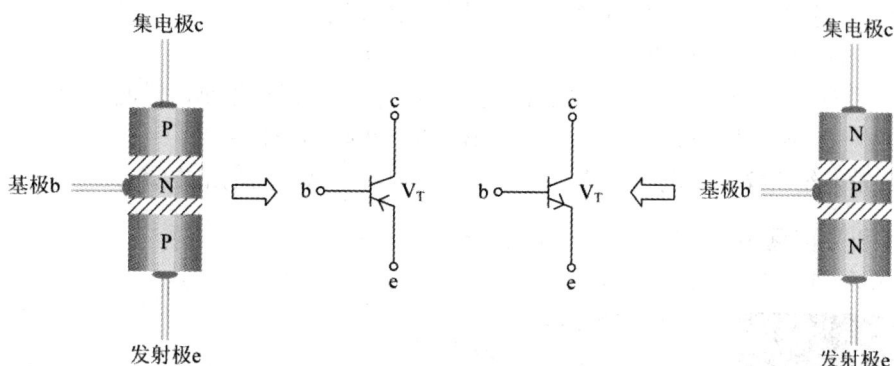

图 4-3-2　三极管

(1) 根据三极管基本知识，填写表 4-3-2。

表 4-3-2　三端固定输出稳压器电路各部分元器件名称

三极管分类	按极性分	按材料分	按频率分	按功率分

(2) 根据三极管命名方法，填写表 4-3-3。

表 4-3-3　三端固定输出稳压器电路各部分元器件名称

序号	三极管型号	三极管类型
1	3AX52B	
2	3DG130C	
3	3AD6A	

单元四　电子电路装调与维修	学习情境三	心形闪光灯电路的制作与调试	
姓名	班级	日期	

(3) 根据三极管基本特性及检测方法，完成下面练习。

① 根据三极管的内部结构，它有_____个极，分别是_____、_____、_____，_____有_____个结，分别是_____结和_____结。

② 三极管有_____种工作状态，分别是_____、_____和_____。

③ 三极管工作在放大状态时，其_____结必反偏，_____结必正偏。

④ 三极管是一个_____(选填电压或电流)控制器件，其集电极电流与基极电流的关系是_____。

⑤ 用万用表 $R \times 1\,\text{k}\Omega$ 挡测量一只正常的三极管。用红表笔接触一只管脚，黑表笔接触另两只管脚时，测得的电阻都很大，则该三极管是(　　)。

A. PNP 型　　　　　B. NPN 型　　　　　C. 无法确定

⑥ 用万用表的电阻挡测得三极管任意两管脚间的电阻均很小，说明该管(　　)。

A. 两个 PN 结均击穿　　　　　B. 两个 PN 结均开路

C. 发射结击穿，集电结正常　　　　　D. 发射结正常，集电结击穿

引导问题 3： 认识元件——发光二极管。

二极管外形如图 4-3-3 所示。

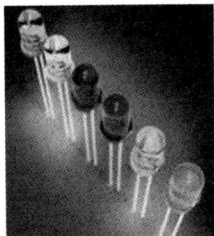

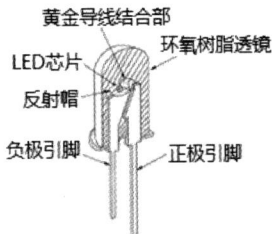

图 4-3-3　二极管

(1) 绘制半导体二极管的图形符号并写出文字符号。

图形符号：	文字符号：

单元四　电子电路装调 与维修	学习情境三	心形闪光灯电路的制作与调试	
姓名　　　　　　班级		日期	

(2) 发光二极管正常工作时，两端必须加_____电压。

① 如何从外形上判别发光二极管的极性？

_____

_____

_____

_____

② 如何利用万用表识别发光二极管的极性？

_____

_____

_____

_____

特别提示

使用发光二极管的注意事项如下：

(1) 在发光二极管的驱动电路中加限流电阻，电阻大小根据外加电压来确定，保证其外加电压($1.5\sim2.5$ V)和通过的电流(10 mA 左右)不超过额定值。

(2) 在发光二极管两端反向并联一只整流二极管(见图 4-3-4)加以保护，且在高温环境下使用时还应降低外加电压使用。

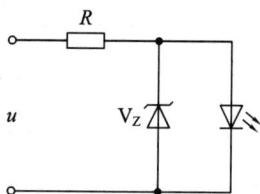

图 4-3-4　并联整流二极管保护发光二极管

(3) 焊接发光二极管时，应尽量使印刷板的安插孔与管脚间距相等，避免环氧树脂被撕裂，如果管脚间距小于安插孔距需要折弯时，应在焊前先成形。成形时用尖嘴钳夹住管脚根部并保持不动，然后折弯管脚下部使其成为所需形状；焊接时间要尽量短，控制在 4 s 以内为宜，且用镊子或尖嘴钳夹住管脚根部加以散热，焊好待冷却后再移开散热工具，用 25 W 以下电烙铁焊接为好。

单元四　电子电路装调 与维修	学习情境三	心形闪光灯电路的制作与调试	
姓名	班级	日期	

工作计划

(1) 制订工作方案，并完成表 4-3-4。

表 4-3-4　工　作　方　案

步骤	工　作　内　容	负责人
1		
2		
3		
4		
5		
6		
7		
8		

(2) 列出本任务所需仪表、工具及耗材清单，并完成表 4-3-5 和表 4-3-6。

表 4-3-5　仪表及工具清单

序号	名　称	型号与规格	单位	数量	备注

单元四　电子电路装调与维修	学习情境三	心形闪光灯电路的制作与调试	
姓名	班级	日期	

表 4-3-6　耗 材 清 单

标号	名　　称	规　　格	数量	备注

特别提示

PCB 元器件的焊接要求如下：

(1) 对于直插式元器件(见图 4-3-5)：必须将焊盘和被焊器件的焊接端同时加热，焊盘和被焊器件的焊接端要同时大面积受热，注意烙铁头和焊锡投入及取出角度。

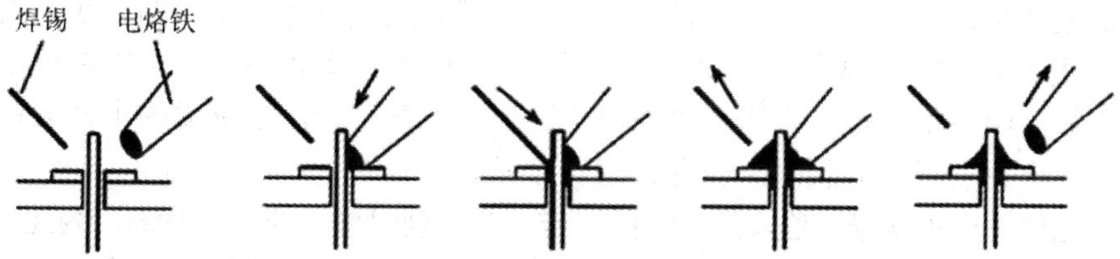

(a) 准备施焊　　　(b) 加热焊件　　　(c) 填充焊料　　　(d) 移开焊丝　　　(e) 移开烙铁

图 4-3-5　直插式元器件焊接

(2) 对于贴片式元器件(见图 4-3-6)：应该在焊盘上焊锡。贴片类元器件不能受热，所以烙铁不能直接接触，而应在焊盘上加热，避免器件发生破损、裂纹。

单元四　电子电路装调 与维修	学习情境三	心形闪光灯电路的制作与调试	
姓名	班级	日期	

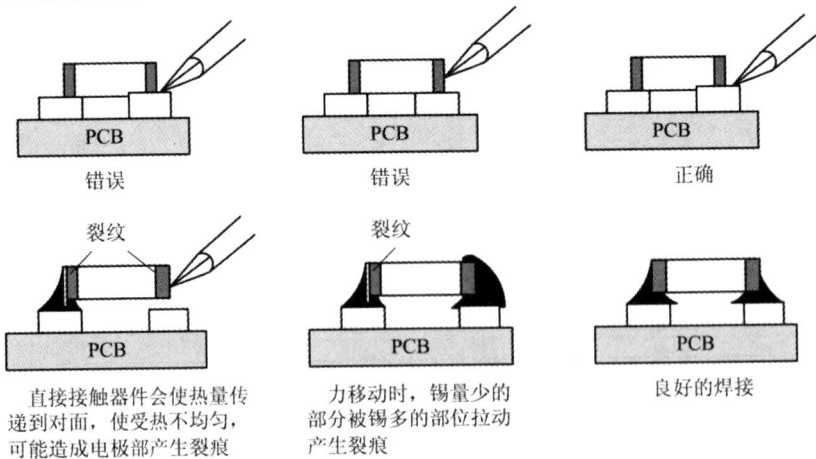

图 4-3-6　贴片式元器件焊接

进行决策

(1) 各组派代表展示设计方案。

(2) 各组对其他组的设计方案提出自己的建议。

(3) 老师对各组的设计方案进行点评，选出最佳方案。

思政课堂

张黎明，参加工作 30 多年来，他始终奋战在电力抢修一线，从一名普通工人成长为优秀的创新型人才，是天津电力行业唯一获得国务院政府特殊津贴的一线工人。他曾荣获"时代楷模""改革先锋"、全国劳动模范、全国优秀共产党员、全国岗位学雷锋标兵、第七届全国道德模范、天津市"海河工匠"等荣誉称号，当选党的十九大代表，多次受到习近平总书记等党和国家领导人亲切接见。

电力抢修是一项紧张、危险而艰苦的工作，要时刻保持"战备"状态。为此，张黎明30 多年来几乎没有过真正意义上的节假日，报修单就是命令，随时需要出动。他最大的心愿就是"老百姓想用电时就有电"，这就需要练就能够快速发现并迅速排除故障的真本领。为提高工作效率，张黎明不断思考如何在不断电的情况下完成更换作业。终于在经过多次实验后，将原来固定式刀闸片改造成可摘取式，不用所有线路都断电，工作人员也不用登高作业，只用绝缘杆站在地面就能操作，将抢修时间从 45 min 缩短至 8 min。仅这一项发明，每年减少的经济损失就超过 300 万元。

思政要点：

要始终发扬新时代工人爱岗敬业、勇于探索、矢志创新、无私奉献的精神风貌和高尚情操。

单元四　电子电路装调与维修	学习情境三	心形闪光灯电路的制作与调试	
姓名　　　　　　班级		日期	

![工作实施图标] **工作实施**

1. 元器件的识别及检测

(1) 电阻器的识别及检测，将检测过程及结果填写到表 4-3-7 中。

表 4-3-7　二极管检测过程及结果

标号	色环	标称值	万用表挡位	测量值
R_1				
R_2				
R_3				
R_4				
R_5				
R_6				

(2) 发光二极管的识别及检测，将检测过程及结果填写到表 4-3-8 中。

表 4-3-8　发光二极管检测过程及结果

标号	万用表挡位	正向电阻	反向电阻	质量判定
$LED_1 \sim LED_{18}$				

(3) 电容器的识别及检测，将检测过程及结果填写到表 4-3-9 中。

表 4-3-9　电容器检测过程及结果

标号	标称值	介质	质量判定
C_1			
C_2			
C_3			

(4) 三极管的识别及检测，将检测过程及结果填写到表 4-3-10 中。

表 4-3-10　三极管检测过程及结果

标号	型号	介质	质量判定	引脚外形图
V_1				
V_2				
V_3				

2. 电路的焊接及装配

(1) 按类别摆放元件，示意图如图 4-3-7 所示。

单元四　电子电路装调 与维修	学习情境三	心形闪光灯电路的制作与调试	
姓名	班级	日期	

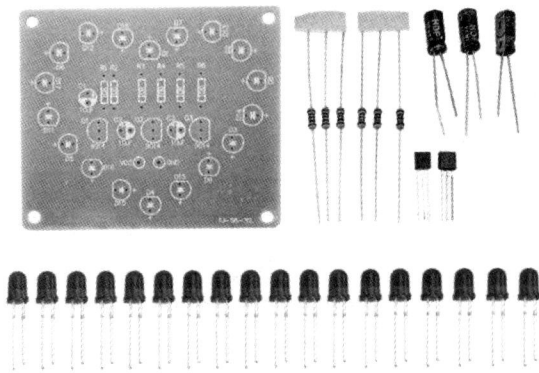

图 4-3-7　元器件摆放示意图

(2) 元器件的插装及焊接，示意图如图 4-3-8 所示。

图 4-3-8　元器件插装及焊接示意图

3. 电路的调试

(1) 未通电前检查。

① 检查电路板中各焊点是否有虚焊、漏焊等不正确情况。

② 检查各电阻位置是否安装正确。

③ 检查发光二极管及电解电容器极性是否安装正确。

④ 检查操作台是否有多余引脚等杂物，保证操作台干净整洁。

(2) 接通电源 DC 3 V，测量并完成表 4-3-11。

表 4-3-11　电路测量结果

条件	集电极电位	基极电位
V_1 导通时		
V_1 截止时		

单元四　电子电路装调与维修	学习情境三	心形闪光灯电路的制作与调试	
姓名	班级	日期	

评价反馈

各组派代表展示作品，介绍任务完成过程，并完成评价表4-3-12～表4-3-14。

表4-3-12　学生自评表

序号	评价项目	完成情况记录	自评结论：
1	是否按时间计划完成任务		
2	引导问题中理论知识是否填写完整		
3	工作台是否整理干净		
4	耗材使用过程中有无浪费现象		
5	施工过程中的安全情况		

表4-3-13　学生互评表

序号	评价项目	组内互评	组间互评	互评结论：
1	是否按时间计划完成任务			
2	施工质量			
3	引导问题中理论知识是否填写完整			
4	工作台是否整理干净			
5	耗材使用过程中有无浪费现象			
6	施工过程中的安全情况			

表4-3-14　教师评价表

序号	评价项目	教师评价	教师评价结论：
1	学习准备情况		
2	引导问题中理论知识填写情况		
3	操作规范		
4	施工质量		
5	关键技能		
6	施工时间		
7	8S管理落实情况		
8	沟通协作		
9	汇报展示		

综合评价结果：

单元四　电子电路装调 与维修	学习情境三	心形闪光灯电路的制作与调试	
姓名	班级	日期	

一、三极管

1. 三极管的基本结构及类型

通过一定的制作工艺使三层半导体形成两个 PN 结，自三层半导体各引出一个电极，然后用管壳封装，就构成了组成各种电子电路的核心半导体器件——三极管。图 4-3-9 所示为三极管的外形。

图 4-3-9　三极管的外形

三个电极分别为发射极 e、基极 b、集电极 c。电极对应的每层半导体分别称为发射区、基区、集电区。发射区与基区交界处的 PN 结称为发射结，集电区与基区交界处的 PN 结称为集电结。

三极管根据结构的不同可分为 NPN 型和 PNP 型两种。

如图 4-3-10 所示，NPN 型三极管由两块 N 型材料和一块 P 型材料组成，PNP 型三极管由两块 P 型材料和一块 N 型材料组成。三极管符号中的箭头表示发射结加正向电压时的内部电流方向。

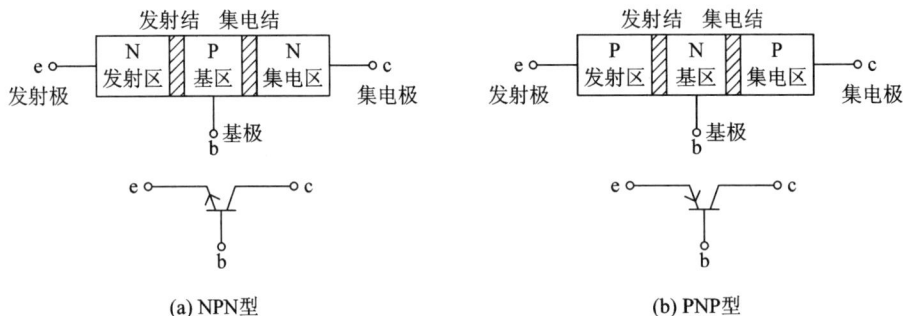

(a) NPN型　　　　　　　(b) PNP型

图 4-3-10　三极管的类型及符号

三极管的结构特点如下：

(1) 发射区的掺杂浓度远远大于集电区掺杂浓度。

(2) 基区很薄且载流子浓度很低。

单元四　电子电路装调 与维修	学习情境三	心形闪光灯电路的制作与调试	
姓名	班级	日期	

　　三极管除了按照结构分类外，还可按制造材料的不同分为硅管与锗管(两种管子的特性大致相同，硅管受温度影响较小，工作稳定)，按照功率大小的不同可分为小功率管、中功率管和大功率管，按照工作频率高低的不同分为高频管和低频管，按照用途的不同可分为放大管和开关管。

　　三极管要实现放大作用的外部条件是发射结正偏，集电结反偏。对于 NPN 型管，三个电极间的电位关系为 $U_C > U_B > U_E$；而 PNP 型管，极性正好相反，即 $U_E > U_B > U_C$。NPN 型三极管内部载流子运动规律如图 4-3-11 所示，要有以下几个过程：

　　(1) 发射区向基区扩散载流子。由于发射结处于正偏，发射区的多子(自由电子)不断扩散到基区，形成发射结扩散电流；基区中的多子空穴也要扩散到发射区，形成空穴电流，其值很小。扩散出去的电子又不断从电源处补充，形成发射极电流 I_E。

　　(2) 载流子在基区扩散和复合。由于基区很薄，其多数载流子(空穴)浓度很低，因此从发射极扩散过来的电子只有很少部分可以和基区的空穴复合，形成较小的基极复合电流，而剩下的绝大部分电子都能扩散到集电结边缘。基区被复合掉的空穴由电源 U_{BB} 从基区拉走电子来补充，形成基极电流 I_B。

　　(3) 集电区收集从发射区扩散过来的电子。由于集电结反偏，强大的内电场可将从发射区扩散到基区并到达集电区边缘的电子拉入集电区，从而形成集电极电流中受发射结控制的电流。

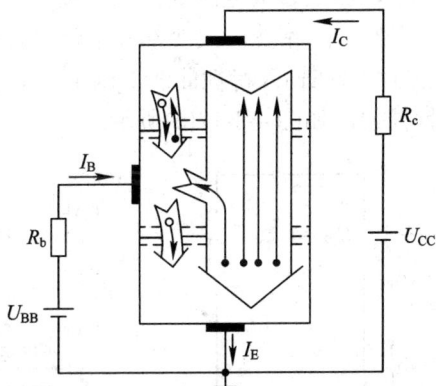

图 4-3-11　三极管内部载流子运动及外部电流分配

　　基区自身的少子和集电区的少子也会在反偏电压作用下产生漂移运动，形成集电结反向饱和电流。它的大小取决于基区和集电区少子的浓度，受温度影响较大，数值很小。集电极电流中受发射结控制的电流和集电结反向饱和电流一起构成集电极电流 I_C。三极管的三个电流满足 $I_E = I_C + I_B$。对于 PNP 型管，三个电极产生的电流方向正好和 NPN 型管相反。其内部载流子的运动情况与之类似。将集电极电流的变化量 ΔI_C 与基极电流的变化量 ΔI_B 之比称为三极管的共发射极交流电流放大系数 β，即

单元四　电子电路装调 与维修	学习情境三	心形闪光灯电路的制作与调试	
姓名	班级	日期	

$$\beta = \frac{\Delta I_C}{\Delta I_B}$$

一般 β 值较大，当基极电流 I_B 有微小变化时，就能引起集电极电流 I_C 产生较大的变化，这就是三极管放大作用的实质——通过改变电流 I_B 的大小，达到控制 I_C 的目的。因此，三极管是一种电流控制电流型器件。

2. 三极管的特性曲线

用来描述三极管各电极电流与电压之间关系的曲线称为三极管的特性曲线(伏安特性曲线)。三极管的特性曲线实际上是三极管内部特性的外部表现，是分析和设计电子电路的重要依据之一。

下面以 NPN 型三极管为例，分析三极管共射极(发射极是输入回路和输出回路的公共端)电路的输入和输出特性曲线。

1) 输入特性曲线

产生基极电流 I_B 的回路称为三极管的输入电路，如图 4-3-12(a)的虚线所示。输入电路的电压与电流关系曲线称为三极管的输入特性，函数表达式为

$$I_B = f(U_{BE})$$
$$U_{BE} = 常数$$

在基极电路中串联电流表，测量基极电流 I_B；在基极、发射极间并联电压表；测量基极、发射极间电压 U_{BE}。保持 U_{CE} 不变，改变基极电阻 R_b(即改变基极电流 I_B)，可以测得与之对应的 U_{BE} 值，它们可以在输入特性曲线上确定一个点。获得一系列这样的点，绘成曲线，即得到输入特性曲线，如图 4-3-12(b)所示。

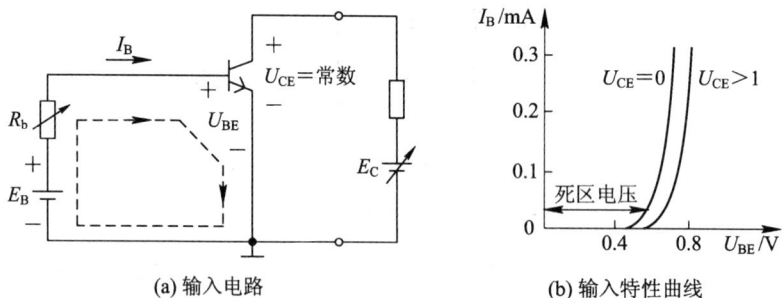

(a) 输入电路　　　　　　(b) 输入特性曲线

图 4-3-12　三极管的输入电路与输入特性曲线

三极管输入特性曲线与二极管伏安特性曲线一样，也有死区电压(硅管约为 0.5 V，锗管约为 0.1 V)。只有 U_{BE} 大于死区电压时，三极管才会出现 I_B。当硅管的 U_{BE} 接近 0.7 V，锗管接近 0.3 V 时，电压稍有增高，电流就会增大很多。为避免 U_{BE} 过大导致 I_B 剧增而损坏三极管，常在输入回路串接限流电阻 R_b。

单元四　电子电路装调 与维修	学习情境三	心形闪光灯电路的制作与调试	
姓名	班级	日期	

2) 输出特性曲线

产生集电极电流 I_C 的电路称为三极管的输出电路，如图 4-3-13(a)的虚线所示。当三极管基极电流 I_B 为常数时，输出电路中集电极电流 I_C 同集电极与发射极之间电压 U_{CE} 的关系曲线称为三极管的输出特性曲线，函数表达式为

$$I_C = f(U_{CE})$$
$$U_B = 常数$$

调整 R_b 的值，使 I_B 保持某一确定值不变。此时改变 E_C 的值，可以获得一系列与 U_{CE} 对应的 I_C 的值，它们可以确定一系列点，将其绘成线，即得一条输出特性曲线。再调节 R_b，重复上述过程，可以获得由一系列曲线构成的曲线族，如图 4-3-13(b)所示。

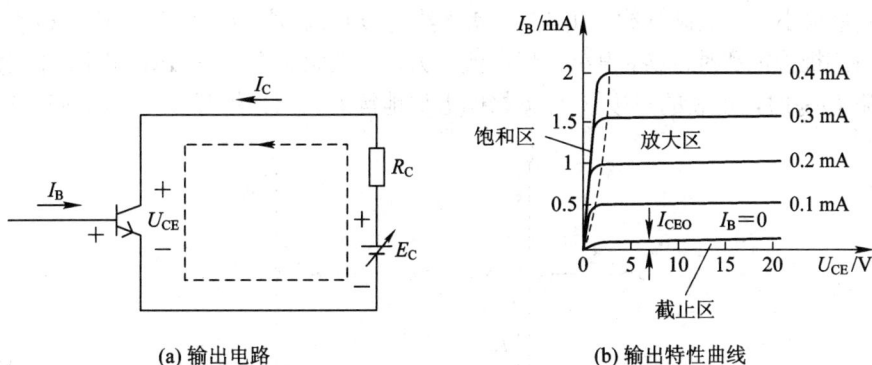

(a) 输出电路　　　　　　　　　　　(b) 输出特性曲线

图 4-3-13　三极管的输出电路与输出特性曲线

三极管输出特性曲线的起始部分很陡，超过某一数值后变得平坦。由三极管的输出特性曲线族可见，三极管有三个不同的工作区，即放大区、截止区和饱和区。也就是说，三极管具有放大、截止和饱和三种不同的工作状态，下面分别介绍。

(1) 放大区。在输出特性曲线上，特性曲线比较平坦的区域称为放大区。三极管工作在放大区的条件是发射结为正向偏置，集电结为反向偏置。对于 NPN 型三极管而言，硅管 $U_{BE} > 0.6\,V$，锗管 $U_{BE} > 0.2\,V$，且 $U_{CE} > 1\,V$ 时，三极管工作于放大区。

在放大区内，当基极电流 I_B 一定时，集电极电流 I_C 基本不随 U_{CE} 变化。并且，I_C 的变化只受基极电流的控制，I_B 的微小变化将引起 I_C 较大的变化。

(2) 截止区。三极管工作在截止状态的条件是发射结与集电结均为反向偏置。该区的主要特点是 $I_B = 0$ 时，$I_C = I_{CEO}$(穿透电流)。对 NPN 型硅管而言，当 U_{BE} 小于死区电压时即已开始截止，但是为了截止可靠，常使 $U_{BE} < 0$。处在截止状态的三极管 c、e 极之间呈现高阻状态。若 I_{CEO} 忽略不计，三极管如同工作在断开状态，三极管 c、e 极间近似地等效为断开的开关，如图 4-3-14 所示，其集电极电流几乎为 0，没有放大作用。

单元四　电子电路装调 与维修	学习情境三	心形闪光灯电路的制作与调试	
姓名	班级	日期	

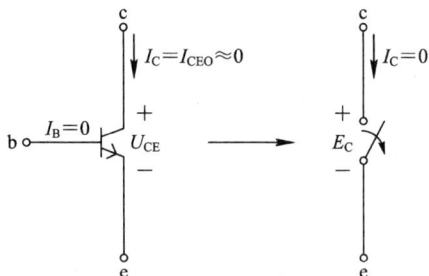

图 4-3-14　截止状态的三极管等效为断开的开关

(3) 饱和区。三极管工作在饱和区的条件是发射结和集电结都为正向偏置。该区的主要特点是 I_C 不随 I_B 的增大而增大。饱和时，集电极和发射极之间的电压称为饱和压降 U_{CES}，其值很小，一般硅管约为 0.3 V，锗管约为 0.1 V。若 $U_{CE} < U_{BE}$，则三极管处于饱和状态。三极管饱和时，U_{CE} 很小，但电流很大，呈低阻状态，三极管如同工作在短路状态。忽略 U_{CES} 时，饱和的三极管 c、e 极间近似地等效为闭合的开关，如图 4-3-15 所示。

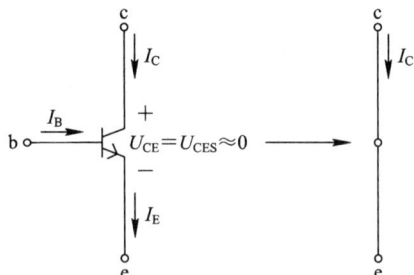

图 4-3-15　饱和状态的三极管等效为闭合的开关

综上所述，三极管不仅具有放大作用，而且具有开关作用。要使三极管起放大作用，必须使其工作在放大区，三极管截止相当于开关断开，三极管饱和相当于开关接通。

3. 三极管的电子开关作用的实例

三极管组成的开关电路如图 4-3-16 所示，其控制信号一般为正脉冲波。

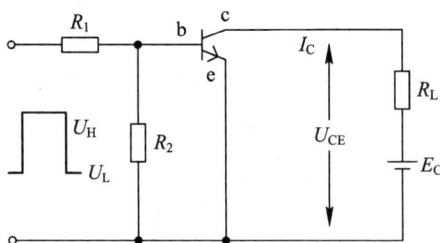

图 4-3-16　三极管开关电路的组成

当脉冲出现时，输入端处于高电平 U_H，使基极有很大的注入电流，它引起很大的集电极电流，电源电压 E_C 大部分都降在负载电阻 R_L 上，三极管集电极和发射极间的电压

单元四　电子电路装调与维修	学习情境三	心形闪光灯电路的制作与调试	
姓名　　　　　　　班级		日期	

降 U_{CE} 变得很小。此时，三极管的集电极和发射极之间如同接通了的开关，此状态称为导通或开态。反之，当输入端控制电压处于低电平 U_L 时，则基极没有电流注入，集电极电流很小，此时负载电阻 R_L 上的电压降很小，电源电压几乎全部降在三极管上，集电极和发射极之间如同断开了的开关，此状态称为截止。

4. 三极管的主要参数

三极管的参数是判断管子质量的标准，同时又是正确安全使用的依据。参数一般可分为性能参数和极限参数两大类。由于制造工艺的离散性，同一型号的管子，其参数也会有差异，这一点在使用时要特别注意。

1) 电流放大系数

三极管的电流放大系数分为动态电流放大系数和静态电流放大系。当输入信号为零时，集电极电流与基极电流的比值称为静态电流放大系数，即

$$\bar{\beta} = \frac{I_C}{I_B}$$

当输入信号不为零时，在保持 U_{CE} 不变的情况下，集电极电流的变化量与基极电流的变化量的比值称为动态电流放大系数。

2) 极间反向饱和电流

(1) 集电极-基极反向饱和电流。I_{CBO} 是指发射极开路，集电极加反向电压时测得的集电极电流。该值受温度的影响很大。I_{CBO} 越小，意味着管子的温度稳定性越高。硅管的 I_{CBO} 小于锗管的 I_{CBO}。

(2) 集电极-发射极反向电流。I_{CEO} 是指基极开路时，集电极与发射极之间的反向电流，即穿透电流。穿透电流的大小受温度的影响较大。

I_{CBO} 和 I_{CEO} 都是表征三极管热稳定性的参数，这两个参数值越小，则三极管工作越稳定，质量越好。

5. 三极管的极限参数

1) 集电极最大允许电流

当 I_C 过大时，β 值将减小。当 β 值减小到正常值的 2/3 时，集电极电流即称为集电极最大允许电流 I_{CM}。当集电极电流超过 I_{CM} 时，三极管性能将显著下降，不能正常工作。

2) 集电极-发射极间反向击穿电压

基极开路时，加在集电极与发射极之间的最大允许电压称为集电极-发射极反向击穿电压。使用三极管时，U_{CE} 不允许大于 $U_{CE(BR)}$，否则将可能使集电结反向击穿而损坏三极管。

3) 集电极最大允许管耗

集电结上消耗的功率称耗散功率，用 P_C 表示。P_C 将使集电结发热，结温升高。当

单元四　电子电路装调与维修	学习情境三	心形闪光灯电路的制作与调试	
姓名	班级	日期	

结温超过允许值时，三极管性能下降，甚至烧坏，所以 P_C 有一个最大值 P_{CM}，即集电极最大允许管耗。P_{CM} 与允许的最高结温、环境温度和三极管的散热方式有关。为了增大 P_{CM}，可给三极管加设散热装置。根据公式 $P_C = I_C U_{CE}$，可以在三极管的输出特性曲线上画出 P_{CM} 曲线，称为管耗线，如图 4-3-17 所示。I_{CM}、$U_{CE(BR)}$、P_{CM} 共同确定三极管的安全工作区。

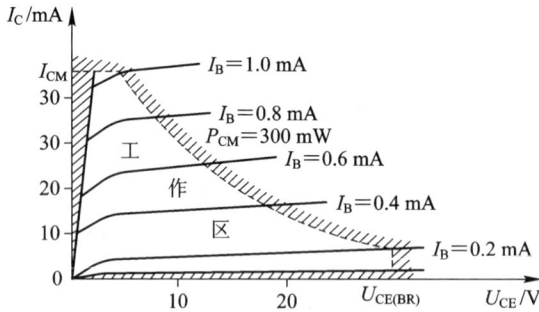

图 4-3-17　三极管的安全工作区

6. 三极管的型号

国产三极管的型号一般由五部分组成，如图 4-3-18 所示。

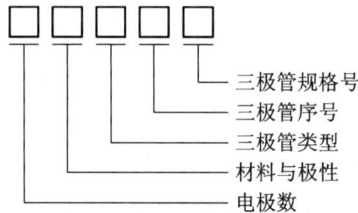

三极管规格号
三极管序号
三极管类型
材料与极性
电极数

图 4-3-18　国产三极管的型号组成

具体的型号组成部分的符号及意义如图 4-3-19 所示。例如，根据表中含义可知：

3AX 为 PNP 型低频小功率管，3BX 为 NPN 型低频小功率管。

3CG 为 PNP 型高频小功率管，3DG 为 NPN 型高频小功率管。

3AD 为 PNP 型低频大功率管，3DD 为 NPN 型低频大功率管。

3CA 为 PNP 型高频大功率管，3DA 为 NPN 型高频大功率管。

此外，9011～9018 系列高频小功率管，除 9012 和 9015 为 PNP 管外，其余均为 NPN 型管。

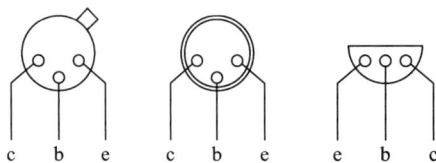

图 4-3-19　三极管典型外形及管极排列方式

单元四　电子电路装调 与维修	学习情境三	心形闪光灯电路的制作与调试	
姓名	班级	日期	

二、共射极放大电路

1. 共射极放大电路的基本特征

(1) 一个微弱的电信号通过放大电路后，输出电压或电流的幅度得到放大，它随时间变化的规律不变。

(2) 输出信号的能量得到加强，这个能量由直流电源提供，经过三极管的控制，使之转换成信号能量，提供给负载。

2. 共射极放大电路的基本组成

1) 半导体三极管 V_T

如图 4-3-20(a)所示，三极管是放大电路的核心器件，用来实现放大。

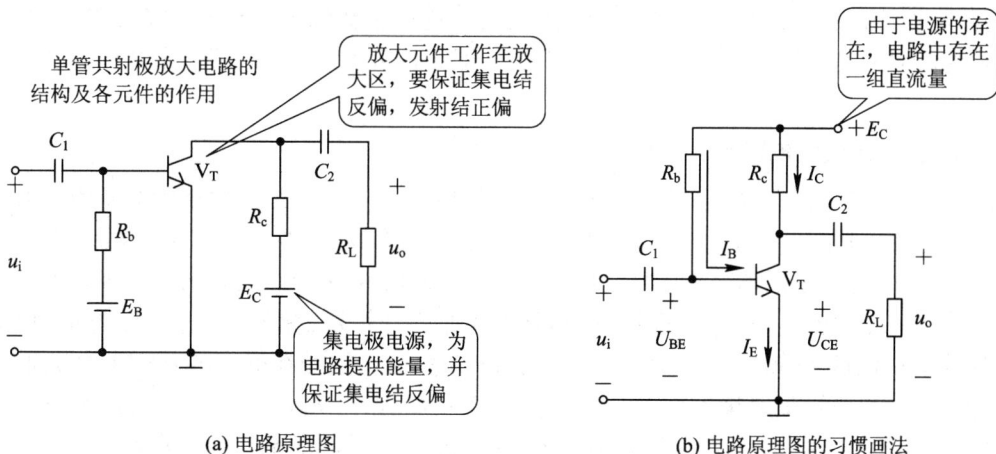

(a) 电路原理图 (b) 电路原理图的习惯画法

图 4-3-20　共射极基本放大电路简图

2) 电容 C_1 和 C_2

它们为隔直电容或耦合电容(其数值为几微法到几十微法)，在电路中的作用是使输入信号和输出信号中的交流成分基本无衰减地通过，而直流成分则被隔离。

3) 集电极直流电源、集电极电阻和基极电阻

E_C 是集电极直流电源(其数值为几伏到几十伏)，作用是使集电结反向偏置，并为输出信号提供能量；R_c 是集电极电阻(其数值为几千欧至几十千欧)，作用是将 V_T 的集电极电流的变化转变为集电极电压 u_o 的变化；R_b 为基极电阻(其数值为几十千欧至几百千欧)，与基极直流电源 E_B 共同作用，向发射结提供正向偏置，并为基极提供一个合适的基极电流(常称为偏流)。

为便于学习和记忆，将放大电路各基本组成部分的作用简单归纳如下：三极管起放

单元四　电子电路装调 与维修	学习情境三	心形闪光灯电路的制作与调试	
姓名	班级	日期	

大作用；集电极电阻 R_c 将变化的集电极电流转换为电压输出；偏置电路 E_B 和 R_b 使三极管工作在放大区；耦合电容 C_1 和 C_2 将输入的交变信号加到发射结，并将交变的信号进行输出。

为了简化电路，实际使用中常常省去电路原理图中的基极电源 E_B，将基极电阻 R_b 改接至集电极电源 E_C 的正极端，如图 4-3-20(b)所示。

3. 静态工作点

在没有加入输入信号 u_i 时，放大电路中都是直流量，这种工作状态称为静态或直流工作状态。此时放大电路中的直流电压、直流电流均是一确定的量，在三极管的特性曲线上即对应一个确定的点，习惯上称该点为静态工作点 Q。静态工作点对应的直流量用下标 Q 表示。

如在共射极放大电路中，I_{BQ}、U_{BEQ}、I_{CQ}、U_{CEQ}。放大电路的主要目的是将微弱的信号不失真地进行放大，因此三极管在放大的过程中要保证三极管始终工作于放大区。这就对静态工作点的位置有一定的要求，即必须给放大电路设置一个合适的静态工作点。

4. 共射极放大电路的工作原理

在共射极放大电路的输入端加入微弱的交流信号后，三极管上的各极电流、电压大小都是在直流的基础上叠加了一个交流量，如图 4-3-21 所示。发射结两端电压 $U_{be} = U_{BEQ} + u_{be} = U_{BE} + u_i$。由于所加交流信号变化微弱，在输入信号 u_i 整个周期内，三极管都工作于放大区，i_B 随着 u_{BE} 变化，在静态的基础上叠加了一个交流量 i_b，即 $i_B = i_{BQ} + i_b$。由于三极管的电流放大作用，$i_C = \beta i_B = \beta I_{BQ} + \beta I_b \approx I_{CQ} + i_c$，也是在静态的基础上叠加了交流分量 i_c。三极管集射极电压 $u_{CE} = U_{CC} - i_C R_c = U_{CEQ} - i_c R_c$，同样也是在直流的基础上叠加一个交流量。$u_{CE}$ 中的 U_{CEQ} 在经过耦合电容 C_2 后，直流分量被滤除，交流分量 $-i_c R_c$ 经 C_2 传送到输出端，即 u_o。显示 u_o 与 i_c 相位相反，i_c 与 i_b、u_i 相位相同，即 u_o 与 u_i 相位相反，共射极放大电路具有反相作用。只要电路中的参数选择合适，u_o 的幅值可以比 u_i 的幅值大得多，实现放大的目的。电路放大原理及相应电流电压波形如图 4-3-21 所示。

从上述对放大电路工作原理的分析可知：静态是基础，是放大电路能够放大的前提；动态是可以实现不失真地放大交流信号。但注意不论是静态还是动态，三极管都要工作在放大区。因此，要设置合适的静态工作点，且在输入回路上加一微弱变化的信号，利用三极管的电流放大作用，将直流电源提供的能量按输入信号变化规律转换提供给负载。因此，再次说明三极管放大作用的实质是放大器件的控制作用，三极管是一种能量转换控制元件。共射极放大电路既具有很大的电流放大倍数，又具有很大的电压放大倍数，功率增益也是 3 种接法中最大的。因此，它是 3 种电路中应用最广泛的一种基本电路。

单元四　电子电路装调 与维修	学习情境三	心形闪光灯电路的制作与调试	
姓名　　　　　　　班级　　　　　　　　日期			

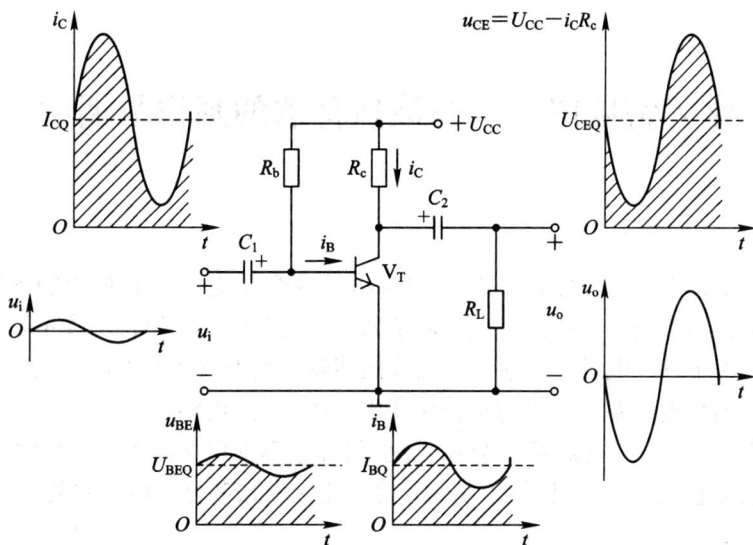

图 4-3-21　共射极放大电路的放大工作原理

三、心形闪光灯电路工作原理

　　本电路 18 只 LED 被分成 3 组，每当电源接通时，3 只三极管会争先导通，但由于元器件存在差异，只会有 1 只三极管最先导通，这里假设 V_1 最先导通，则 LED_1 这一组点亮，由于 V_1 导通，其集电极电压下降使得电容 C_2 左端下降，接近 0 V，由于电容两端的电压不能突变，因此 V_2 的基极也被拉到近似 0 V，V_2 截止，故接在其集电极的 LED_2 这一组熄灭。此时 V_2 的高电压通过电容 C_3 使 V_3 集电极电压升高，V_3 也将迅速导通，LED_3 这一组点亮。因此在这段时间里，V_1、V_3 的集电极均为低电平，LED_1 和 LED_3 这两组被点亮，LED_2 这一组熄灭，但随着电源通过电阻 R_2 对 C_2 的充电，V_2 的基极电压逐渐升高，当超过 0.7 V 时，V_2 由截止状态变为导通状态，集电极电压下降，LED_2 这一组点亮。与此同时，V_2 的集电极下降的电压通过电容 C_3 使 V_3 的基极电压也降低，V_3 由导通变为截止，其集电极电压升高，LED_3 这一组熄灭。接下来，电路按照上面叙述的过程循环，3 组 18 只 LED 便会被轮流点亮，同一时刻有 2 组共 12 只 LED 被点亮。这些 LED 被交叉排列呈一个心形图案，不断的循环闪烁发光，达到动感显示的效果。

单元四　电子电路装调 与维修	学习情境四	正弦波振荡器的制作与调试	
姓名	班级	日期	

学习情境四　正弦波振荡器的制作与调试

学习情境描述

(1) 教学情境描述：在无线发射机中的载波信号源、超外接收机中的本地振荡信号源、电子测量仪器中的正弦波信号源、数字系统中的时钟信号等，均离不开正弦波振荡器。其广泛应用于各种电子设备中。正弦波振荡器是指不需要输入信号控制就能自动地将直流电转换为特定频率和振幅的正弦交变电压(电流)的电路。

(2) 关键知识点：自激振荡的特性；正弦波振荡器的电路结构及工作原理。

(3) 关键技能点：电路元件的识别及检测、正弦波振荡器电路的安装、调试和维修。

学习目标

(1) 掌握 RC 振荡电路结构和工作原理。

(2) 学会正确选择和检测元器件。

(3) 掌握电路的焊接、安装和调试方法。

任务书

一个放大电路，在输入端加上输入信号的情况下，输出端才有输出信号。如果输入端无外加输入信号，输出端仍有一定频率和幅度的信号输出，这种现象称为放大电路的自激振荡。以图 4-4-1 正弦波振荡电路为例，合理选用元器件，完成电路的制作和调试。

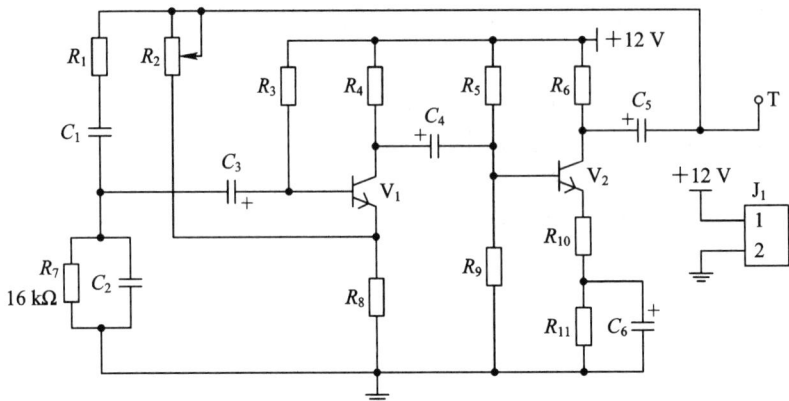

图 4-4-1　正弦波振荡电路原理图

单元四　电子电路装调 与维修	学习情境四	正弦波振荡器的制作与调试	
姓名	班级	日期	

任务分组

学生任务分配表如表 4-4-1 所示。

表 4-4-1　学生任务分配表

班级		组号		工位号	
组长		学号		指导老师	
组员					
任务分工:					

知识储备

引导问题 1: 了解电路——正弦波振荡电路的结构及工作原理。

正弦波振荡电路如图 4-4-1 所示。

(1) 根据图 4-4-1 所示电路结构,完成下列练习。

本电路由两个 RC 构成 RC_____网络,V_1 和 V_2 为核心构成_____级放大_____耦合电路。R_2 构成级间交流负反馈,能稳定整个电路的工作,同时改善放大电路的性能,也可以通过调节_____的大小来调节整个电路的放大倍数。

(2) 根据电路结构,画出串并联选频网络。

RC 桥式振荡器

单元四　电子电路装调 与维修	学习情境四	正弦波振荡器的制作与调试	
姓名	班级	日期	

? **引导问题 2**：了解可调电阻(见图 4-4-2)。

(a) 外形　　　　　　　(b) 电路符号

图 4-4-2　可调电阻

(1) 绘制可调电阻的图形符号并写出文字符号及电阻值。

图形符号：	文字符号：	电阻值：

(2) 如何检测可调电阻质量？

_____

_____

_____

特别提示

调节可调电阻阻值的注意事项如下：

(1) 使用前应先对可调电阻的质量进行检查。可调电阻的轴柄应转动灵活、松紧适当，无机械杂声。用万用表检查标称电阻值，应符合要求。

(2) 由于可调电阻的一些零件是用聚碳酸酯等合成树脂制成的，所以不要在含有氨、胺、碱溶液和芳香族碳氢化合物、酮类、卤化碳氢化合物等化学物品浓度大的环境中使用，以延长可调电阻的使用寿命。

(3) 可调电阻不要超负载使用，要在额定值内使用。当可调电阻作变阻器调节电流使用时，允许功耗应和动触点接触电刷的行程成比例地减少，以保证流过的电流不超过可调电阻允许的额定值，防止可调电阻由于局部过载而失效。

(4) 电流流过高阻值可调电阻时产生的电压降，不得超过可调电阻所允许的最大工作电压。

单元四 电子电路装调 与维修	学习情境四	正弦波振荡器的制作与调试	
姓名	班级	日期	

工作计划

(1) 制订工作方案，并完成表 4-4-2。

表 4-4-2 工 作 方 案

步骤	工 作 内 容	负责人
1		
2		
3		
4		
5		
6		
7		
8		

(2) 列出本任务所需仪表、工具及耗材清单，并完成表 4-4-3 和表 4-4-4。

表 4-4-3 仪表及工具清单

序号	名 称	型号与规格	单位	数量	备注

单元四　电子电路装调与维修	学习情境四	正弦波振荡器的制作与调试	
姓名	班级	日期	

表 4-4-4　耗 材 清 单

标号	名　称	规　格	数量	备注

引导问题 3：了解电子元器件的安装次序。

试写出正弦波振荡电路元器件安装次序。

_____

_____

_____

_____

_____

进行决策

(1) 各组派代表展示设计方案。

(2) 各组对其他组的设计方案提出自己的建议。

(3) 老师对各组的设计方案进行点评，选出最佳方案。

元器件的安装
方式与规范

单元四　电子电路装调与维修	学习情境四	正弦波振荡器的制作与调试	
姓名	班级	日期	

思政课堂

在汽轮机检修领域摸爬滚打、刻苦钻研，王健从一名普通检修工一步步成长为高级技师、技术专家。他以传承检修工匠精神为己任，以传递检修技术为使命，以攻克技术难题为事业，凭借着 26 年的生产实践和经验积累，多次在检修中为设备"诊治"疑难杂症，在电力检修的舞台上，他以坚韧、顽强的毅力，谱写着绚丽的乐章。2016 年，他所在的华能上海电力检修公司首次承接西门子超超临界 1000 MW 火电汽轮机组筒式高压缸检修和西门子原装蒸汽-燃气发电设备汽轮机岛大修，这两个项目一直垄断在西门子公司手中，因技术保护不给国内检修企业提供支持，国内也无借鉴案例，项目难度极大。为了完成任务，王健翻阅大量技术资料，编制合理工期和制定检修计划，在筒式高压缸检修中，攻克了高压主汽门与高压缸连接大螺纹环检修拆装等一系列难题，并主持、制定轴系调整方案，使项目比预定工期提前 3 天完成，同时也确保了机组调峰频繁启停的安全性。

思政要点：

遇到困难不要退缩，要在困难中寻找正确的方向，保持勇往直前、不怕困难的精神。

工作实施

1. 元器件的识别及检测

(1) 电阻器的识别及检测，将检测过程及结果填写到表 4-4-5 中。

表 4-4-5　电阻器检测过程及结果

标号	色环	标称值	万用表挡位	测量值	误差
R_1					
R_3					
R_4					
R_5					
R_6					
R_7					
R_8					
R_9					
R_{10}					

单元四　电子电路装调 与维修	学习情境四	正弦波振荡器的制作与调试	
姓名	班级	日期	

(2) 可调电阻的识别及检测，将检测过程及结果填写到表 4-4-6 中。

表 4-4-6　可调电阻检测过程及结果

标号	万用表挡位	最大阻值	最小阻值	质量判定
R_2				

(3) 电容器的识别及检测，将检测过程及结果填写到表 4-4-7 中。

表 4-4-7　电容器检测过程及结果

标号	标称值	介质	质量判定
C_1、C_2			
C_3、C_4、C_5			
C_6			

(4) 三极管极性和材料判定，将检测过程及结果填写到表 4-4-8 中。

表 4-4-8　三极管检测过程及结果

标号	材料	类型	管脚极性(半圆形面向自己)
V_1，V_2			从左至右 1:　　2:　　3:

2. 电路的焊接及装配

(1) 按类别摆放元件，示意图如图 4-4-3 所示。

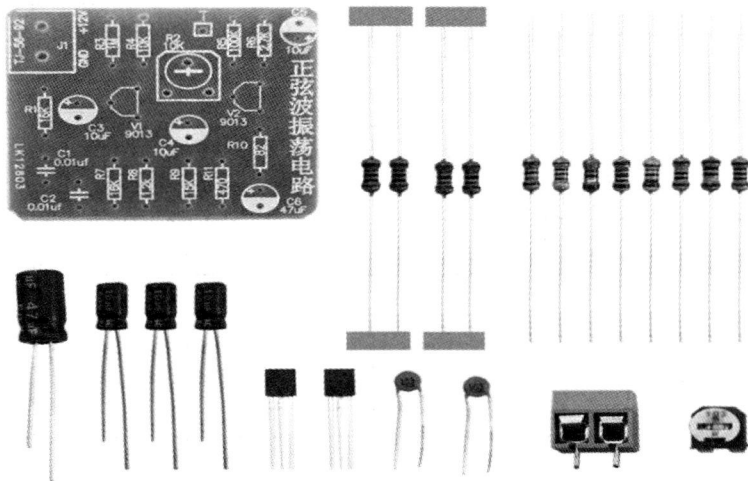

图 4-4-3　元器件摆放示意图

单元四　电子电路装调与维修	学习情境四	正弦波振荡器的制作与调试	
姓名	班级	日期	

(2) 元器件的插装及焊接，示意图如图 4-4-4 所示。

图 4-4-4　元器件插装及焊接示意图

3. 电路的调试

(1) 加入直流电源：DC 12 V。

(2) 断开 RC 串并联网络，测量放大电路的电压放大倍数，并进行记录。

(3) 接通 RC 串并联网络，使电路起振，用示波器观察输出电压的波形，然后调节滑动变阻器 R_f 以获得符合要求的正弦信号，并进行记录。

(4) 测量振荡频率，与计算值进行比较，填写表 4-4-9。

表 4-4-9　正弦波振荡器调试过程记录

实　验　项　目			实　验　记　录
断开 RC 串并联网络时的电压放大倍数			
接通 RC 串并联网络	波形		
	输出信号频率	理论计算值	
		测量值	
改变电阻值或电容值	理论计算值		
	测量值		

单元四　电子电路装调 与维修	学习情境四	正弦波振荡器的制作与调试	
姓名	班级	日期	

特别提示

　　通常情况下,选取 RC 选频网络的 $R_1 = R_2 = R$, $C_1 = C_2 = C$, RC 桥式正弦波振荡电路的振荡频率等于 RC 串并联选频回路的谐振频率。通过调整 R 和 C 的数值可以改变振荡频率。例如,减小 R 和 C 的数值可以提高振荡频率。但是要注意,若 R 的数值太小,会增大放大电路的负载电流;如果 C 太小,则放大电路的极间电容和寄生电容会影响 RC 回路的选频特性。所以 RC 桥式正弦波振荡电路的振荡频率一般不超过 1 MHz。如果要产生更高频率的正弦波,则可以考虑后面介绍的 LC 正弦波振荡电路。

单元四　电子电路装调与维修	学习情境四	正弦波振荡器的制作与调试	
姓名	班级	日期	

评价反馈

各组派代表展示作品，介绍任务完成过程，并完成评价表 4-4-10～表 4-4-12。

表 4-4-10　学 生 自 评 表

序号	评价项目	完成情况记录	自评结论：
1	是否按时间计划完成任务		
2	引导问题中理论知识是否填写完整		
3	工作台是否整理干净		
4	耗材使用过程中有无浪费现象		
5	施工过程中的安全情况		

表 4-4-11　学 生 互 评 表

序号	评价项目	组内互评	组间互评	互评结论：
1	是否按时间计划完成任务			
2	施工质量			
3	引导问题中理论知识是否填写完整			
4	工作台是否整理干净			
5	耗材使用过程中有无浪费现象			
6	施工过程中的安全情况			

表 4-4-12　教 师 评 价 表

序号	评价项目	教师评价	教师评价结论：
1	学习准备情况		
2	引导问题中理论知识填写情况		
3	操作规范		
4	施工质量		
5	关键技能		
6	施工时间		
7	8S 管理落实情况		
8	沟通协作		
9	汇报展示		

综合评价结果：

单元四　电子电路装调与维修	学习情境四	正弦波振荡器的制作与调试	
姓名	班级	日期	

学习情境的相关知识点

一、正弦波振荡电路

　　振荡电路本质上属于反馈电路。当 $|1 + AF| = 0$ 时，即使没有外加信号，电路也有输出，这就是常说的自激现象。对于放大电路，需要采取措施来防止自激的产生，而振荡电路则是利用自激效应来产生振荡信号的。通常正弦波振荡电路的基本结构是由放大器和反馈网络构成的正反馈电路，其框图如图 4-4-5 所示。输入信号 $X_i = 0$，信号 X_{id} 和 X_f 在基本放大电路和反馈网络中循环传输。正弦信号产生的相位条件是：电路满足正反馈(即 X_{id} 和 X_f 同极性)。另外，为了使电路在没有外加信号时足以引起自激振荡，要求反馈回来的信号大于原始输入信号，即满足

$$|X_f| > |X_{id}| \text{ 或 } |AF| > 1$$

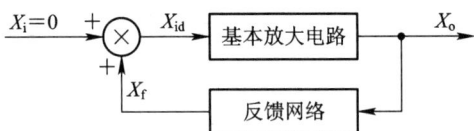

图 4-4-5　正弦波振荡电路的方框图

　　如图 4-4-5，此时对于电路中任何微小的扰动或噪声，只要满足相位条件，通过正反馈便可以产生自激振荡。产生自激振荡后，还有两个问题需要解决。

　　(1) 为了得到单一频率的正弦波，电路要有"选频"特性，一般需要由选频网络来实现。选频网络可以由 R、C 元件组成，也可以由 L、C 元件组成，分别称为 RC 振荡电路、LC 振荡电路。前者一般用来产生 1 Hz～1 MHz 的低频信号，后者一般用来产生 1 MHz 以上的高频信号。选频网络可以设置在放大电路中，也可以在反馈网络中。

　　(2) 为了使输出信号的幅度不是持续增长，而是稳定在一个幅度并且不失真，需要一个"稳幅环节"。同样地，也可以设置在放大电路中或反馈网络中。

　　由于引起自激振荡必须有正反馈和 $|AF| > 1$，因此把它称为起振条件。其中：

　　振幅平衡条为

$$|AF| > 1$$

　　相位平衡条件为

$$\varphi_A + \varphi_F = \pm 2n\pi \ (n = 0, 1, 2, \cdots)$$

　　这是振荡电路产生持续振荡的两个条件。正弦波振荡电路分析的要点是讨论产生振荡的条件，振荡电路的振荡频率 f_0 由相位平衡条件决定，利用选频网络满足相位平衡条件的电路参数和频率关系可以求出电路的振荡频率。

单元四　电子电路装调 与维修	学习情境四	正弦波振荡器的制作与调试	
姓名	班级	日期	

由上述分析的正弦波振荡条件可知，正弦波振荡电路一般由以下几部分组成：放大环节、反馈网络、选频网络(可以包含在放大或反馈网络中)、稳幅环节(可以包含在放大或反馈网络中)、其他环节，如频率和幅度的调节环节。

二、RC 正弦波振荡电路

RC 正弦波振荡电路有桥式、双 T 网络式和移相式等类型。它们的共同特点是由放大和正反馈两部分组成，选频网络在正反馈中，稳幅环节一般设置在放大部分。在这里只讨论桥式振荡电路，双 T 网络式和移相式的相关内容读者可以自行查阅资料。

1. RC 串并联网络的选频特性

将电阻 R_1 和电容 C_1 串联，R_2 和 C_2 并联，就构成了 RC 串并联网络，如图 4-4-6(a) 所示。图中网络的输入为前级放大电路的输出 U_o，网络的输出为反馈电压 U_f。

在信号频率很低时，因电容的容抗很大，串联部分中 R_1 的电压可以忽略不计，而并联部分中 C_2 的分流也可以忽略不计，如图 4-4-6(b)所示。可以想象，当信号频率趋于零，$|U_f|$ 趋于零时，相移趋于 +90°。在信号频率很高时，因电容的容抗很小，串联部分中 C_1 的电压可以忽略不计，并联部分中 R_2 的分流可以忽略不计，此时电路可近似等效为低通电路，如图 4-4-6(c)所示。可以想象，当信号频率趋于无穷大，$|U_f|$ 趋于零时，相移趋于 -90°。因而，在信号频率为零和无穷大之间必然存在一个频率，使得相移为零，这说明该 RC 串并联网络具有选频特性。

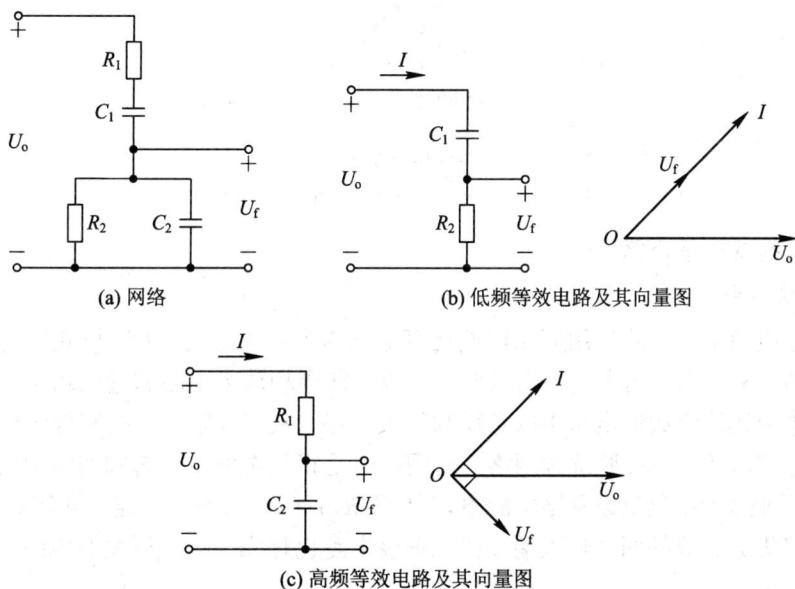

(a) 网络　　　　　　　　(b) 低频等效电路及其向量图

(c) 高频等效电路及其向量图

图 4-4-6　RC 串并联网络

单元四　电子电路装调 与维修	学习情境四	正弦波振荡器的制作与调试	
姓名	班级	日期	

令 $\omega_0 = 1/(RC)$，则谐振频率为 $f_0 = \dfrac{1}{2\pi RC}$

当 $f = f_0$ 时，$|F|_{\max} = 1/3$，$\varphi_f = 0$。此时 RC 串并联选频网络输出电压幅值最大，为输入电压幅值的 1/3，同时输出电压和输入电压同相。RC 串并联选频网络的幅频特性和相频特性如图 4-4-7 所示。

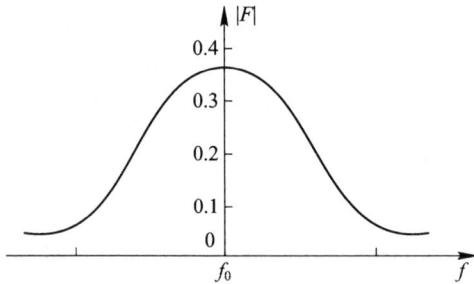

(a) 幅频特性

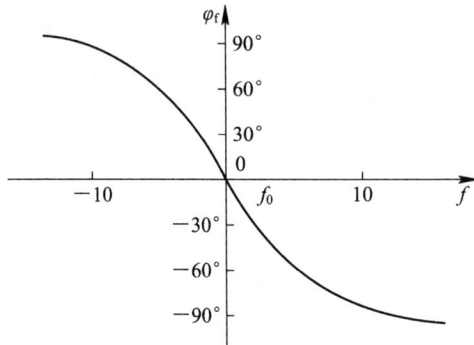

(b) 相频特性

图 4-4-7　RC 串并联网络的频率特性

2. RC 桥式振荡电路

1) 电路组成

在实际电路中，一般选用同相比例运算电路作为放大电路。RC 桥式振荡电路的原理图如图 4-4-8 所示。这个电路由两部分组成，即同相放大电路和选频网络。同相放大电路是由集成运放组成的电压串联负反馈放大电路，具有高输入阻抗和低输出阻抗的特点。选频网络即 RC 串并联选频网络，它同时也是正反馈网络。选频网络中的 RC 串联支路、RC 并联支路、负反馈网络中的电阻 R_1 和 R_2 各为一臂组成桥路，两个顶点接输出，两个顶点接集成运放的两个输入端。桥式振荡电路也称为文氏电桥振荡电路。

单元四　电子电路装调与维修	学习情境四	正弦波振荡器的制作与调试	
姓名　　　　　　班级　　　　　　日期			

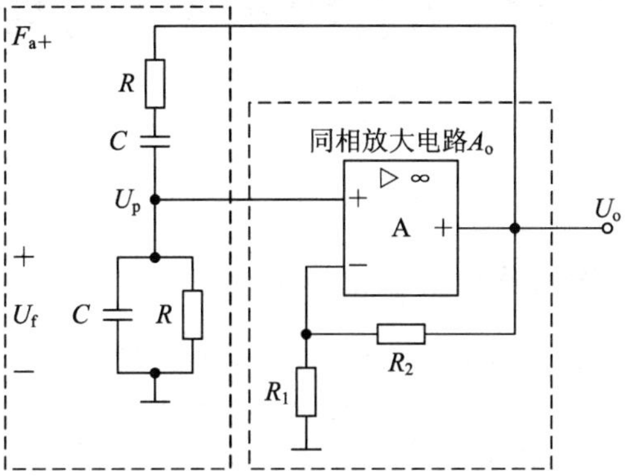

图 4-4-8　RC 桥式振荡电路

2) 振荡原理

同相放大器的输入与输出信号相位差为 0°，RC 串并联选频网络的相移为 0°，满足正弦波振荡的相位平衡条件。当 $f=f_0$ 时，RC 选频网络发生谐振，此时 RC 选频网络的反馈系数为 1/3，同相放大器的放大倍数 $A=1+R_4/R_3$，当 $A\geqslant 3$ 时，满足振荡的振幅平衡条件。

单元五　电力拖动控制电路安装与检修

电力拖动控制线路安装与检修概述

　　电力拖动控制电路主要为企业生产和设备运行提供足够的动力，现在我国各类行业都要使用电力拖动技术，如采矿业、纺织业、机械生产业、精密仪器制造业等，适用范围涵盖各行各业。电力拖动技术优势十分明显，可以保证工业设备的不断运转，可以提高生产效率，也可以实现精度准确的生产，这是促进我国工业发展的重要动力技术之一。本单元由易到难安排学习情境，意在引导同学们逐步学习经典的电力拖动控制电路，了解电路的基本结构及设计方法；掌握点动、自锁、联锁三大核心概念；能独立根据任务要求，使用常用工具、仪表进行单相交流异步电动机绕组接线，达到工艺安装要求标准；能独立根据任务要求，使用常用工具、仪表进行三相交流异步电动机典型启动控制电路的安装、接线与调试，达到工艺安装、接线要求及控制功能；能独立根据任务要求，使用常用工具、仪表进行三相交流异步电动机典型正反转控制电路的安装、接线与调试，达到工艺安装、接线要求及控制功能。

单元五　电力拖动控制电路安装与检修	学习情境一	三相异步电动机基础知识及接线	
姓名	班级	日期	

学习情境一　三相异步电动机基础知识及接线

学习情境描述

(1) 教学情境描述：三相异步电动机被广泛应用于驱动各种金属切削机床、起重机、砂轮机、锻压机、铸造机械、生产线的传送带等工业场景。走入机加工车间，观察普通车床的加工过程，主轴、冷却泵及刀架的快速移动分别由所对应三相异步电动机的运行来实现。

(2) 关键知识点：三相异步电动机的基本结构、铭牌数据；三相异步电动机的转动原理。

(3) 关键技能点：三相异步电动机的接线方法及使用注意事项。

学习目标

(1) 正确理解三相异步电动机的工作原理。

(2) 正确识读三相异步电动机的铭牌数据。

(3) 能够按照铭牌标注正确接线。

任务书

三相异步电动机在现场使用过程中可以通过连接控制电路实现点动、自锁、正反转等功能，无论控制电路如何变化，三相异步电动机都要按照铭牌标注进行 Y 形连接或△形连接后才能正常运行，本次任务要求对三相异步电动机进行 Y 形连接和△形连接。

思政课堂

2022 年 6 月 20 日 7 时 40 分,随着"复兴号"智能动车组 G66 次列车从武汉站首发驶出，以最高 350 公里时速奔向北京西站，京广高铁京武段成功实现常态化按时速 350 公里高速运营。常态高速运营是基于我国自主研发的技术底气。在列车牵引电机方面，更快、更强的高铁列车，需要拥有强劲的"心脏"。中车株洲电机有限公司为时速 350 公里"复兴号"中国标准动车组(CR400AF)研发的牵引电机是中国标准动车组一款完全具有自主知识产权的"动力心脏"，运用新型材料、优化电磁及结构参数，实现电机小型化、轻量化，减小了电机冷却风量需求。

思政要点：

科技兴则民族兴，科技强则国家强，面向未来，抓住了科技创新就抓住了牵动我国发展全局的"牛鼻子"。同学们要把个人的理想同国家的前途命运紧密结合起来，立志争当自主创新的"排头兵"。

单元五　电力拖动控制电路 安装与检修	学习情境一	三相异步电动机基础 知识及接线	
姓名	班级	日期	

任务分组

学生任务分配表如表 5-1-1 所示。

表 5-1-1　学生任务分配表

班级		组号		工位号	
组长		学号		指导老师	
组员					

任务分工：

三相异步电动机
基础知识及接线

知识储备

引导问题 1： 认识三相异步电动机——三相异步电动机的结构(见图 5-1-1)。

(a) 三相异步电动机外形　　　　　　(b) 三相异步电动机结构

图 5-1-1　三相异步电动机

单元五　电力拖动控制电路 安装与检修	学习情境一	三相异步电动机基础 知识及接线	
姓名	班级	日期	

(1) 绘制三相异步电动机的图形符号。

图形：	符号：

(2) 图 5-1-1 所示的三相异步电动机的定子包含哪些结构？

_____

_____

_____

(3) 绘制三相异步电动机定子绕组的接线方式。

Y 形接线：	△形接线：

(4) 图 5-1-1 所示的三相异步电动机的转子包含哪些结构？

_____

_____

_____

(5) 鼠笼式三相异步电动机与绕线式三相异步电动机相比分别具有哪些特点？

_____

_____

_____

特别提示

使用三相异步电动机时应注意以下事项：

(1) 在室温下用 500 V 绝缘电阻表检测各相间绝缘和绕组对地绝缘，其绝缘电阻阻值不应低于 1 MΩ。原因：防止出现绝缘击穿，造成短路事故。

(2) 电动机应妥善接地，接线盒内右下方及机座外壳有接地装置，必要时亦可利用电动机底脚或法兰盘紧固螺栓接地。原因：保证电动机的安全运行。

单元五　电力拖动控制电路 安装与检修	学习情境一	三相异步电动机基础 知识及接线	
姓名	班级	日期	

引导问题 2: 认识三相异步电动机——三相异步电动机铭牌(见图 5-1-2)。

```
┌─────────────────────────────────────┐
│          三相异步电动机                │
├───────────────────┬─────────────────┤
│     型号 Y112M-4    │     编号         │
├───────────────────┼─────────────────┤
│     功率 4.0 kW     │    电流 8.8 A    │
├──────────┬────────┴────────┬────────┤
│ 电压 380 V │  转速 1440 r/min │ LW82dB  │
├──────────┼────────┬────────┼────────┤
│ △连接     │防护等级IP44│ 50 Hz │ 45 kg  │
├──────────┼────────┼────────┼────────┤
│ 标准编号   │ 工作制 S1 │ B级绝缘│ 年　月 │
├──────────┴────────┴────────┴────────┤
│      ××××      电机厂               │
└─────────────────────────────────────┘
```

图 5-1-2　三相异步电动机铭牌

(1) 写出三相异步电动机的型号含义(见图 5-1-3)。

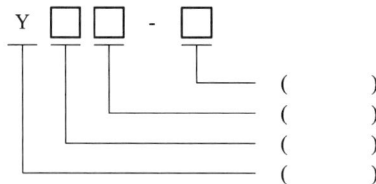

图 5-1-3　三相异步电动机的型号含义

(2) 三相异步电动机铭牌参数表示的意义是什么，请补充。

功率 4.0 kW: _____

电流 8.8 A: _____

电压 380 V: _____

转速 1440 r/min: _____

LW82dB: _____

△连接: _____

防护等级 IP44: _____

50 Hz: _____

45 kg: _____

工作制 S1: _____

B 级绝缘: _____

单元五　电力拖动控制电路 安装与检修	学习情境一	三相异步电动机基础 知识及接线	
姓名	班级	日期	

特别提示

选择三相异步电动机种类和形式时应注意以下事项：

(1) 在要求机械特性较硬而无特殊调速要求的一般生产机械的拖动的情况下应尽可能采用鼠笼式电动机。原因：三相鼠笼式异步电动机结构简单，坚固耐用，工作可靠，价格低廉，维护方便。

(2) 电动机电压等级的选择，要根据电动机类型、功率以及使用地点的电源电压来决定。电动机的额定转速是根据生产机械的要求而选定的。但通常转速不低于 500 r/min。原因：当功率一定时，电动机的转速愈低，则其尺寸愈大，价格愈贵，且效率也较低。

引导问题 3：认识三相异步电动机——三相异步电动机工作原理，如图 5-1-4 所示。

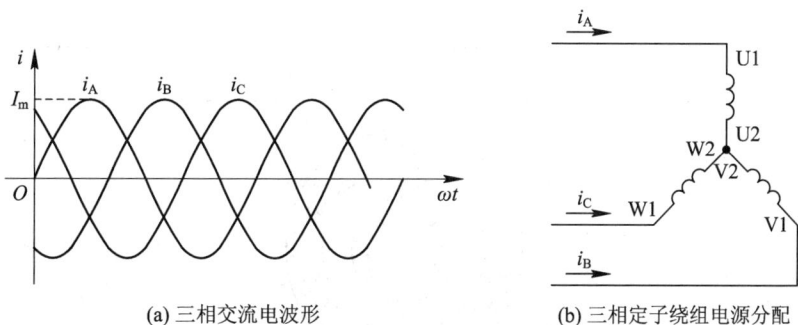

(a) 三相交流电波形　　　　　　(b) 三相定子绕组电源分配

图 5-1-4　三相定子绕组通入三相交流电示意图

(1) 绘制随电流周期变化的合成磁场方向，如图 5-1-5 所示。

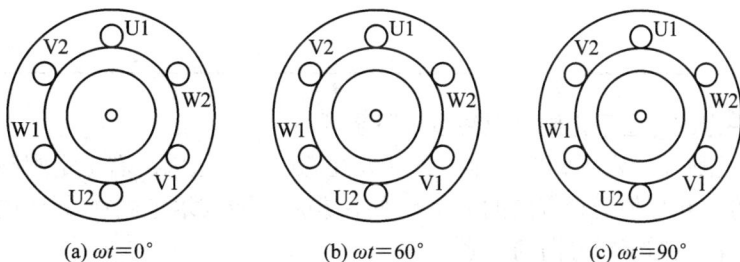

(a) $\omega t = 0°$　　　　(b) $\omega t = 60°$　　　　(c) $\omega t = 90°$

图 5-1-5　合成磁场方向

单元五　电力拖动控制电路 安装与检修	学习情境一	三相异步电动机基础 知识及接线	
姓名	班级	日期	

(2) 如何改变旋转磁场的旋转方向?

_____

_____

(3) 分别写出右手定则和左手定则,并依据这两个定则在图 5-1-6 中标注出转子绕组中感应电流的方向及其受力方向。(旋转磁场方向为顺时针旋转)

右手定则:_____

_____

_____

左手定则:_____

_____

_____

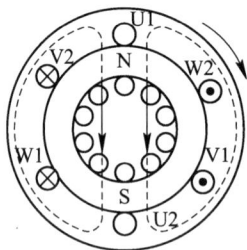

图 5-1-6　转子绕组受力分析示意图

特别提示

使用右手定则与左手定则时应注意以下事项:

(1) 右手定则不是右手螺旋定则,二者要注意区分。原因:右手定则判断导体切割磁感线电流方向和导体运动方向的关系。右手螺旋定则(安培定则)判断通电导线或线圈电流方向和其产生磁感线方向的关系。

(2) 应用右手定则时要注意对象是一段直导线(当然也可用于通电螺线管),而且速度 v 和磁场 B 都要垂直于导线,v 与 B 也要垂直。原因:右手定则的产生是由电、磁、质量构成的三维。

(3) 在区分右手定则与左手定则的问题上,有四字口诀:左力右电。原因:左手定则用来判断力的方向,右手定则用来判断电的方向。

单元五 　电力拖动控制电路 安装与检修	学习情境一	三相异步电动机基础 知识及接线	
姓名 　　　　　　班级		日期	

工作计划

(1) 制订工作方案，并完成表 5-1-2。

表 5-1-2 　工 作 方 案

步骤	工 作 内 容	负责人
1		
2		
3		
4		
5		
6		
7		
8		

(2) 列出完成本任务所需仪表、工具、耗材和器材清单，并完成表 5-1-3。

表 5-1-3 　器 具 清 单

序号	名 称	型号与规格	单位	数量	备注

单元五　电力拖动控制电路 安装与检修	学习情境一	三相异步电动机基础 知识及接线	
姓名	班级	日期	

进行决策

(1) 各组派代表展示设计方案。

(2) 各组对其他组的设计方案提出自己的建议。

(3) 老师对各组的设计方案进行点评，选出最佳方案。

工作实施

1. 按照确定好的(最佳方案)实施——准备工作

(1) 领取三相异步电动机及耗材。

(2) 观察电动机定子绕组的 6 个出线端(见图 5-1-7)，弄清出线端所在的位置。

图 5-1-7　定子绕组首尾端示意图

(3) 检查导线是否导通。

(4) 根据要求对三相异步电动机分别进行 Y 形连接和△形连接。

2. 三相异步电动机星形(Y 形)连接的一般步骤

(1) 如图 5-1-8(a)所示，用万用表欧姆挡($R \times 1$ 挡)判断三组定子绕组的首端和尾端；将定子绕组 6 根引线任一根与万用表一表笔相接，万用表另一根表笔与定子任意一根相接，如有一定阻值，那么这两根引线为一相，其他以此类推。

(2) 如图 5-1-8(b)所示，用万用表欧姆挡($R \times 1$ 挡)判断三组定子绕组异相；万用表一表笔放在任意一组设定的相上，另一表笔放在其他两相，阻值应无穷大。

(a) 同相　　　　　　　　　　　　　　(b) 异相

图 5-1-8　定子绕组的判断

单元五　电力拖动控制电路 安装与检修	学习情境一	三相异步电动机基础 知识及接线	
姓名	班级	日期	

(3) 如图 5-1-9 所示，按照接线图对三相异步电动机进行星形连接并通电观察，用黑导线将 U2、V2、W2 连接起来，若 U1、V1、W1 分别接三相电源则就是 Y 形连接。

(4) 电动机外壳与地线相连。

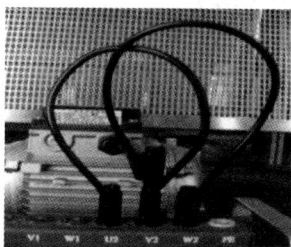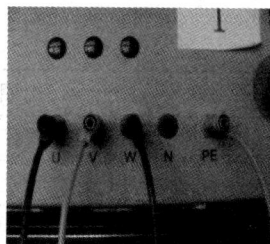

　　(a) 尾端相连　　　　　　(b) 首端连接　　　　　　(c) 与电源相连

图 5-1-9　Y 形连接

3. 三相异步电动机△形连接的一般步骤

(1) 用万用表欧姆挡($R \times 1$ 挡)判断三组定子绕组的首端和尾端(同上)。

(2) 如图 5-1-10 所示，按照接线图用黑线对三相异步电动机进行首尾相连，首端或尾端引出导线与电源相连。电动机角形连接并通电观察。

(3) 电动机外壳与地线相连。

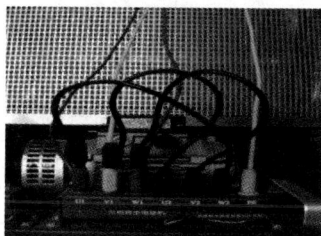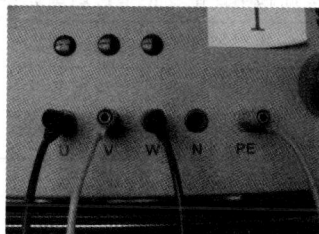

　　　　(a) 首尾相接　　　　　　　　　　　(b) 与电源相连

图 5-1-10　△形连接

❓ 引导问题 4：完成下列填空题。

(1) 电动机主要部件是由_____和_____两大部分组成的。

(2) 根据转子绕组结构的不同分为_____铁芯槽内嵌有铸铝导条，_____转子铁芯槽内嵌有三相绕组。

(3) Y132 M-4 含义：Y 指_____，132 指_____，M 指_____，4 指_____。

(4) 分析可知：三相电流产生的合成磁场是一个_____，即：一个电流周期，旋转磁场在空间转过_____，旋转磁场的旋转方向取决于_____，任意调换两根电源进线则旋转磁场_____。

单元五 电力拖动控制电路 安装与检修	学习情境一	三相异步电动机基础 知识及接线	
姓名	班级	日期	

评价反馈

各组派代表展示作品，介绍任务完成过程，并完成评价表 5-1-4～表 5-1-6。

表 5-1-4 学生自评表

序号	评价项目	完成情况记录	自评结论：
1	是否按时间计划完成任务		
2	引导问题中理论知识是否填写完整		
3	工作台是否整理干净		
4	耗材使用过程中有无浪费现象		
5	施工过程中的安全情况		

表 5-1-5 学生互评表

序号	评价项目	组内互评	组间互评	互评结论：
1	是否按时间计划完成任务			
2	施工质量			
3	引导问题中理论知识是否填写完整			
4	工作台是否整理干净			
5	耗材使用过程中有无浪费现象			
6	施工过程中的安全情况			

表 5-1-6 教师评价表

序号	评价项目	教师评价	教师评价结论：
1	学习准备情况		
2	引导问题中理论知识填写情况		
3	操作规范		
4	施工质量		
5	关键技能		
6	施工时间		
7	8S 管理落实情况		
8	沟通协作		
9	汇报展示		

综合评价结果：

单元五　电力拖动控制电路 安装与检修	学习情境一	三相异步电动机基础 知识及接线	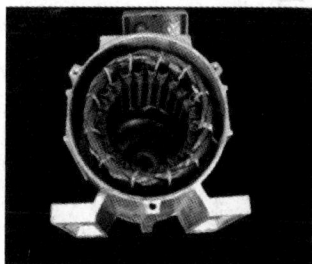
姓名　　　　　　班级		日期	

学习情境的相关知识点

一、三相异步电动机的基本结构

异步电动机又称感应电动机，是一种应用广泛的电动机。它的功率从几十瓦到几千瓦不等。许多机床、风机、水泵、卷扬机等广泛采用异步电动机。异步电动机按照工作电源相数分为三相电动机和单相电动机。

三相交流异步电动机是利用电磁感应原理，将电能转变为机械能并拖动生产机械工作的动力机。它的结构简单，运行可靠，坚固耐用，维护方便，但起动性能和调整特性较差，功率因数低。

三相交流异步电动机主要由定子和转子两部分组成，如图 5-1-11 所示。

图 5-1-11　电动机剖面图

1. 定子

定子是电动机的固定部分，主要由定子铁芯、定子绕组和机座三部分组成，其作用是通入三相交流电源时产生旋转磁场。图 5-1-12 所示为定子结构图。

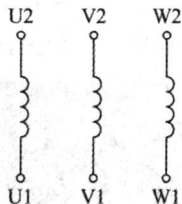

图 5-1-12　定子结构图

1) 定子铁芯

异步电动机的定子铁芯是电动机的磁路部分，其作用一是导磁，二是安放绕组。定

单元五　电力拖动控制电路 安装与检修	学习情境一	三相异步电动机基础 知识及接线	
姓名	班级	日期	

子铁芯一般用厚 0.35~0.5 mm、表面涂有绝缘漆或氧化膜的薄硅钢片叠压而成，并压装在机座内腔中。

　　2) 定子绕组

　　定子绕组是三相电动机的电路部分，由三相对称绕组组成。三相绕组在空间互成120° 电角度，绕组与铁芯之间绝缘良好。三相绕组对称分布在定子铁芯中，每相绕组有两个引出线，三相共有 6 个引出线，首端分别用 U1、V1、W1 表示，尾端对应用 U2、V2、W2 表示。绕组有两种连接方法：星形(Y 形)和三角形(△形)。

　　为了方便接线，三相绕组的 6 个引出线(接线端)都在电动机外壳的接线盒上，如图5-1-13 所示。

图 5-1-13　三相异步电动机的三个首端和三个末端图

(1) 三相异步电动机的星形连接(见图 5-1-14)。

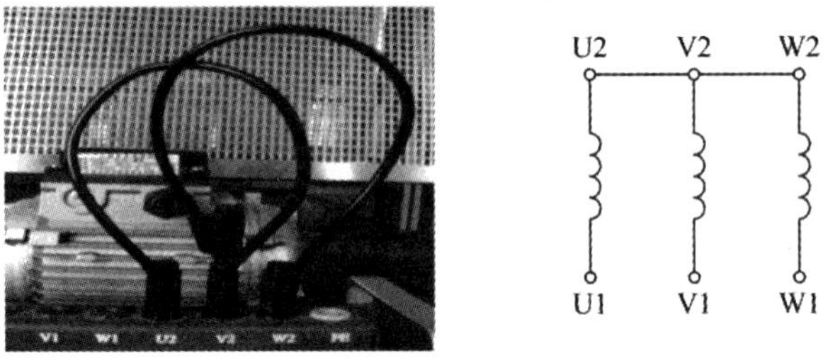

图 5-1-14　三相定子绕组尾端短接

(2) 三相异步电动机的三角形连接(见图 5-1-15)。

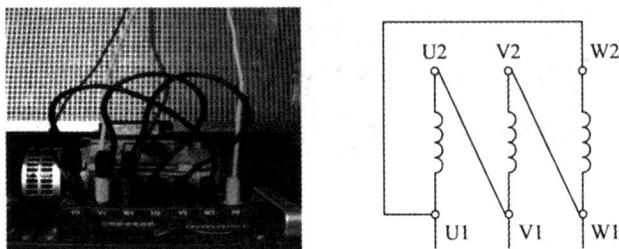

图 5-1-15　三相定子绕组首尾相接

单元五　电力拖动控制电路 安装与检修	学习情境一	三相异步电动机基础 知识及接线	
姓名	班级	日期	

3) 机座

机座主要用于支承定子铁芯和固定端盖，是电动机机械结构的重要组成部分。中小型异步电动机一般采用铸铁机座，大型电动机机座常采用钢板。

2. 转子

转子是电动机的转动部分，主要由转子铁芯、转子绕组和转轴三部分组成，其作用是在定子旋转磁场感应下产生电磁转矩，沿着旋转磁场方向转动，并输出动力带动其他机械设备无能运转。转子铁芯是用硅钢片叠成的圆柱形体，其外圆上有均匀排布的槽，槽内嵌入转子绕组，铁芯装在转轴上或套在轴上的转子支架上。三相异步电动机按转子绕组构造不同，分为笼形(铜条式、铸铝式)和绕线形两种，其结构如图 5-1-16 所示。

 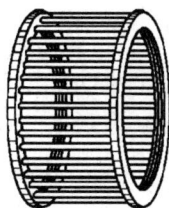 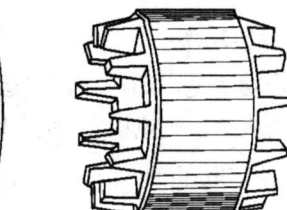

(a) 铜排转子　　　　　　　　　　　　　　　(b) 铸铝转子

图 5-1-16　笼形转子绕组结构示意图

二、三相异步电动机铭牌上的主要参数及其含义

1. 型号

产品型号是为了便于设计、制造、使用部门进行业务联系和简化技术文件中产品名称、规格、形式等叙述而引用的一种代号，主要由产品代号和规格代号构成。

1) 产品代号

产品代号由电机类型代号、电机特点代号和设计序号组成。电机类型代号有：Y——异步电动机；T——同步电动机。电机特点代号是表示电机的性能、结构或用途而采用的汉语拼音字母。如 YB 中的 B 表示隔爆型。设计序号是指电机产品设计的顺序，用阿拉伯数字表示。例如，J2、J02 中的 2 表示第二次设计。

2) 规格代号

规格代号用机座号、中心高、铁芯外径、机座长度、铁芯长度、功率、转速或极数等表示。机座长度的代号采用国际通用字母符号表示：S 表示短机座，M 表示中机座，L 表示长机座。铁芯长度的代号用数字 1，2，3，…依次表示。

单元五 电力拖动控制电路 安装与检修	学习情境一	三相异步电动机基础 知识及接线	
姓名	班级	日期	

3) 特殊环境代号

各种特殊环境条件所用代号按有关标准选用，如 TH 表示湿带环境条件。

小型异步电动机 Y 112S-6，规格代号表示中心高为 112 mm、短机座、6 极，产品代号表示异步电动机。

中型异步电动机 Y 355M2-4，规格代号表示中心高为 355 mm、中机座、2 号铁芯长、4 极，产品代号表示异步电动机。

大型异步电动机 Y 630-10/1180，规格代号表示功率为 630 kW、10 极、定子铁芯外径为 1180 mm，产品代号表示异步电动机。

户外化工防腐用小型隔爆异步电动机 YB 160M4 WF，特殊环境代号 W 表示户外用，F 表示化工防腐用，规格代号表示中心高为 160 mm、中机座、4 极，产品代号 Y 表示异步电动机，B 表示隔爆型。

2. 额定功率

额定功率是电动机在额定运行时的输出机械功率，就是轴端的输出功率，表明该电机的出力大小——电机容量(用 kW 表示)。

3. 额定电压

额定电压是电动机在额定运行时的线端电压(用 V 或 kV 表示)。国家标准规定的电压等级为 220、380、1000、3000、6000、10 000、13 800、20 000 V 等。

电压等级的选择，主要是根据用户所在地的电源情况而定的。电机容量越大，选择电压应该越高，否则，因为电流太大，制造有困难。容量越小，选用电压应该越低，否则，因线圈匝数太多、电流太小，制造也会有困难。目前，交流电机选用的最高电压为 10 000 V。

4. 额定电流

额定电流是电动机在额定运行时的线端电流。表示电动机输出额定功率时，其负载的大小。

5. 额定频率

额定频率是电机在额定运行时的频率，实际上是指电网的频率(用 Hz 表示)。我国是 50 Hz。

6. 额定转速

额定转速是电动机在额定运行时的转速(用 r/min 表示)。所谓额定运行就是指电动机在额定电压、额定频率和额定负载下运行。

单元五 电力拖动控制电路 安装与检修	学习情境一	三相异步电动机基础 知识及接线	
姓名	班级	日期	

电机的额定同步转速，由电网频率 f 和电机的极对数 P 来决定。同步转速 $n_1 = 60f/P$。当 $f = 50$ Hz 时，不同极数电机的额定转速分别为表 5-1-7 所列数值。由于异步电机存在转差，所以电机的实际转速都低于同步转速。转速的选择，由用户根据被驱动机械的实际需要而定。

表 5-1-7 旋转磁场转速与极对数的关系

极对数	每个电流周期磁场转过的空间角度/(°)	同步转速/(r/min)
$P = 1$	360	3000
$P = 2$	180	1500
$P = 3$	120	1000
$P = 4$	90	750

7. 效率 η

效率 η 为满载时电动机输出机械功率与输入电功率之比，通常用百分数表示。它反映电机运行时电能损耗的大小。

8. 功率因数 COS

功率因数 COS 是电动机输入有效功率与视在功率之比。它反映电机运行时从电网吸收无功功率的大小。功率因数的大小，由无功励磁电流的大小决定。一般相同转速的电机，容量越大，功率因数越高；相同容量的电机，转速越高，功率因数越高。

9. 防护等级

防护形式的代号是 IPAB。A 表示防水等级：1—防滴水；2—防滴水(与铅垂线成 15°范围内的滴水)；3—防淋水(与铅垂线成 60°范围内的淋水)；4—防溅水。B 表示防接触和防异物等级：1—防大于 50 mm 的固体进入电机；2—防大于 12 mm 的固体进入电机；3—防大于 2.5 mm 的固体进入电机；4—防大于 1 mm 的固体进入电机；5—防尘。

10. 绝缘等级

电机绕组的绝缘等级决定了电机的最高运行温度和允许温升，它们的关系是：绝缘等级 A、E、B、F、H，允许温升分别是 K60、K75、K80、K100、K125，允许温升是按环境温度为℃计算的。电机采用的绝缘等级越高，电机的体积就能越小。绝缘等级的提高，还在于延长电机的寿命和提高电机的可靠性上。

单元五　电力拖动控制电路 安装与检修	学习情境一	三相异步电动机基础 知识及接线	
姓名	班级	日期	

11. 接法

接法是指定子三相绕组的接法。一般鼠笼式电动机的接线盒中有六根引出线，标有U1、V1、W1、U2、V2、W2。其中：U1、U2 是第一相绕组的两端；V1、V2 是第二相绕组的两端；W1、W2 是第三相绕组的两端。

如果 U1、V1、W1 分别为三相绕组的始端，则 U2、V2、W2 是相应的末端。这六个引出线端在接电源之前，相互间必须正确连接。连接方法有星形(Y)连接和三角形(△)连接两种。通常三相异步电动机在 3 kW 以下者，连接成星形；在 4 kW 以上者，连接成三角形。

12. LW 值

LW 值是电动机的总噪声等级。LW 值越小表示电动机运行的噪声越低。噪声单位为 dB。

13. 工作制

工作制是电机承受负载情况的说明，是设计和选择电机的基础。额定类型有 9 类，其中 S1 表示连续工作制；S2 表示短时工作制；S3 表示断续周期工作制。我们一般所使用的都是连续工作制，也就是当电机接通三相交流电后，可以连续地、长时间地使用。

三、三相异步电动机工作原理

1. 旋转磁场的产生

当三相对称电流通入三相对称定子绕组，必然会产生一个大小不变，且以一定的转速不断旋转的磁场，称为旋转磁场，如图 5-1-17 所示。

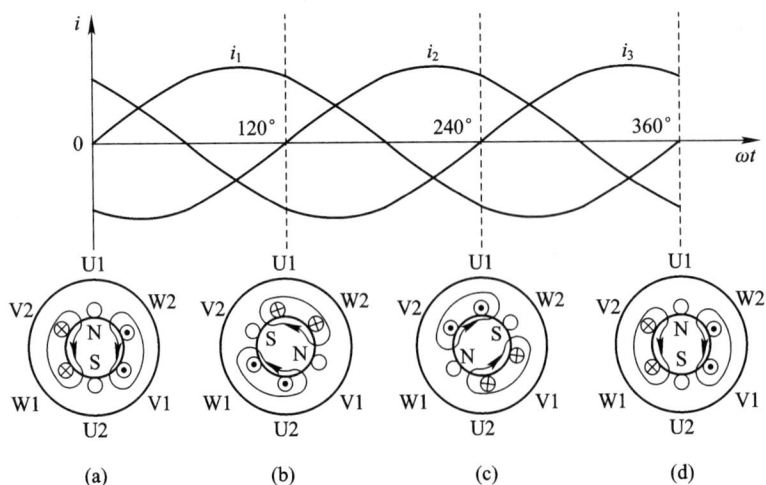

图 5-1-17　旋转磁场的产生

单元五 电力拖动控制电路 安装与检修	学习情境一	三相异步电动机基础 知识及接线	
姓名	班级	日期	

旋转磁场的旋转方向是由通入三相绕组中的电流的相序决定的。当通入三相对称绕组的对称三相电流的相序发生改变时(将三相电源中的任意两相绕组接线互换)，旋转磁场就会改变方向。

(1) 旋转磁场的旋转速度(称为同步转速)：

$$n_1 = \frac{60f_1}{2}$$

若为十二槽四极电动机的旋转磁场，则旋转磁场的转速：

$$n_1 = \frac{60f_1}{4}$$

(2) 旋转磁场转速 n_1 与极对数 P 的关系：

$$n_1 = \frac{60f_1}{P}$$

式中：n_1——同步转速(r/min)；

f_1——电网频率；

P——旋转磁场的极数对数。

2. 三相交流异步电动机的工作原理

当电动机定子三相对称绕组通入三相交流电时，便在气隙中产生同步转速旋转磁场。设旋转磁场以 n_1 的速度顺时针旋转，这相当于磁场不动，转子导体逆时针方向(相对磁场，磁场转速快)切割磁力线，转子中产生感应电流，其方向可根据右手定则判断。用左手定则确定转子导体所受电磁力的方向，如图 5-1-18 所示。这些电磁力对转轴形成电磁转矩，其作用方向同旋转磁场的方向一致，这样电动机定子便以一定的速度 n_2 沿旋转磁场的旋转方向转动起来。

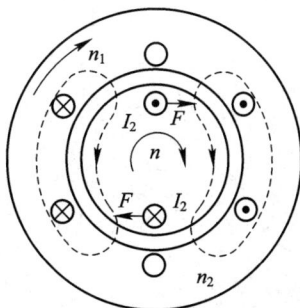

图 5-1-18 三相交流异步电动机的工作原理示意图

结论：对称三相绕组通过对称三相电流，产生气隙旋转磁场，转子就顺着旋转磁场的方向并以小于旋转磁场的转速转动。

单元五　电力拖动控制电路 安装与检修	学习情境一	三相异步电动机基础 知识及接线	
姓名	班级	日期	

3. 转差率

同步转速与电动机转速之差与同步转速之比，称为转差率，即

$$s = \frac{n_1 - n_2}{n_1}$$

转差率是分析异步电动机特性的一个重要参数。在电动机开始运动瞬间 $n_2 = 0$，$s = 1$，当电动机转速达到同步转速(为理想空载转速，电动机实际运行中不可能达到)时，$n_1 = n_2$，$s = 0$。由此可见，异步电动机运行状态下，转差率范围为 $0 < s < 1$；在额定状态下运行时，$s = 0.03 \sim 0.06$。

单元五　电力拖动控制线路 安装与检修	学习情境二	手动正转控制电路的安装 与检修	
姓名　　　　　　 班级		日期	

学习情境二　手动正转控制电路的安装与检修

学习情境描述

（1）教学情境描述：走入机加工车间，观察砂轮机的使用方法。使用时向上扳动低压断路器的手柄，砂轮开始转动磨刀；使用完后，向下扳动低压断路器的手柄，砂轮停转，停止磨刀。这就是一种最简单的三相异步电动机手动正转控制电路。

（2）关键知识点：熔断器、低压断路器、负荷开关和组合开关的结构、动作原理、型号及含义、选用方法；手动正转控制电路的工作原理。

（3）关键技能点：熔断器、低压断路器、负荷开关和组合开关安装方法及使用注意事项与检修；控制线路的安装方法、步骤及工艺要求和检测过程及方法。

学习目标

（1）正确理解手动正转控制电路的工作原理。

（2）正确识读手动正转控制电路的原理图、接线图和布置图。

（3）能够按照接线工艺要求正确安装手动正转控制电路。

（4）初步掌握手动正转控制电路中低压电器的选用方法，并可以对简单故障进行检修。

（5）能够根据故障现象检修手动正转控制电路。

任务书

三相异步电动机的手动正转控制只能用于小功率的电动机，可以由开启式负荷开关、封闭式负荷开关、组合开关、低压断路器等开关电器直接控制其启动与停机，本次任务要求完成手动正转控制电路的安装与检修。

单元五 电力拖动控制线路 安装与检修	学习情境二	手动正转控制电路的安装 与检修	
姓名	班级	日期	

![工具图标] **任务分组**

学生任务分配表如表 5-2-1 所示。

表 5-2-1　学生任务分配表

班级		组号		工位号	
组长		学号		指导老师	
组员					
任务分工：					

![工具图标] **知识储备**

❓ **引导问题 1：** 认识电路——手动正转控制电路的工作原理。

电动机手动正转控制电路如图 5-2-1 所示。其工作原理如下：

启动：合上电源开关，电动机 M 得电(接通电源)启动运转。

停机：分断电源开关，电动机失电(分开电源)停转。

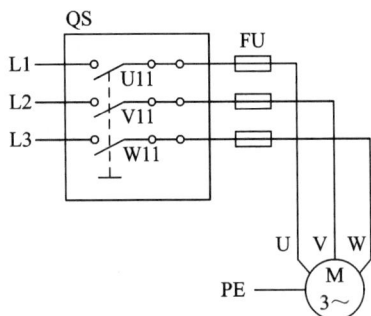

(a) 开启式负荷开关控制电动机正转　　(b) 闭合式负荷开关控制电动机正转

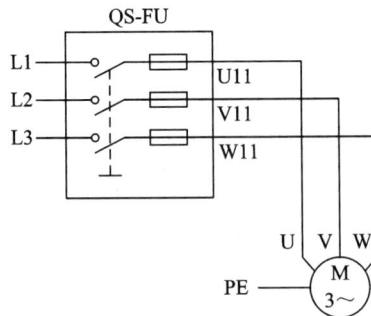

单元五　电力拖动控制线路安装与检修	学习情境二	手动正转控制电路的安装与检修	
姓名	班级	日期	

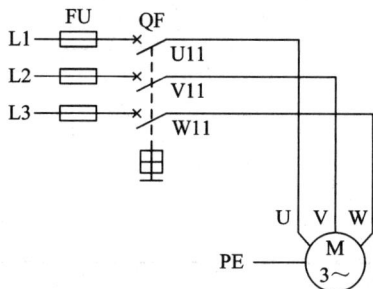

(c) 组合开关控制电动机正转　　　　(d) 低压断路器控制电动机正转

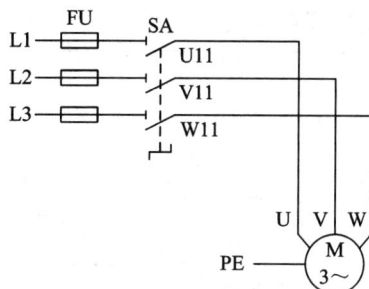

图 5-2-1　手动正转控制电路

图 5-2-1 三相异步电动机手动正转控制电路中分别用到了哪些低压电器？它们的作用是什么？

_____

_____

思政课堂

我们都知道，人在群体中会受到群体的影响，从而不自觉地以多数人的意见为准则，并以此为基础做出自己的判断，我们把这种现象叫作从众效应。这种效应的产生，与个体想要合群的想法有莫大的关系。因为与群体不同，会给个体带来巨大的压力，在这种压力的促使下，个体就倾向于做出和群体一样的决定，从众效应在生活中也有着很多的体现，如：对网红景点的追捧现象，对爆款商品的追求等，盲目从众不仅会阻碍个人的发展，也会影响到集体事业且不利于自身成长。

思政要点：

最好的不一定是适合自己的，别人拥有的不一定是你所需要的。任何时候，一定要根据自己的客观情况去做决定。

手动正转控制电路
安装与检修

引导问题 2：了解低压开关——开启式负荷开关(见图 5-2-2)。

(a) 开启式负荷开关外形　　　　(b) 开启式负荷开关结构

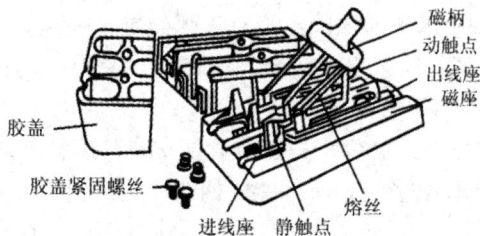

图 5-2-2　HK 系列开启式负荷开关

单元五　电力拖动控制线路 安装与检修	学习情境二	手动正转控制电路的安装 与检修	
姓名	班级	日期	

(1) 绘制开启式负荷开关的图形和符号。

图形：	符号：

(2) 写出开启式负荷开关的型号含义(见图 5-2-3)。

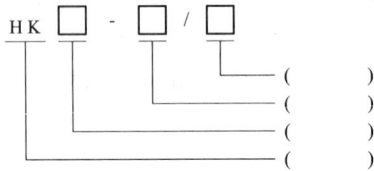

$$HK\ \square\ -\ \square\ /\ \square$$

　　　　　　　　　　　　　　　(　　　)
　　　　　　　　　　　　(　　　)
　　　　　　　(　　　)
　　　　(　　　)

图 5-2-3　负荷开关的型号及含义

(3) 开启式负荷开关的分类有哪些？

_____

_____

(4) 如何选用开启式负荷开关？

_____

_____

_____

_____

特别提示

使用开启式负荷开关控制电动机的直接启动和停止时应注意以下事项：

(1) 开启式负荷开关用于功率小于 5.5 kW 的电动机控制线路中，在分闸/合闸操作时，动作应迅速。原因：没有灭弧装置，使电弧尽快熄灭。

(2) 不宜用于操作频繁的电路中。原因：动触点与静触点容易被电弧灼伤，从而引发接触不良现象。

(3) 开启式负荷开关必须垂直安装在控制屏或开关板上，且合闸状态时手柄应朝上。不允许倒装或平装。原因：瓷柄有一定的自重，倒装后会造成误合闸，引起事故。

(4) 开关的熔体部分需要铜导线直连后，在出线端另外加装与电动机规格相配套的熔断器做短路保护。原因：开关的熔体部分无法与被控电动机规格配套。

单元五　电力拖动控制线路 安装与检修	学习情境二	手动正转控制电路的安装 与检修	
姓名　　　　　　班级　　　　　　日期			

引导问题 3：了解低压开关——封闭式负荷开关(见图 5-2-4)。

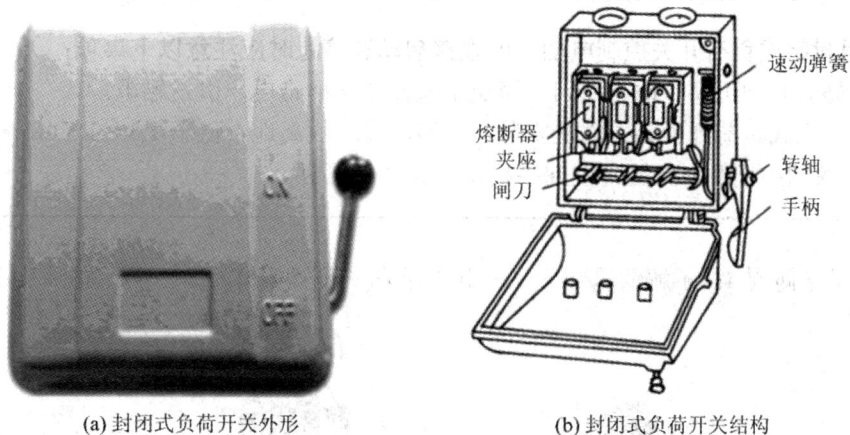

(a) 封闭式负荷开关外形　　　　　　(b) 封闭式负荷开关结构

图 5-2-4　HH3 系列封闭式负荷开关

(1) 绘制封闭式负荷开关的图形和符号。

图形：	符号：

(2) 写出封闭式负荷开关的型号含义(见图 5-2-5)。

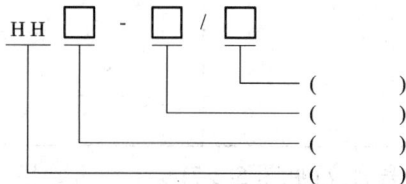

图 5-2-5　封闭式负荷开关的型号及含义

(3) 如何选用封闭式负荷开关？

_____

_____

_____

_____

单元五 电力拖动控制线路 安装与检修	学习情境二	手动正转控制电路的安装 与检修	
姓名	班级	日期	

特别提示

使用封闭式负荷开关控制电动机的直接启动和停止时应注意以下事项：

(1) 外壳必须可靠接地。原因：避免引起操作手柄带电，引发触电。

(2) 封闭式负荷开关必须垂直安装，安装高度一般离地不低于 1.3～1.5 m，操作时，要站在开关的手柄侧。原因：确保手柄操作流畅、可靠。

引导问题 4： 了解低压开关——组合开关(见图 5-2-6)。

(a) 组合开关外形　　　(b) 组合开关结构

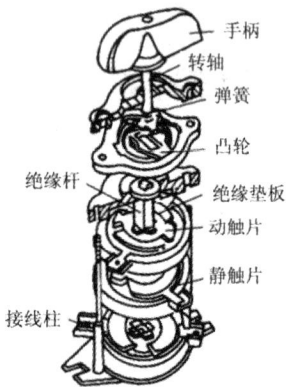

图 5-2-6　组合开关

(1) 绘制组合开关的图形和符号。

图形：	符号：

(2) 写出组合开关的型号含义(见图 5-2-7)。

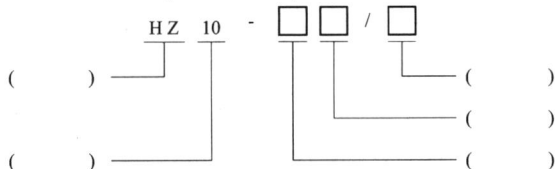

图 5-2-7　组合开关的型号及含义

(3) 如何选用组合开关？

_____

_____

单元五　电力拖动控制线路安装与检修	学习情境二	手动正转控制电路的安装与检修	
姓名	班级		日期

特别提示

使用组合开关控制电动机的直接启动和停止时应注意以下事项：

(1) 组合开关应根据用电设备的电压等级、容量和所需触点数进行选用。组合开关用于一般照明、电热电路时，其额定电流应等于或大于被控制电路中各负载电流的总和；组合开关用于控制电动机时，其额定电流一般取电动机额定电流的 1.5～2.5 倍。原因：电动机的启动电流大于其额定电流。

(2) 在转动组合开关的手柄后要听到"咔"的声音。原因：手柄转动后，若没有听到声音，说明其内部触点未动，导致开关触点未动作。

(3) 组合开关如需保护，必须另设其他保护电路。原因：组合开关内没有熔断器，电源发生故障后无法保护自身触点。

(4) 组合开关不能用来分断故障电流。原因：组合开关的通断能力较低。

(5) 经常检查组合开关固定螺钉是否松动。原因：避免引起导线压接松动，造成外部连接点放电、打火、烧蚀或断路。

引导问题 5：了解低压开关——低压断路器(见图 5-2-8)，其工作原理示意图如图 5-2-9 所示。

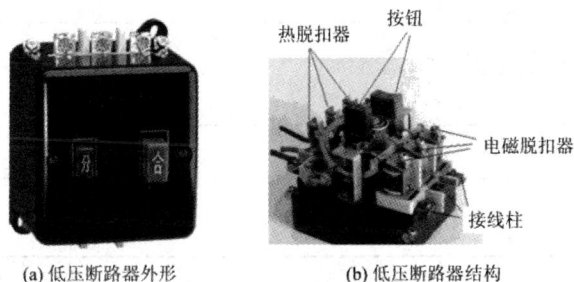

(a) 低压断路器外形　　　(b) 低压断路器结构

图 5-2-8　低压断路器

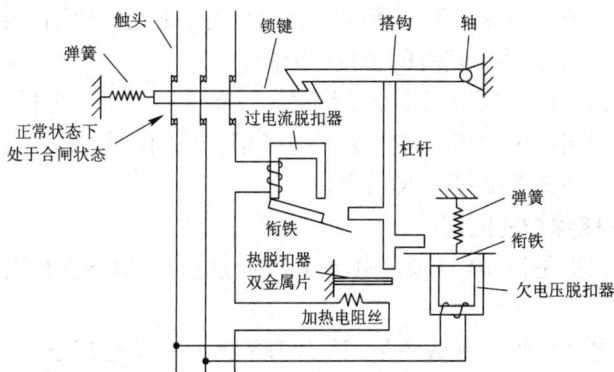

图 5-2-9　低压断路器工作原理示意图

单元五　电力拖动控制线路 安装与检修	学习情境二	手动正转控制电路的安装 与检修	
姓名　　　　　　　班级		日期	

(1) 绘制低压断路器的图形和符号。

图形:	符号:

(2) 写出低压断路器的型号含义(见图 5-2-10)。

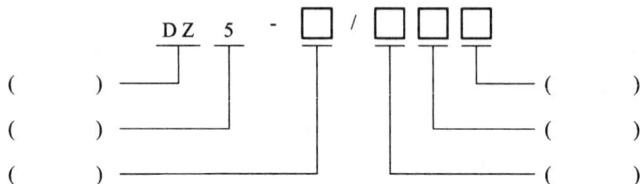

$$DZ \quad 5 \quad - \quad \square \quad / \quad \square\square\square$$

(　　　)

(　　　)　　　　　　　　　　　　　　　(　　　)

(　　　)　　　　　　　　　　　　　(　　　)

(　　　)　　　　　　　　　　(　　　)

图 5-2-10　低压断路器的型号及其含义

(3) 低压断路器是如何工作的?

_____

_____

(4) 如何选用低压断路器?

_____

_____

特别提示

使用组合开关控制电动机的直接启动和停止时应注意以下事项:

(1) 热脱扣器的整定电流应等于所控制负载的额定电流。原因:若热脱扣器整定电流值过小,则断路器闭合后一定时间会自行分断。

(2) 低压断路器的额定电压应不小于线路、设备的正常工作电压,电磁脱扣器的瞬时脱扣整定电流应不小于电动机启动电流的 1.7 倍。原因:若电磁脱扣器瞬时整定电流值过小,则启动电动机时断路器立即分断。

过载保护和短路保护的区别:

(1) 一般过载保护是指 10 倍额定电流以下的过电流,短路保护则是指 10 倍额定电流以上的过电流。

(2) 两者无论是在特性、参数还是工作原理等方面,差异都很大。

单元五　电力拖动控制线路 安装与检修	学习情境二	手动正转控制电路的安装 与检修	
姓名	班级	日期	

引导问题 6： 了解低压开关——熔断器(见图 5-2-11)。

(a) 瓷插式熔断器　　　(b) 螺旋式熔断器　　　(c) 有填料式熔断器

(d) 无填料密封式熔断器　　(e) 快速熔断器　　(f) 自恢复熔断器

图 5-2-11　各种型号熔断器

(1) 绘制熔断器的图形和符号。

图形：	符号：

(2) 熔断器的作用是什么？

_____

_____

_____

_____

单元五　电力拖动控制线路安装与检修	学习情境二	手动正转控制电路的安装与检修	
姓名	班级	日期	

(3) 写出熔断器的型号含义(见图 5-2-12)。

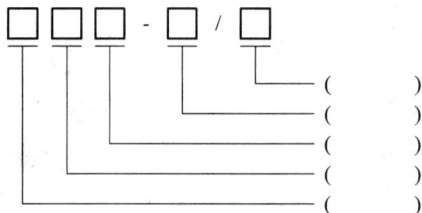

图 5-2-12　熔断器的型号含义

(4) 螺旋式熔断器如何接线?

_____

_____

(5) 应如何选用熔断器?

_____

_____

特别提示

熔断器的熔断过程大致分为以下四个阶段:

(1) 熔断器的熔体因通过过载电流或短路电流而发热,其温度上升到熔体材料的熔点,但仍处于固态,尚未开始熔化。

(2) 熔体的部分金属开始由固态向液态转化,这时由于熔体熔化要吸收一部分热量(熔解热),因此熔体温度始终保持为熔点。

(3) 已熔化的金属继续被加热,直到其温度上升到气化点为止,此即第二次加热阶段。

(4) 熔体断裂,出现间隙,并因间隙被击穿而产生电弧,直至该电弧被熄灭。

熔断器不宜作为电气线路过载保护装置使用的说明如下:

熔断器对过载反应是很不灵敏的,当电气设备发生轻度过载时,熔断器将持续很长时间才熔断,有时甚至不熔断。因此,除在照明和电加热电路外,熔断器不宜用作过载保护,而是主要用作短路保护。

螺旋式熔断器接线时应注意的事项如下:

螺旋式熔断器接线时,电源进线必须与熔断器中心触片接线桩相连,与负载的连线应接在与螺口相连的上接线桩上。原因:在旋出瓷帽并更换熔断管时,金属螺口不带电,有利于操作人员的安全。

单元五　电力拖动控制线路安装与检修	学习情境二	手动正转控制电路的安装与检修	
姓名	班级	日期	

工作计划

(1) 制订工作方案，并完成表 5-2-2。

表 5-2-2　工作方案

步骤	工 作 内 容	负责人
1		
2		
3		
4		
5		
6		
7		
8		

(2) 列出完成本任务所需仪表、工具、耗材和器材清单，并完成表 5-2-3。

表 5-2-3　器具清单

序号	名　称	型号与规格	单位	数量	备注

单元五　电力拖动控制线路 安装与检修	学习情境二	手动正转控制电路的安装 与检修	
姓名	班级	日期	

💬 **引导问题 7：** 画出转换开关控制的手动正转控制电路布置图和接线图。

布置图与接线图：

特别提示

关于电气布置图与电气接线图的说明如下：

布置图根据电气原理图的要求，对需装接的电气元件进行板面布置，并按电气原理图进行导线连接，是电工必须掌握的基本技能。如果电气元件布局不合理，就会给具体安装和接线带来较大的困难。

简单的电气控制线路可直接进行布置接线，较为复杂的电气控制线路在布置前必须绘制电气接线图。

进行决策

(1) 各组派代表展示设计方案。

(2) 各组对其他组的设计方案提出自己的建议。

(3) 老师对各组的设计方案进行点评，选出最佳方案。

工作实施

1. 按照确定好的(最佳方案)实施——安装线路

安装线路如图 5-2-13 所示。

(1) 领取元器件及耗材。

(2) 元器件检测。

(3) 按照最佳方案安装元器件。

(4) 根据工艺要求及最佳方案布线。

单元五　电力拖动控制线路 安装与检修	学习情境二	手动正转控制电路的安装 与检修	
姓名	班级	日期	

(a) 转换开关检测　　　　(b) 装换开关固定　　　　(c) 按照接线图布线

图 5-2-13　安装线路

2. 安装的一般步骤

(1) 连接上端子排和转换开关的三根导线。

(2) 连接转换开关和三个熔断器的三根导线。

(3) 连接熔断器和下端子排的三根导线。

(4) 将电动机星接，再将电动机定子绕组首端与下端子排连接。

(5) 先将网孔板接地线，再将上端子排与试验台三相电源相连。

(6) 按接线图检查电路接线是否正确。

(7) 用万用表检测电路，先将转换开关断开，检查三相回路是否断开；再将转换开关闭合，检查三相回路是否接通。

(8) 通电试车。注意：必须在老师的监护下进行通电试车，最后清洁和整理工作台。

特别提示

板前明线敷设接线要求如下：

导线贴板走，横平又竖直。
不能露铜多，走线形成束。
弯线要直角，不能接反圈。

引导问题 8： 完成下列安全注意事项填空题。

(1) 当控制开关远离电动机且看不到电动机的运转状况时，必须另设＿＿＿＿装置。

(2) 电动机使用的电源＿＿＿＿和绕组的＿＿＿＿，必须与铭牌上规定的相一致。

(3) 接线时，必须先接＿＿＿＿端，后接＿＿＿＿端；先接＿＿＿＿线，后接＿＿＿＿线。

(4) 通电试车时，必须先＿＿＿＿运行。当观察运行正常时再接上＿＿＿＿运行。若发现异常情况应立即断电检查。

(5) 安装开启式负荷开关时，应将开关熔体部分用＿＿＿＿直接连接，并在＿＿＿＿端另外加装熔断器做短路保护，安装组合开关和低压断路器时，在电源＿＿＿＿侧加装熔断器。

单元五　电力拖动控制线路安装与检修	学习情境二	手动正转控制电路的安装与检修	
姓名	班级	日期	

评价反馈

各组派代表展示作品，介绍任务完成过程，并完成评价表 5-2-4～表 5-2-6。

表 5-2-4　学 生 自 评 表

序号	评价项目	完成情况记录	自评结论：
1	是否按时间计划完成任务		
2	引导问题中理论知识是否填写完整		
3	工作台是否整理干净		
4	耗材使用过程中有无浪费现象		
5	施工过程中的安全情况		

表 5-2-5　学 生 互 评 表

序号	评价项目	组内互评	组间互评	互评结论：
1	是否按时间计划完成任务			
2	施工质量			
3	引导问题中理论知识是否填写完整			
4	工作台是否整理干净			
5	耗材使用过程中有无浪费现象			
6	施工过程中的安全情况			

表 5-2-6　教 师 评 价 表

序号	评价项目	教师评价	教师评价结论：
1	学习准备情况		
2	引导问题中理论知识填写情况		
3	操作规范		
4	施工质量		
5	关键技能		
6	施工时间		
7	8S 管理落实情况		
8	沟通协作		
9	汇报展示		
综合评价结果：			

单元五　电力拖动控制线路 安装与检修	学习情境二	手动正转控制电路的安装 与检修	
姓名　　　　　　　　　　班级　　　　　　　　　　日期			

学习情境的相关知识点

常见的低压开关有刀开关、转换开关、自动空气开关及主令控制器等。它们的作用主要是实现对电路进行接通或断开的控制。多数作为机床电路的电源开关，有时也用来直接控制小容量电动机的通断工作。

一、刀开关

刀开关的种类很多，在电力拖动控制线路中最常用的是由刀开关和熔断器组合而成的负荷开关。负荷开关分为开启式负荷开关和封闭式负荷开关两种。

1. 开启式负荷开关

开启式负荷开关又称为瓷底胶盖开关，简称闸刀开关(见图 5-2-14)。适用于照明、电热设备及小容量电动机控制线路中，供手动不频繁地接通和分断电路，并起短路保护作用。

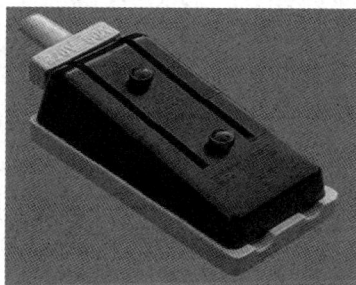

图 5-2-14　两级闸刀开关

(1) 型号含义如图 5-2-15 所示。

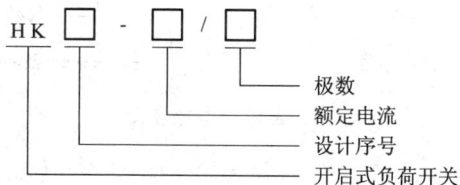

图 5-2-15　型号含义

(2) 结构。HK 系列负荷开关由刀开关和熔断器组合而成，结构和电路符号如图 5-2-16 所示。开关的瓷底座上装有进线座、静触点、熔体、出线座和带瓷质手柄的刀式动触点，上面盖有胶盖以防止电弧飞出灼伤人手。

单元五　电力拖动控制线路 安装与检修	学习情境二	手动正转控制电路的安装 与检修	
姓名	班级	日期	

图 5-2-16　HK 系列开启式负荷开关及符号

(3) 选用。HK 系列开关分有两极和三极两种，当用于照明和电热负载时，选用额定电压为 220 V、250 V，额定电流不小于电路所有负载额定电流之和的两极开关。当开关用于控制电动机的直接启动和停止时，选用额定电压为 380 V 或 500 V、额定电流不小于电动机额定电流 3 倍的三极开关。

(4) 安装与使用。在安装开启式负荷开关时，应注意将电源进线装在静触点上，将用电负荷接在开关的下出线端上。这样当开关断开时，闸刀和熔丝均不带电，保证更换熔丝时的人身安全。闸刀在合闸状态时，手柄应向上，不可倒装或平装，以防误合闸。

2. 封闭式负荷开关

封闭式负荷开关又称铁壳开关，主要用于手动不频繁地接通和断开带负载的电路，也可用于控制 15 kW 以下的交流电动机不频繁地直接启动和停止。

(1) 型号含义如图 5-2-17 所示。

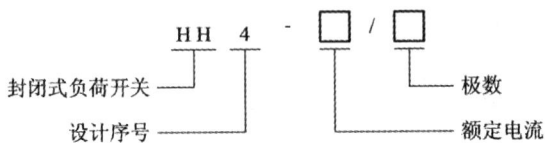

图 5-2-17　型号含义

(2) 结构。

这种开关主要由刀开关、熔断器、操作机构和外壳组成。这种开关的操作机构具有以下两个特点：一是采用了弹簧储能分合闸，有利于迅速熄灭电弧，从而提高开关的通断能力；二是设有联锁装置，以保证开关在合闸状态下开关盖不能开启，而当开关盖开启时又不能合闸，确保操作安全。常用封闭式负荷开关的结构如图 5-2-18 所示。

单元五　电力拖动控制线路安装与检修	学习情境二	手动正转控制电路的安装与检修	
姓名	班级	日期	

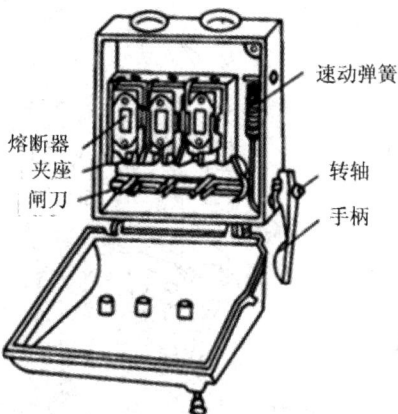

图 5-2-18　封闭式负荷开关

（3）安装与使用。在安装封闭式负荷开关时，应保证开关的金属外壳可靠接地或接零，防止因意外漏电而发生触电事故。接线时，应将电源线接在静触点的接线端上，负荷接在熔断器一端。

二、转换开关

转换开关又叫组合开关，它体积小、灭弧性能比刀开关好，接线方式多，操作方便，常用于交流 380 V、直流 220 V 以下的电气线路中，供手动不频繁地接通或分断的电路使用，也可控制 5 kW 以下小容量异步电动机的启动、停止和正反转。

（1）型号含义如图 5-2-19 所示。

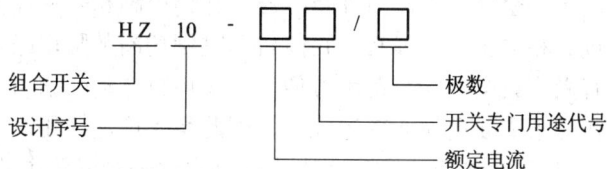

图 5-2-19　型号含义

（2）结构。这种转换开关有三对静触点，每一静触点的一端固定在绝缘垫板上，另一端伸出盒外，并附有接线柱，以便和电源线及用电设备的导线相连接。三对动触点由两个磷铜片或紫铜片和灭弧性能良好的绝缘钢纸板铆接而成，和绝缘垫板一起套在附有手柄的绝缘杆上，手柄能沿任何一个方向每次旋转 90°，带动三个动触点分别与三对静触点接通或断开，顶盖部分由凸轮、弹簧及手柄等构成操作机构，此操作机构由于采用了弹簧储能可以使开关快速闭合及分断，保证开关在切断负荷电流时所产生的电弧能迅速熄灭，其分断与闭合的速度和手柄旋转速度无关。HZ10-10/3 型转换开关内部结构与外形见图 5-2-20 所示。

单元五　电力拖动控制线路 安装与检修	学习情境二	手动正转控制电路的安装 与检修	
姓名	班级	日期	

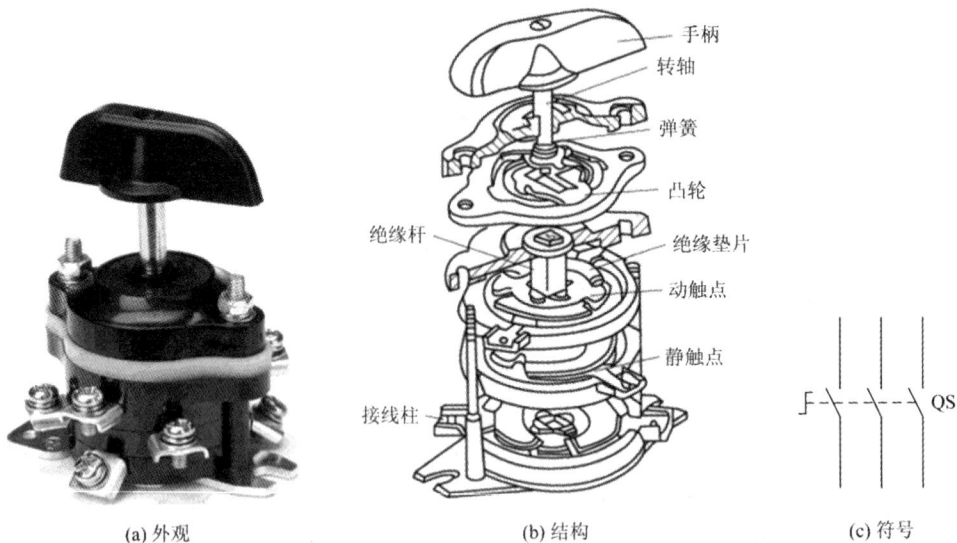

(a) 外观　　　　　　　(b) 结构　　　　　　　(c) 符号

图 5-2-20　HZ10-10/3 型转换开关

(3) 选用与安装：转换开关应根据电源种类、电压等级、所需触点数、接线方式和负载容量进行选择。用于直接控制异步电动机的启动和正、反转时，开关的额定电流一般取电动机额定电流的 1.5～2.5 倍。转换开关安装应牢固，安装时应使转换开关断开时手柄处于水平位置。

三、低压断路器

低压断路器又叫自动空气开关，简称断路器。它集控制和多种保护功能于一体，当电路中发生短路、过载和失压等故障时，它能自动跳闸切断故障电路。

低压断路器具有操作安全、安装使用方便、工作可靠、动作值可调、分断能力强、兼顾多种保护、动作后不需要更换元件等优点，因此得到广泛应用。

低压断路器种类很多，本书仅介绍用于电力拖动自动控制线路中的塑壳式(又称装置式)自动开关。

(1) 型号含义如图 5-2-21 所示。

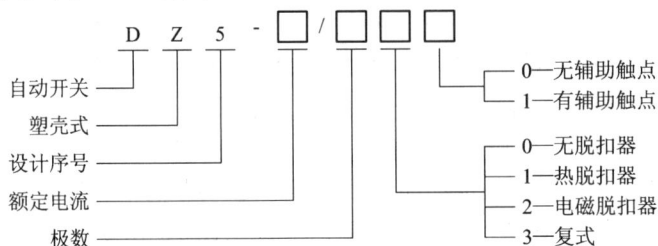

图 5-2-21　型号含义

单元五　电力拖动控制线路安装与检修	学习情境二	手动正转控制电路的安装与检修	
姓名	班级	日期	

(2) 主要结构。DZ5-20 型自动空气开关的外形与结构如图 5-2-22 所示。它主要由动触点、静触点、灭弧装置、操作机构、热脱扣器、电磁脱扣器及外壳等部分组成。

其结构采用立体布置，操作机构在中间，上面是由加热元件和双金属片等构成的热脱扣器，作为过载保护，配有电流调节装置，调节整定电流。下面是由线圈和铁芯等构成的热脱扣器，作短路保护，它也有一个电流整定装置，调节瞬时脱扣整定电流。主触点在操作机构后面，配有栅片灭弧装置，用以接通和分断主回路的大电流。另外还有常开和常闭辅助触点各一对。在外壳顶部还伸出接通(绿色)和分断(红色)按钮，通过储能弹簧和杠杆机构实现自动开关的手动接通和分断操作。

(a) 外观

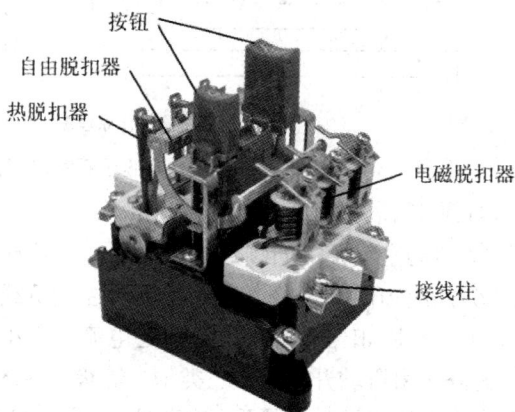

(b) 结构

图 5-2-22　DZ5-20 型低压断路器

(3) 工作原理。图 5-2-22 中开关的三对主触点串接在被保护的三相主电路中，当按下绿色按钮时，主电路中的三对主触点由锁扣钩住搭钩，克服弹簧的拉力，保持闭合状态，搭钩可绕轴转动。若主电路工作正常，则热脱扣器的发热元件温度不高，不会使双金属片弯曲到顶动连杆的程度。电磁脱扣器的线圈磁力不大，不能吸引衔铁去拨动连杆，自动开关正常吸合，向负载供电。若主电路发生过载或短路，则电流超过热脱扣器或电磁脱扣器整定电流值时，双金属片或衔铁将拨动连杆，使搭钩被顶离锁扣，弹簧的拉力使主触点系统分离而切断主电路。一旦电源电压低于整定电流值(或失去电压)，线圈的磁力减弱，衔铁受弹簧拉力向上运动，顶起连杆，使搭钩与锁扣脱离而断开主触点，起欠(失)压保护作用。

单元五　电力拖动控制线路 安装与检修	学习情境二	手动正转控制电路的安装 与检修	
姓名　　　　　班级		日期	

自动空气开关的工作原理和电路符号如图 5-2-23 所示。

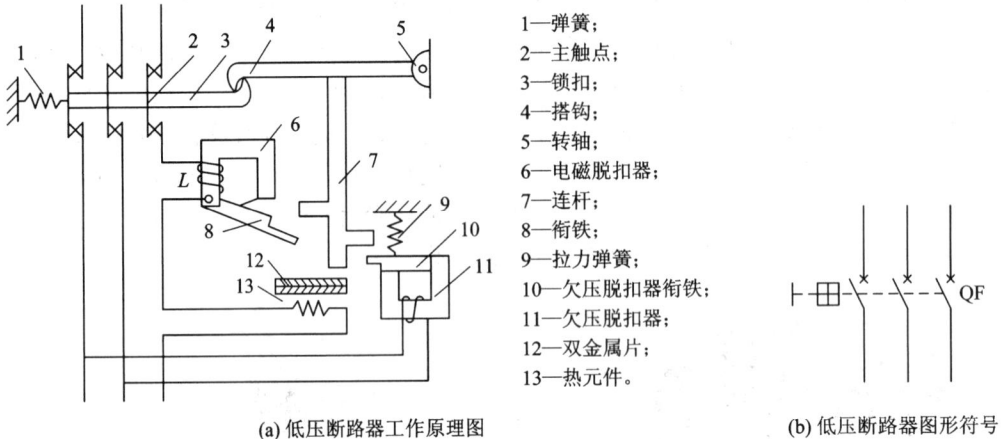

1—弹簧；
2—主触点；
3—锁扣；
4—搭钩；
5—转轴；
6—电磁脱扣器；
7—连杆；
8—衔铁；
9—拉力弹簧；
10—欠压脱扣器衔铁；
11—欠压脱扣器；
12—双金属片；
13—热元件。

(a) 低压断路器工作原理图　　　　　　　　(b) 低压断路器图形符号

图 5-2-23　低压断路器工作原理及图形符号

(4) 低压断路器一般选用原则如下：

① 自动空气开关的额定电压和额定电流应高于线路的正常工作电压和电流。

② 热脱扣器的整定电流应等于所控制负载的额定电流。

③ 电磁脱扣器的瞬时脱扣整定电流应不小于电动机启动电流的 1.7 倍。

另外选用自动开关时，在类型、等级、规格等方面要配合上、下级开关的保护特性，不允许因本级保护失灵导致越级跳闸，扩大停电范围。

四、熔断器

熔断器是低压保护线路和电动机控制电路中最简单最常用的短路保护电器。它的主要工作部分是熔体，串联在被保护电器或电路的前面，当电路或设备过载或短路时，大电流将熔体熔化，分断电路而起保护作用。

(1) 瓷插式熔断器。RC1A 系列瓷插式熔断器外观如图 5-2-24 所示，这种熔断器主要用于 380 V 三相电路和 220 V 单项电路中，用于保护电器。它具有结构简单、价格低廉、更换熔丝方便等优点。

瓷插式熔断器主要由瓷座、瓷盖、静触点、动触点和熔丝等组成，如图 5-2-25 所示。瓷座中部有一空腔，与瓷盖的凸出部分构成灭弧室。60 A 以上的瓷插式熔断器空腔还垫有编织石棉层，用以加强灭弧功能。

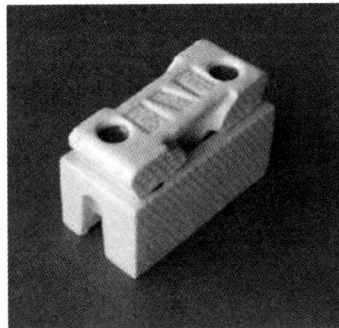

图 5-2-24　瓷叉式熔断器外观

单元五　电力拖动控制线路安装与检修	学习情境二	手动正转控制电路的安装与检修	
姓名	班级	日期	

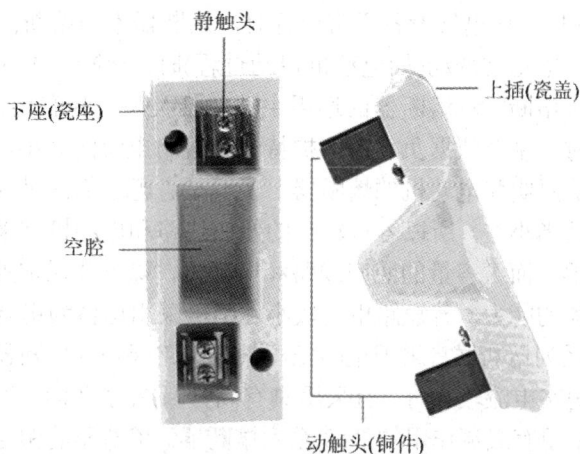

静触头
下座(瓷座)
上插(瓷盖)
空腔
动触头(铜件)

图 5-2-25　瓷叉式熔断器结构

(2) 螺旋式熔断器。RL1 系列螺旋式熔断器用于交流电压 380 V 及以下、电流在 200 A 以内的线路和用电设备的过载和短路保护，如图 5-2-26 所示。它具有熔断快、分断能力强、体积小、结构紧凑、更换熔丝方便、安全可靠和熔丝断后标志明显等优点。其主要由瓷帽、熔断管(熔芯)、瓷套、上、下接线桩及底座等组成，如图 5-2-27 所示。熔断管内除装有熔丝外，还填满起灭弧作用的石英砂。熔断管的上盖中心装有红色熔断指示器，一旦熔丝熔断，指示器即从熔断管上盖中脱落，并可从瓷盖上的玻璃窗口直接发现，以便拆换熔断管。

螺旋式熔断器接线时，电源进线必须与熔断器中心触片接线桩相连，与负载的连线应接在与螺口相连的上接线桩上，这样在旋出瓷帽并更换熔断管时，金属螺口不带电，有利于操作人员的安全。

瓷帽
熔管
瓷套
下接线端
上接线端
底座
FU
(a) 结构　　(b) 图形符号

图 5-2-26　螺旋式熔断器外观　　图 5-2-27　螺旋式熔断器结构与图形符号

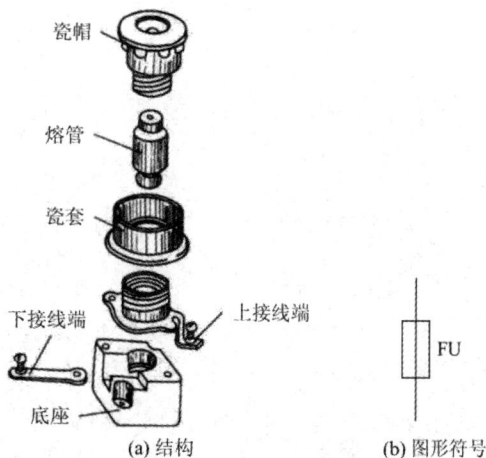

单元五 电力拖动控制线路 安装与检修	学习情境二	手动正转控制电路的安装 与检修	
姓名	班级	日期	

(3) 熔断器的选择。在电气设备正常运行时，熔断器不应熔断；在出现短路时，应立即熔断；在电流发生正常变动(如电动机启动过程)时，熔断器不应熔断；在用电设备持续过载时，应延时熔断。对熔断器的选用主要包括类型选择和熔体额定电流的确定。选择熔断器的类型时，主要依据负载的保护特性和短路电流的大小。

例如，用于保护照明和电动机的熔断器，一般是考虑它们的过载保护，这时，希望熔断器的熔化系数适当小些。所以容量较小的照明线路和电动机宜采用熔体为铅锌合金的 RC1A 系列熔断器，而大容量的照明线路和电动机，除过载保护外，还应考虑短路时熔断器分断短路电流的能力。若短路电流较小，则可采用熔体为锡质的 RC1A 系列或熔体为锌质的 RM10 系列熔断器。用于车间低压供电线路保护的熔断器，一般是考虑短路时的分断能力。当短路电流较大时，宜采用具有高分断能力的 RL1 系列熔断器。当短路电流相当大时，宜采用有限流作用的 RT0 系列熔断器。熔断器的额定电压要大于或等于电路的额定电压。熔断器的额定电流要依据负载情况而选择。

① 电阻性负载或照明电路启动过程很短，运行电流较平稳，一般按负载额定电流的 1～1.1 倍选用熔体的额定电流，进而选定熔断器的额定电流。

② 电动机等感性负载的启动电流为额定电流的 4～7 倍，一般选择熔体的额定电流为电动机额定电流的 1.5～2.5 倍。一般来说，熔断器难以起到过载保护作用，而只能用作短路保护，过载保护应采用热继电器。

安装螺旋式熔断器时，为保证更换熔芯时的人身安全，应将低接线端接电源，高接线端接负载。

单元五　电力拖动控制线路安装与检修	学习情境三	点动正转控制电路的安装与检修	
姓名	班级	日期	

学习情境三　点动正转控制电路的安装与检修

学习情境描述

(1) 教学情境描述：走入自动化生产线实训室，观察传送带的点动控制。使用时按住按钮，传送带启动运行；松开按钮，传送带停止运行。这就是一种最简单的三相异步电动机点动正转控制电路。

(2) 关键知识点：按钮、交流接触器的结构、动作原理、型号及含义、选用方法；点动正转控制电路的工作原理。

(3) 关键技能点：按钮、交流接触器的安装方法及使用注意事项与检修；控制线路的安装方法、步骤及工艺要求和检测过程与检测方法。

学习目标

(1) 正确理解点动正转控制电路的工作原理。

(2) 正确识读点动正转控制电路的原理图、接线图和布置图。

(3) 能够按照接线工艺要求正确安装手动正转控制电路。

(4) 初步掌握点动正转控制电路中低压电器的选用方法，并可以对简单故障进行检修。

(5) 能够根据故障现象检修点动正转控制电路。

任务书

三相异步电动机的点动正转控制由按钮、交流接触器等低压电器控制其启动与停机，本次任务要求完成点动正转控制电路的安装与检修。

单元五　电力拖动控制线路 安装与检修	学习情境三	点动正转控制电路的安装 与检修	
姓名	班级	日期	

任务分组

学生任务分配表如表 5-3-1 所示。

表 5-3-1　学生任务分配表

班级		组号		工位号	
组长		学号		指导老师	
组员					

任务分工:

知识储备

❓ 引导问题 1: 认识电路——电动机点动正转控制电路的工作原理。

电动机点动正转控制电路如图 5-3-1 所示。其工作原理如下:

启动: 按下_____, _____得电, _____闭合, 电动机 M 接通电源启动运转。

停机: 松开_____, _____失电, _____断开, 电动机 M 分断电源停止运转。

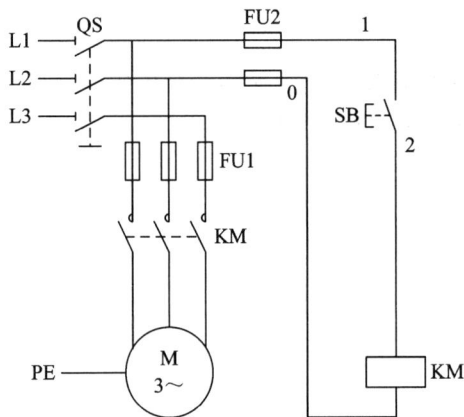

图 5-3-1　电动机点动正转控制电路

点动正转控制电路
安装与检修

单元五　电力拖动控制线路 安装与检修	学习情境三	点动正转控制电路的安装 与检修	
姓名	班级	日期	

图 5-3-1 三相异步电动机点动正转控制电路中分别用到了哪些低压电器？它们的作用是什么？

_____

_____

_____

_____

引导问题 2：了解主令电器——按钮(见图 5-3-2)。

(a) 三联按钮外形　　　　　　　　　　(b) 按钮结构

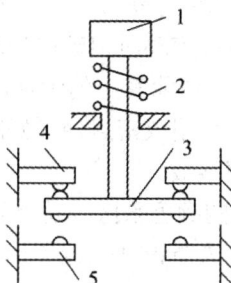

1—按钮；
2—复位弹簧；
3—动触头；
4—常闭触点；
5—常开触点。

图 5-3-2　按钮

(1) 绘制按钮的图形和符号。

图形：	符号：

(2)写出按钮的型号含义(见图 5-3-3)。

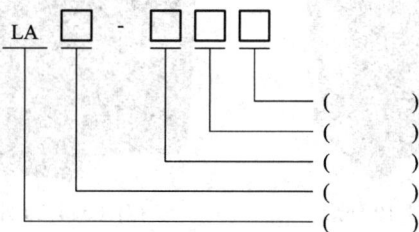

LA □ - □ □ □

( )
( )
( )
( )
( )

图 5-3-3　按钮的型号含义

单元五　电力拖动控制线路 安装与检修	学习情境三	点动正转控制电路的安装 与检修	
姓名	班级	日期	

(3) 应如何选用按钮?

_____

_____

_____

特别提示

使用按钮时应注意以下事项:

(1) 按钮只能短时接通或分断 5 A 以下的小电流电路,一般不直接控制主电路的直接通断。原因:主电路直接启动时启动电流较大,容易烧坏按钮触点。

(2) 应经常检查按钮,清除其上的污垢,并采取相应的密封措施。原因:由于按钮的触点间距较小,经多年使用或密封件不好时,尘埃或机油各阶乳化液等流入,会造成绝缘性降低甚至发生短路事故。

(3) 按钮帽通过不同的颜色来区分功能和作用,停止按钮用红色,启动按钮用绿色或黑色。原因:便于操作人员识别,避免误操作。

❓ **引导问题 3:** 了解低压电器——交流接触器(见图 5-3-4 和图 5-3-5)。

(a) CJX1-9 外形

(b) CJX2-18 外形

(c) CJT1-10 外形

(d) CJT1-20 外形

图 5-3-4　CJ 系列交流接触器

单元五　电力拖动控制线路安装与检修	学习情境三	点动正转控制电路的安装与检修	
姓名	班级	日期	

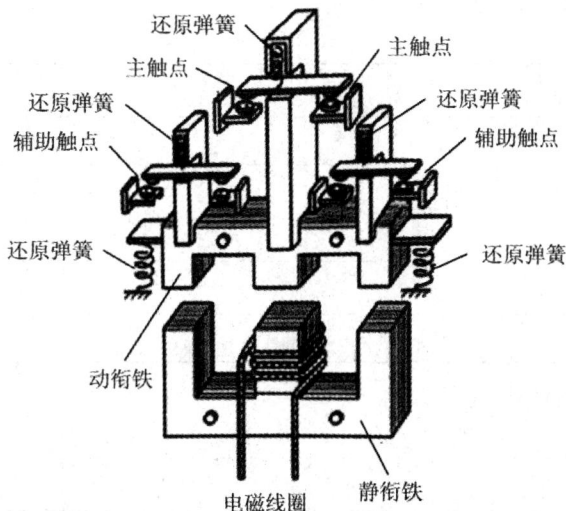

图 5-3-5　交流接触器工作原理示意图

(1) 绘制交流接触器的图形和符号。

图形：	符号：

(2) 写出交流接触器的型号含义(见图 5-3-6)。

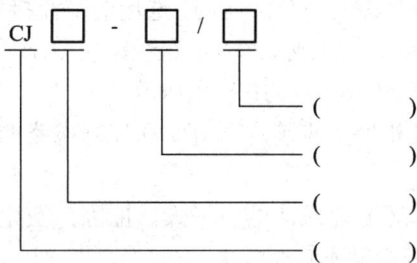

CJ□-□/□

(　　　)
(　　　)
(　　　)
(　　　)

图 5-3-6　交流接触器的型号含义

单元五　电力拖动控制线路 安装与检修	学习情境三	点动正转控制电路的安装 与检修	
姓名	班级	日期	

(3) 交流接触器由哪些主要系统构成？

_____

_____

(4) 交流接触器是如何工作的？

_____

_____

_____

(5) 交流接触器的作用是什么？

_____

_____

_____

(6) 交流接触器应如何选用？

_____

_____

_____

_____

特别提示

使用交流接触器控制电动机运行时应注意以下事项：

(1) 交流接触器的电压等级要与负载相同，选用的交流接触器类型要与负载相适应。原因：对于简单电路，多用 380 V 或 220 V；在线路较复杂或有低压电源的场合或工作环境有特殊要求时，也可选用 36 V、110 V 电压等。

(2) 接触器的触点数量和种类应满足主电路和控制电路的要求。原因：不同控制电路对触点的需求不同。

(3) 交流接触器的工作环境要求清洁、干燥。原因：灰尘等异物容易引起触点接触不良，或卡住触点弹簧造成接触不良。

(4) 用交流接触器控制电动机时，主触点的额定电流应大于电动机的额定电流。原因：电动机的启动电流较大。

单元五　电力拖动控制线路安装与检修	学习情境三	点动正转控制电路的安装与检修	
姓名	班级	日期	

工作计划

(1) 制订工作方案，并完成表 5-3-2。

表 5-3-2　工 作 方 案

步骤	工 作 内 容	负责人
1		
2		
3		
4		
5		
6		
7		
8		

(2) 列出完成本任务所需仪表、工具、耗材和器材清单，并完成表 5-3-3。

表 5-3-3　器 具 清 单

序号	名　称	型号与规格	单位	数量	备注

单元五　电力拖动控制线路 安装与检修	学习情境三	点动正转控制电路的安装 与检修	
姓名	班级	日期	

❓ 引导问题 4： 画出点动正转控制电路的布置图和接线图。

布置图与接线图：

特别提示

关于电气布置图与电气接线图的说明如下：

对于布置图中的元器件，要绘制出其实际的外形图，完全体现出其结构特点，各电器的触点位置都按电路未接通电源时的常态位置画出。

接线图中所有接线端子的编号必须与电气控制原理图中的编号一致。接线图统一采用细实线，成束的接线可以用一条实线表示，接线很少时可以直接画出各元器件间的接线方式。

进行决策

(1) 各组派代表展示设计方案。

(2) 各组对其他组的设计方案提出自己的建议。

(3) 老师对各组的设计方案进行点评，选出最佳方案。

单元五　电力拖动控制线路安装与检修	学习情境三	点动正转控制电路的安装与检修	
姓名　　　　　　　　　班级		日期	

⚙️ 工作实施

1. 安装线路

(1) 领取元器件及耗材。

(2) 元器件检测(见图 5-3-7)。

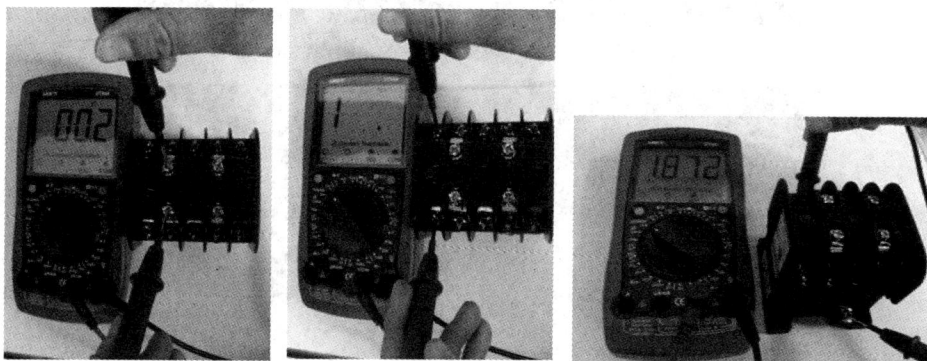

(a) 交流接触器检测

(b) 按钮检测

图 5-3-7　元器件检测

(3) 按照最佳方案安装元器件。

(4) 根据工艺要求及最佳方案布线。

单根线接线安装方法(见图 5-3-8)：

第一步：撑线；

第二步：剥线、弯圈；

第三步：测距；

第四步：弯折；

第五步：两端固定。

单元五　电力拖动控制线路 安装与检修	学习情境三	点动正转控制电路的安装 与检修	
姓名	班级	日期	

(a) 搓线

(b) 剥线

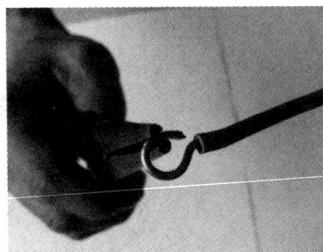
(c) 弯圈

(d) 测距

(e) 折弯

图 5-3-8　单根线接线安装方法

2. 安装的一般步骤

(1) 接控制电路和按钮，注意接线顺序。

(2) 再接主电路，连接交流接触器主触点和三个熔断器的三根导线。

(3) 连接熔断器和下端子排的三根导线。

(4) 将电动机星接，再将电动机定子绕组首端与下端子排连接。

(5) 先将网孔板接地线，再将上端子排与试验台三相电源相连。

(6) 按接线图检查电路接线是否正确。

(7) 用万用表检测电路，先测控制回路是否导通，再测主回路。

(8) 通电试车，注意：必须在老师的监护下进行通电试车，最后清洁和整理工作台。

单元五　电力拖动控制线路 安装与检修	学习情境三	点动正转控制电路的安装 与检修	
姓名　　　　　　班级　　　　　　日期			

思政课堂

在中国中铁装备集团的车间里，工匠们要率先制造出世界上独一无二的马蹄形盾构机，由于机械构造发生了改变，电路系统也要求做出全新布局，电气元器件将成倍增加。接线盒是盾构机的"神经中枢"，连通着盾构机的每一个机械运动。整台盾构机的电路系统被 50 多个接线盒所控制，每个接线盒都有 100 多根电线经过，形成一个巨大的神经网络，直接决定着盾构机的行动能力。那是一个严整的设计系统。从世界上第一台盾构机诞生到现在，初始结构的盾构机接线盒虽然曾经被一代代的高手试图予以改进，但最终还是只能保持原样不动。这一次，李刚发起的技术冲击目标依然是世界第一。马蹄形盾构机的电路系统拥有 4 万多根电缆电线，4100 个元器件，1000 多个开关，如果其中有一根线接错，一个器件使用有误，就会导致整个盾构机"神经错乱"，甚至线路会被大面积地烧毁。李刚投入的这场技术改进是风险巨大的，而它所要求的精细、精准、精微、精妙，几乎时时在挑战着人类操作的极限。昼夜攻关成了李刚的生活常态。58 天的殚思竭虑，李刚终于设计出了一套与马蹄形盾构机相适应的新型脑神经系统。

思政要点：

中国工匠站到了这个领域的世界巅峰得益于在工作中稳中求速，精益求精，质量第一，着眼于细节的耐心、执着、坚持的精神。同学们在实训过程中要用精益求精的工匠精神来对待实训项目，不断追求完美，提高施工质量。

引导问题 5： 完成下列安全注意事项的填空题。

(1) 当控制开关远离电动机且看不到电动机的运转状况时，必须另设_____装置。

(2) 电动机使用的电源和绕组_____必须与铭牌上规定的相一致。

(3) 接线时，必须先接_____端，后接_____端；先接_____线，后接_____线。

(4) 通电试车时，必须先_____运行。当观察运行正常时再接上_____运行。若发现异常情况应立即断电检查。

(5) 安装开启式负荷开关时，应将开关熔体部分用_____直接连接，并在_____端另外加装熔断器做短路保护，当安装组合开关和低压断路器时，必须在电源_____侧加装熔断器。

单元五　电力拖动控制线路 安装与检修	学习情境三	点动正转控制电路的安装 与检修	
姓名	班级	日期	

评价反馈

各组派代表展示作品，介绍任务完成过程，并完成评价表 5-3-4～表 5-3-6。

表 5-3-4　学 生 自 评 表

序号	评 价 项 目	完成情况记录	自评结论：
1	是否按时间计划完成任务		
2	引导问题中理论知识是否填写完整		
3	工作台是否整理干净		
4	耗材使用过程中有无浪费现象		
5	施工过程中的安全情况		

表 5-3-5　学 生 互 评 表

序号	评 价 项 目	组内互评	组间互评	互评结论：
1	是否按时间计划完成任务			
2	施工质量			
3	引导问题中理论知识是否填写完整			
4	工作台是否整理干净			
5	耗材使用过程中有无浪费现象			
6	施工过程中的安全情况			

表 5-3-6　教 师 评 价 表

序号	评 价 项 目	教师评价	教师评价结论：
1	学习准备情况		
2	引导问题中理论知识填写情况		
3	操作规范		
4	施工质量		
5	关键技能		
6	施工时间		
7	8S 管理落实情况		
8	沟通协作		
9	汇报展示		
综合评价结果：			

单元五　电力拖动控制线路安装与检修	学习情境三	点动正转控制电路的安装与检修	
姓名	班级	日期	

学习情境的相关知识点

一、按钮

按钮又称按钮开关，是一种手动控制电器。它只能短时接通或分断 5 A 以下的小电流电路，向其他电器发出指令性的电信号，控制其他电器动作。由于按钮载流量小，不能直接用它控制主电路的分断。

1. 常用按钮型号含义

常用按钮型号含义如图 5-3-9 所示。

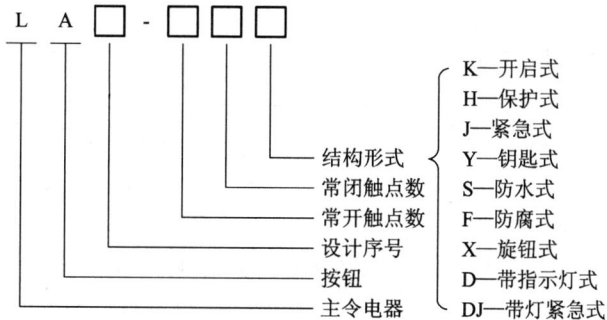

图 5-3-9　常用按钮型号含义

2. 结构

按钮开关按照用途和触点的结构不同分为停止按钮(常闭按钮)、启动按钮(常开按钮)及复合按钮(组合按钮)。其结构一般由按钮帽、复位弹簧、桥式动触点、静触点和外壳等组成，其外形、结构及符号如图 5-3-10 所示。

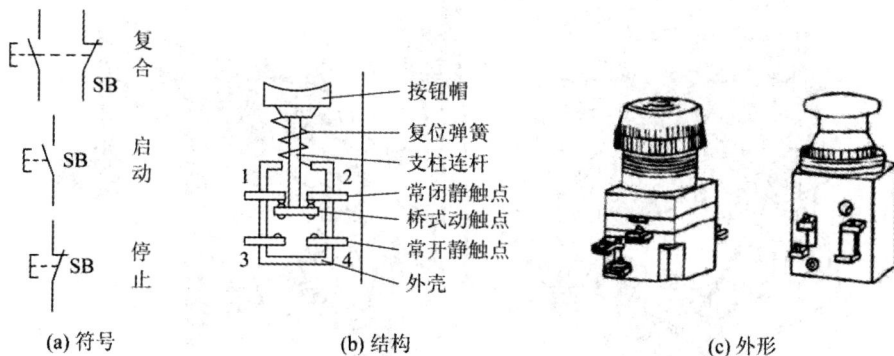

(a) 符号　　　　　　(b) 结构　　　　　　(c) 外形

图 5-3-10　按钮符号、结构以及外形

单元五　电力拖动控制线路 安装与检修	学习情境三	点动正转控制电路的安装 与检修	
姓名	班级	日期	

3. 选用与安装

按钮的选用应根据使用场合、被控制电路所需触点数目及按钮帽的颜色等方面综合考虑。使用前，应检查按钮帽弹性是否正常，动作是否自如，触点接触是否良好可靠。

按钮安装在面板上时，应布置合理，排列整齐，安装应牢固，停止按钮用红色，启动按钮用绿色或黑色。

二、交流接触器

常用的交流接触器有 CJ0、CJ10 和 CJ20 等系列产品，下面以 CJ10 为例介绍交流接触器。

1. 型号含义

型号含义如图 5-3-11 所示。

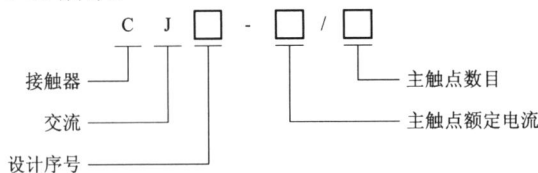

图 5-3-11　交流接触器型号及其含义

2. 基本结构

交流接触器的结构主要由：电磁系统、触点系统、灭弧装置及辅助部件等部分组成。其中常开触点(共 5 对，3 对是常开主触点，2 对是常开辅助触点)，在结构的中间部分。常闭触点(共 2 对)在结构的最上端。线圈在结构的最下端。压力弹簧和传统机构部分。图 5-3-12(a)是 CJ10-20 型交流接触器的结构图。

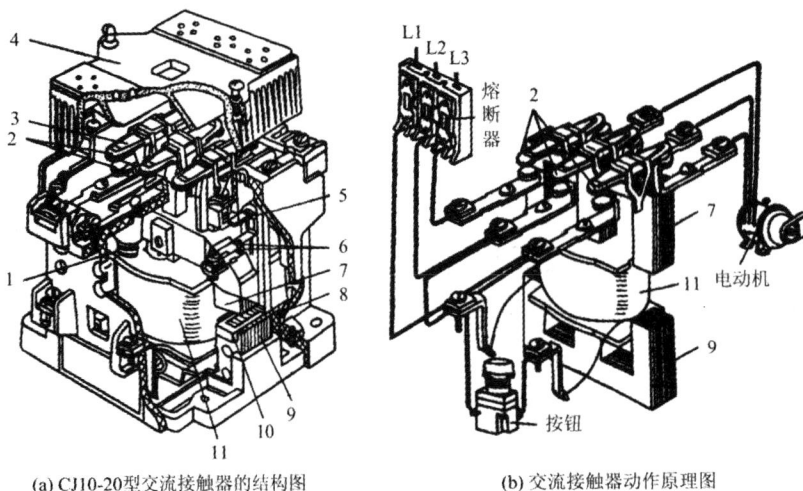

(a) CJ10-20型交流接触器的结构图　　　(b) 交流接触器动作原理图

图 5-3-12　CJ10-20 型交流接触器的结构图

单元五　电力拖动控制线路 安装与检修	学习情境三	点动正转控制电路的安装 与检修	
姓名	班级	日期	

1) 电磁系统

电磁系统由电磁线圈、静铁芯、动铁芯(衔铁)等组成。其中动铁芯与动触点支架相连。电磁线圈通电时产生磁场，使动、静铁芯磁化而相互吸引，当动铁芯被吸引向静铁芯时，与动铁芯相连的动触点也被拉向静触点闭合接通电路。电磁线圈断电后，磁场消失，动铁芯在复位弹簧作用下，回到原位，牵动动触点与静触点分离，分断电路。交流接触器动作原理如图 5-3-12(b)所示。

为了减少工作过程中交变磁场在铁芯中产生的涡流及磁滞损耗，避免铁芯过热，交流接触器的铁芯和衔铁一般用 E 形硅钢片叠压铆成。交流接触器的铁芯上有一个短路铜环，称为短路环，如图 5-3-13 所示。短路环的作用是减少交流接触器吸合时产生的振动和噪声。当线圈中通以交流电流时，铁芯中产生的磁通也是交变的，对衔铁的吸力也是变化的。当磁通经过最大值时，铁芯对衔铁的吸力最大；当磁通经过零值时，铁芯对衔铁的吸力也是为零，衔铁受复位弹簧的反作用力有释放的趋势，这时衔铁不能被铁芯吸牢，造成铁芯振动，发出噪声，使人感到疲劳，并使衔铁与铁芯磨损，造成触点接触不良，产生电弧灼伤触点。为了消除这种现象，在铁芯上装有短路铜环。

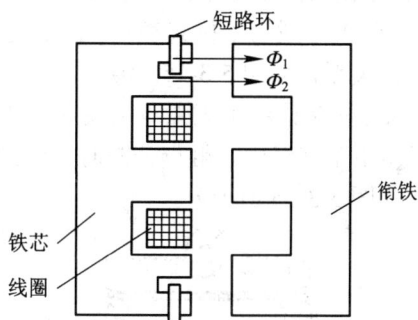

图 5-3-13　铁芯上的短路环

当线圈通电后，产生线圈电流的同时，在短路环中产生感应电流，两者由于相位不同，各自产生的磁通的相位也不同，在线圈电流产生的磁通为零时，感应电流产生的磁通不为零而产生吸力，吸住衔铁，使衔铁始终被铁芯吸牢，这样会使振动和噪声显著减小。气隙越小，短路环的作用越大，振动和噪声也越小。

2) 触点系统

触点系统按功能不同分为主触点和辅助触点两类。主触点用以通断电流较大的主电路；辅助触点用以通断电流较小的控制电路，还能起自锁和联锁等作用，一般由两对常开和两对常闭触点组成。所谓触点的常开和常闭，是指电磁系统在未通电动作时触点的状态。常开触点和常闭触点是联动的。

按结构形式划分，交流接触器的触点有桥式触点和指形触点两种，如图 5-3-14 所示。无论是桥式触点或指形触点，在触点上都装有压力弹簧以减小接触电阻并消除开始接触时产生的有害振动。

单元五　电力拖动控制线路 安装与检修	学习情境三	点动正转控制电路的安装 与检修	
姓名	班级	日期	

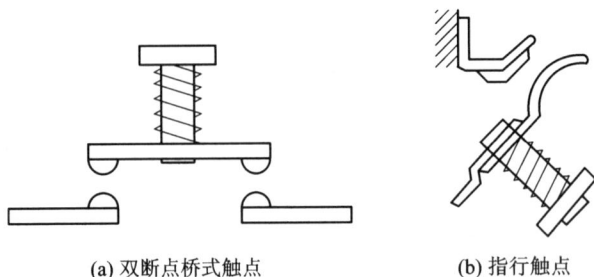

(a) 双断点桥式触点　　　　　　　　(b) 指行触点

图 5-3-14　触点的结构形式

3) 灭弧装置

交流接触器在分断较大电流电路时，在动、静触点之间将产生较强的电弧，它不仅会烧伤触点、延长电路分断时间，严重时还会造成相间短路。因此在容量稍大的电气装置中，均加装了一定的灭弧装置用以熄灭电弧。交流接触器中常用的灭弧方法有以下几种。

(1) 电动灭弧：利用触点断开时，本身的电动力把电弧拉长，以扩大电弧散热面积，使电弧在拉长的过程中，大量散热而迅速熄灭，如图 5-3-15(a)所示。

(2) 双断口灭弧：这种灭弧方法适用于桥式触点。它将电弧自然分成两段，在各段上利用电动力加快散热速度而灭弧，如图 5-3-15(b)所示。

(3) 纵缝灭弧：这种灭弧方法是借助于灭弧罩来完成灭弧任务。灭弧罩制成纵缝，且上宽下窄，触点伸入灭弧罩下部宽缝中。触点分断时产生的电弧随热气流上升，在窄缝中传给室壁降温而熄弧，如图 5-3-15(c)所示。

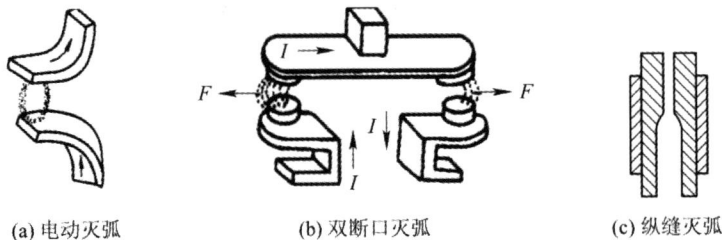

(a) 电动灭弧　　　　　　　(b) 双断口灭弧　　　　　　　(c) 纵缝灭弧

图 5-3-15　灭弧装置

(4) 栅片灭弧：栅片灭弧要借助灭弧罩完成。这种灭弧罩用陶土或石棉水泥制成。灭弧罩内装有镀铜薄铁片组成的灭弧罩，各灭弧栅之间相互绝缘，触点分断电路时产生电弧，电弧又产生磁场，灭弧栅片系导磁材料，它将电弧上部的磁通通过灭弧栅片形成闭合回路。由于电弧的磁通上部稀疏、下部稠密，这种下密上疏的磁场分布将对电弧产生由下至上的电磁力，将电弧推入灭弧栅片中去，被灭弧栅片分割成几段短电弧，这不仅使栅片之间的电弧电压低于燃弧电压，而且通过栅片吸收电弧热量，使电弧很快熄灭，如图 5-3-16 所示。

单元五　电力拖动控制线路安装与检修	学习情境三	点动正转控制电路的安装与检修	
姓名	班级	日期	

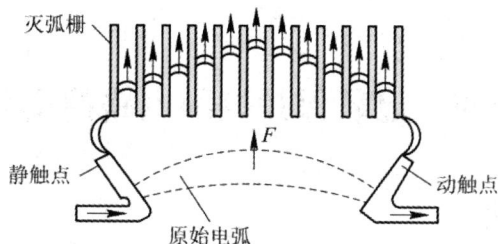

图 5-3-16　栅片灭弧装置

4) 辅助部件

交流接触器除了上述三个主要部分外，还有反作用弹簧、缓冲弹簧、触点压力弹簧、传动装置及底座、接线柱等。

交流接触器在电路图中的符号如图 5-3-17 所示。

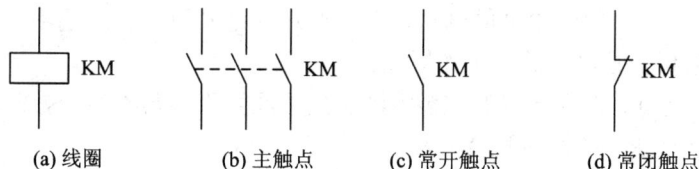

(a) 线圈　　　　　　　(b) 主触点　　　　　　(c) 常开触点　　　　　(d) 常闭触点

图 5-3-17　交流接触器在电路图中的符号

3. 选用与安装

交流接触器的工作环境要求清洁、干燥。应将交流接触器垂直安装在底板上，注意安装位置不得受到剧烈振动，因为剧烈振动容易造成触点抖动，严重时会发生误动作。

(1) 接触器主触点的额定电压应大于或等于被控制电路的最高电压。

(2) 接触器主触点的额定电流应大于被控制电路的最大工作电流。用交流接触器控制电动机时，主触点的额定电流应大于电动机的额定电流。

(3) 接触器电磁线圈的额定电压应与被控制辅助电路电压一致。对于简单电路，多选用 380 V 或 220 V 电压；在线路较复杂或有低压电源的场合或工作环境有特殊要求时，也可选用 36 V、110 V 电压等。

(4) 接触器的触点数量和种类应满足主电路和控制电路的要求。

单元五　电力拖动控制线路 安装与检修	学习情境四	过载保护控制电路的安装 与检修	
姓名	班级	日期	

学习情境四　过载保护控制电路的安装与检修

学习情境描述

(1) 教学情境描述：走入机加工车间实训室，观察 CA6140 普通车床主轴的启动与停止。

开车时按下绿色按钮后松开，主轴按照设置好的转速运行，停车时按下红色按钮后松开，主轴停止运行。这就是过载保护控制电路在 CA6140 普通车床主轴控制中的实际应用。

(2) 关键知识点：热继电器的结构、动作原理、型号及含义、选用方法；自锁的原理及概念，过载保护控制电路的工作原理。

(3) 关键技能点：热继电器的安装方法及使用注意事项与检修；控制线路的安装方法、步骤及工艺要求和检测过程及方法。

学习目标

(1) 正确理解过载保护控制电路的工作原理。
(2) 正确识读过载保护控制电路的原理图、接线图和布置图。
(3) 能够按照接线工艺要求正确安装手动正转控制电路。
(4) 初步掌握过载保护控制电路中低压电器的选用方法，并可以对简单故障进行检修。
(5) 能够根据故障现象检修过载保护控制电路。

任务书

三相异步电动机的过载保护控制由按钮、交流接触器、热继电器等低压电器控制其启动与停机，本次任务要求完成过载保护控制电路的安装与检修。

单元五　电力拖动控制线路安装与检修	学习情境四	过载保护控制电路的安装与检修	
姓名		班级	日期	

任务分组

学生任务分配表如表 5-4-1 所示。

表 5-4-1　学生任务分配表

班级		组号		工位号	
组长		学号		指导老师	
组员					
任务分工：					

知识储备

引导问题 1：认识电路——电动机过载保护控制电路的工作原理。

电动机点动正转控制电路如图 5-4-1 所示。其工作原理如下：

启动：合上_____，按下_____，_____得电，_____闭合，电动机 M 得电(接通电源)启动运转。

停机：松开_____，_____失电，_____断开，电动机失电(分开电源)停转，断开。

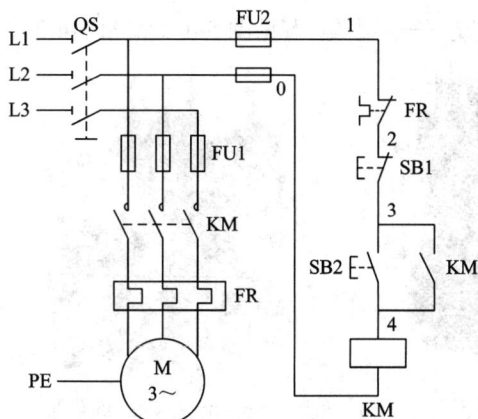

图 5-4-1　电动机过载保护控制电路

过载保护控制电路
安装与检修

单元五　电力拖动控制线路 安装与检修	学习情境四	过载保护控制电路的安装 与检修	
姓名	班级	日期	

(1) 图 5-4-1 三相异步电动机过载保护控制电路中分别用到了哪些低压电器？它们的作用是什么？

_____

_____

(2) 控制电路中 KM 的常开触点起到什么作用？总结自锁的特点。

_____

_____

思政课堂

　　刘翔少年时，上海市普陀区体校的教练顾宝刚发现他的身体素质非常出众，便将他招入名下练习跳高。刘翔从小就十分好强，练习非常刻苦，成绩提高很快。但横杆在快速提高一段时间后，再提高却变得困难起来。刘翔很着急，以为是自己用心不够，就给自己加练，他想用更加刻苦的训练提升自己的成绩。可一段时间后，横杆的提升高度微乎其微。顾宝刚找到刘翔，无奈地表示："你的腿如果再长五厘米就好了。以你现在的身高最多也就是个亚洲冠军，你好好考虑一下是否放弃跳高。"刘翔因自身的不足而非常痛苦，但他又不得不接受这个现实。在顾宝刚的建议下，他开始改练跨栏。日复一日，春秋交替，那个不足留下的遗憾沉沉地压在刘翔的心头。2004 年雅典奥运会 110 米栏赛场，刘翔羚羊般跨越一个个横栏，风驰电掣地第一个冲过终点，震惊世界。电视机前的顾宝刚感慨道：他幸亏矮了五厘米。

　　思政要点：

　　人们不仅要善于观察世界，也要善于观察自己，每个人体内都具备成功的潜能，只要敢于挑战自己，敢于付出，充分发挥自己的潜能，理想一定会变为现实。

引导问题 2：了解热保护装置——热继电器(见图 5-4-2 和图 5-4-3)。

(a) 正泰 JR36-20 外形　　　　　　　　(b) 正泰 NR2-25 外形

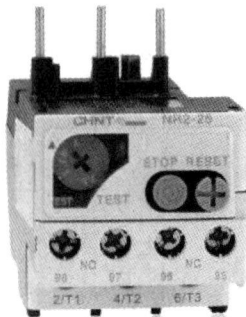

图 5-4-2　热继电器外观

单元五　电力拖动控制线路 安装与检修	学习情境四	过载保护控制电路的安装 与检修	
姓名　　　　　　　班级		日期	

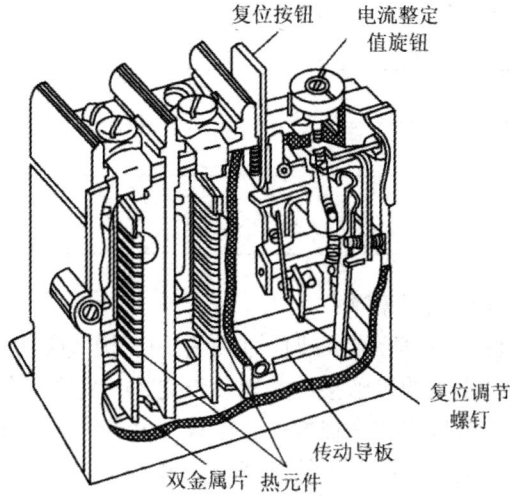

图 5-4-3　热继电器结构

(1) 绘制热继电器的图形和符号。

图形：	符号：

(2) 写出热继电器的型号含义(见图 5-4-4)。

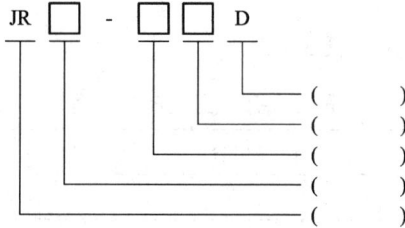

图 5-4-4　热继电器的型号含义

(3) 热继电器是如何实现过载保护的？

_____

_____

_____

_____

单元五　电力拖动控制线路 安装与检修	学习情境四	过载保护控制电路的安装 与检修	
姓名	班级	日期	

(4) 应如何选用热继电器?

_____

_____

_____

特别提示

使用热继电器时应注意以下事项:

(1) 当电动机定子绕组为三角形接法时,必须采用三极式带断相保护的热继电器;但若电动机定子绕组采用带中线的星形接法,则热继电器一定要选用三极式。原因:热继电器从结构形式上可分为两极式和三极式。三极式中又分为带断相保护和不带断相保护两种,主要应根据被保护电动机的定子接线情况选择。

(2) 运行前,应检查接线和螺钉是否牢固可靠,动作机构是否灵活、正常,还要检查其整定电流是否符合要求。原因:整定电流调整过大或过小均无法正常起到过载保护作用。

(3) 若热继电器动作后,必须对电动机和设备状况进行检查,为防止热继电器再次脱扣,一般采用手动复位。若动作原因是电动机过载所致,则应采用自动复位。原因:热继电器保护动作后即使热继电器自动复位,被保护的电动机都不应自动再启动,否则应将热继电器整定为手动复位状态。这是为了防止电动机在故障未被消除而多次重复再启动损坏设备。

工作计划

(1) 制订工作方案,并完成表 5-4-2。

表 5-4-2　工　作　方　案

步骤	工　作　内　容	负责人
1		
2		
3		
4		
5		
6		
7		
8		

单元五 电力拖动控制线路 安装与检修	学习情境四	过载保护控制电路的安装 与检修	
姓名	班级	日期	

(2) 列出本任务所需仪表、工具、耗材和器材清单，并完成表 5-4-3。

表 5-4-3　器 具 清 单

序号	名　称	型号与规格	单位	数量	备注

❓ 引导问题 3：画出过载保护控制电路的布置图和接线图。

布置图与接线图：

单元五　电力拖动控制线路 安装与检修	学习情境四	过载保护控制电路的安装 与检修	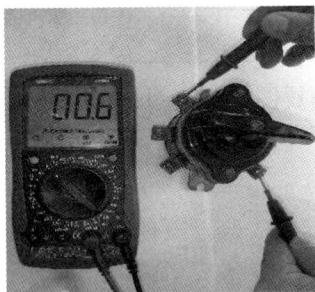
姓名　　　　　　　班级		日期	

👷 进行决策

(1) 各组派代表展示设计方案。

(2) 各组对其他组的设计方案提出自己的建议。

(3) 老师对各组的设计方案进行点评，选出最佳方案。

🔧 工作实施

1. 安装线路

(1) 领取元器件及耗材。

(2) 元器件检测(见图 5-4-5)。

(a) 热元件检测　　　　　　(b) 常闭触点检测

(c) 常开触点检测

图 5-4-5　热继电器检测

(3) 按照最佳方案安装元器件。

(4) 根据工艺要求及最佳方案布线。

单元五　电力拖动控制线路 安装与检修	学习情境四	过载保护控制电路的安装 与检修	
姓名	班级	日期	

特别提示

板前明线敷设工艺规范对照表如表 5-4-4 所示。

表 5-4-4　板前明线敷设工艺规范对照表

序号	内容	规范要求	正确工艺	错误示范
1	测距	用软线按照线路敷设的方向测量所需导线长度		
2	弯圈	注意弯圈的方向要呈现顺时针的正圈	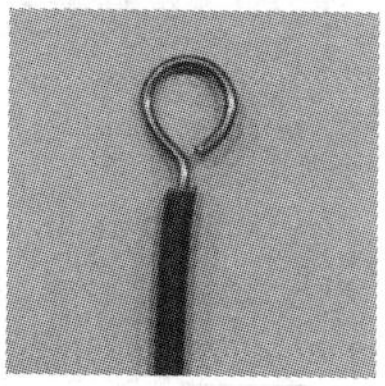	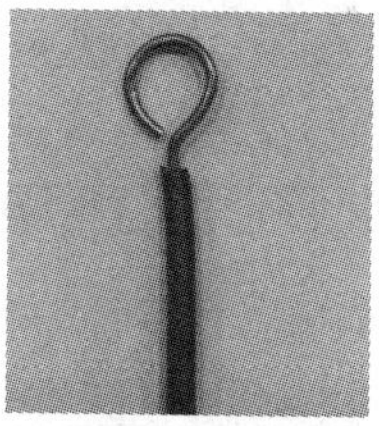
3	折弯	导线折弯处不能呈现绝对 90 度，要有一定的弧度	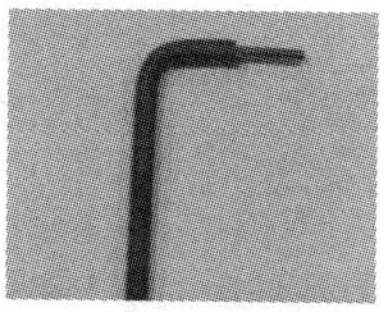	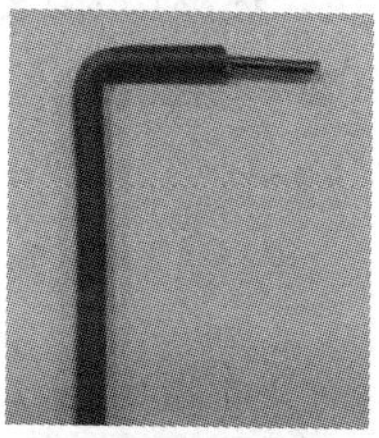
4	导线接入端子	不能露铜多、不能压导线绝缘皮		
		安装时不能接反圈		

单元五　电力拖动控制线路 安装与检修	学习情境四	过载保护控制电路的安装 与检修	
姓名	班级	日期	

2. 安装的一般步骤

(1) 按接线图和接线顺序安装接线(注意符合接线的要求),先接控制电路和按钮,注意按钮在连接端子排时务必确认好线号。

(2) 再接主电路,连接交流接触器主触点和三个熔断器的三根导线。

(3) 连接熔断器和下端子排的三根导线。

(4) 将电动机星接,再将电动机定子绕组首端与下端子排连接。

(5) 先将网孔板接地线,再将上端子排与试验台三相电源相连。

(6) 按接线图检查电路接线是否正确。

(7) 用万用表检测电路,先测控制回路是否导通,然后再用螺丝刀按压交流接触器端子模拟触点动作,检测自锁触点是否能够正常工作,最后再测主回路。

(8) 通电试车电源接线及合闸顺序:先接负载,再接电源。先接地线,再合闸。先合总闸,再合分闸,逐级送电。拉闸顺序:先停止电动机,再拉分闸,最后拉总闸。

引导问题 4: 完成下列安全注意事项填空题。

(1) 热继电器主要用于电动机的_____。热继电器的常闭触点应接在_____。(选填控制回路还是主回路)

(2) 热继电器的复位方式有_____和_____两种。

(3) 热继电器具有一定的_____自动调节补偿功能。

(4) 热继电器中双金属片的弯曲主要是由于两种金属材料的_____不同。

(5) 一般情况下,热元件的整定电流为电动机额定电流的_____倍。

(6) 利用交流接触器自己的_____闭合给自己的线圈持续供电就叫作自锁。

单元五 电力拖动控制线路安装与检修	学习情境四	过载保护控制电路的安装与检修	
姓名	班级	日期	

评价反馈

各组派代表展示作品，介绍任务完成过程，并完成评价表 5-4-5～表 5-4-7。

表 5-4-5 学生自评表

序号	评价项目	完成情况记录	自评结论：
1	是否按时间计划完成任务		
2	引导问题中理论知识是否填写完整		
3	工作台是否整理干净		
4	耗材使用过程中有无浪费现象		
5	施工过程中的安全情况		

表 5-4-6 学生互评表

序号	评价项目	组内互评	组间互评	互评结论：
1	是否按时间计划完成任务			
2	施工质量			
3	引导问题中理论知识是否填写完整			
4	工作台是否整理干净			
5	耗材使用过程中有无浪费现象			
6	施工过程中的安全情况			

表 5-4-7 教师评价表

序号	评价项目	教师评价	教师评价结论：
1	学习准备情况		
2	引导问题中理论知识填写情况		
3	操作规范		
4	施工质量		
5	关键技能		
6	施工时间		
7	8S 管理落实情况		
8	沟通协作		
9	汇报展示		

综合评价结果：

单元五　电力拖动控制线路 安装与检修	学习情境四	过载保护控制电路的安装 与检修	
姓名	班级	日期	

学习情境的相关知识点

一、热继电器

热继电器是一种利用电流的热效应来对电动机或其他用电设备进行过载保护的控制电器。电动机在运行过程中，如果长期过载、频繁启动、欠电压运行或断相运行等都可能使电动机的电流超过它的额定值。如果电流超过额定值的量不大，熔断器在这种情况下虽然不会损坏电动机，但是会引起电动机过热，损坏绕组的绝缘，缩短电动机的使用寿命，严重时甚至烧坏电动机。因此必须对电动机采取过载保护措施，最常用的是利用热继电器进行过载保护。

1. 热继电器型号及含义

常用热继电器型号含义如图 5-4-6 所示。

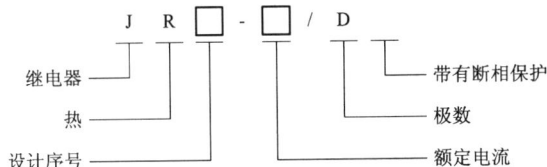

图 5-4-6　热继电器型号及含义

2. 热继电器结构

热继电器的外形及结构如图 5-4-7 所示。它主要由热元件、触点系统、动作机构、复位按钮和整定电流装置等组成。

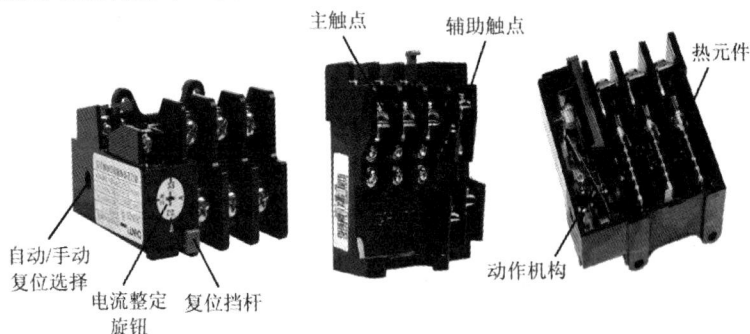

图 5-4-7　热继电器外形结构图

(1) 热元件有两块，它是热继电器的主要部分，由主双金属片及围绕在双金属片外面的电阻丝组成。双金属片是由两种热膨胀系数不同的金属片焊接而成的，如铁镍铬合金和铁镍合金。电阻丝一般由康铜、镍铬合金等材料制成。使用时将电阻丝直接串接在异步电动机的两相电路中。

单元五　电力拖动控制线路 安装与检修	学习情境四	过载保护控制电路的安装 与检修	
姓名	班级	日期	

(2) 触点系统由主触点和辅助触点组成。其中，辅助触点包含一对常闭触点和一对常开触点。

(3) 动作机构由导板、温度补偿双金属片、推杆、动触点连杆和弹簧等组成。

(4) 复位按钮用于继电器动作后的手动复位。

(5) 整定电流装置由带偏心轮的旋钮来调节整定电流值。

3. 热继电器的工作原理

如图 5-4-8 所示，当电动机绕组因过载引起过载电流时，发热元件所产生的热量足以使主双金属片弯曲，推动导板向右移动，又推动了温度补偿片，使推杆绕轴转动，推动动触点连杆，使动触点与静触点分开，从而使电动机线路中的接触器线圈断电释放，将电源切断，起到了保护作用。

温度补偿片用来补偿环境温度对热继电器动作精度的影响，它是由与主双金属片同类的双金属片制成。当环境温度变化时，温度补偿片与主双金属片都在同一方向上产生附加弯曲，因而补偿了环境温度的影响。

热继电器动作后的复位有手动复位和自动复位两种。

手动复位：将调节螺钉拧出一段距离，使触点的转动超过一定角度，当双金属片冷却后，触点不能自动复位，这时必须按下复位按钮使触点复位，与触点闭合。

自动复位：切断电源后，热继电器开始冷却，过一段时间双金属片恢复原状，触点在弹簧的作用下自动复位与触点闭合。

热继电器的符号如图 5-4-9 所示。

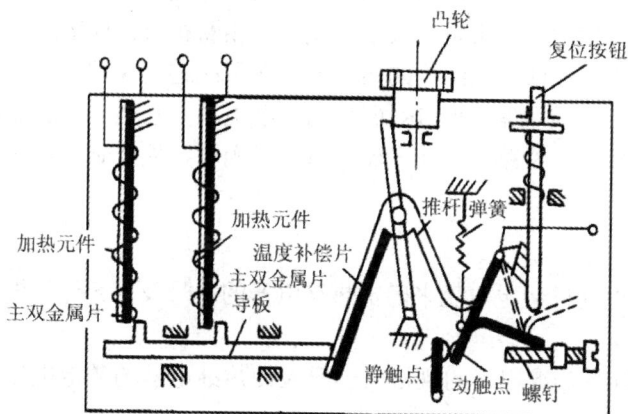

图 5-4-8　热继电器原理图

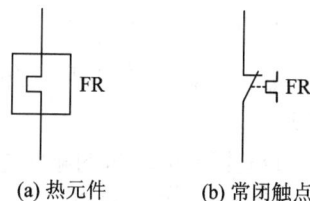

图 5-4-9　热继电器符号

4. 热继电器的整定电流

热继电器的整定电流是指热继电器长期不动作的最大电流，超过此值就会动作。

整定电流的调整如下：热继电器中凸轮上方是整定旋钮，刻有整定电流值的标尺；旋动旋钮时，凸轮压迫支撑杆绕交点左右移动，支撑杆向左移动时，推杆与连杆的杠杆

单元五　电力拖动控制线路 安装与检修	学习情境四	过载保护控制电路的安装 与检修	
姓名　　　　班级　　　　日期			

间隙加大，热继电器的热元件动作电流增大，反之动作电流减小。

当过载电流超过整定电流的 1.2 倍时，热继电器便要动作。过载电流越大，热继电器开始动作所需时间越短。过载电流的大小与热继电器开始动作时间关系如表 5-4-8 所示。

表 5-4-8　过载电流与热继电器开始动作的时间关系

整定电流倍数	动作时间	起始状态
1.0	长期不动作	从冷态开始
1.2	小于 20 min	从热态开始
1.5	小于 2 min	从热态开始
6	大于 5 s	从冷态开始

5. 三相结构及带断相保护的热继电器

上述的热继电器只有两个热元件，属于两相结构热继电器。一般情况下，电源的三相电压均衡，电动机的绝缘良好，电动机的三相线电流必相等，所以两相结构的热继电器对电动机的过载能进行保护。但是，当三相电源严重不平衡时，或者电动机的绕组内部发生短路故障时，就有可能使电动机的某一相的线电流比其余的两相线电流高；当恰巧该相线电路中没有热元件时，就不可能可靠地起到保护作用，应选用三相结构的热继电器。三相结构的热继电器结构、动作原理与二相结构的热继电器相似。

热继电器所保护的电动机，如果是 Y 接法的，当线路上发生一相断路(即缺相)时，另外两组发生过载，此时流过热元件的电流也就是电动机绕组的相电流，普通的热继电器二相或三相结构的都可起到保护作用。如果是△接法，发生一相断相时，局部严重过载，而线电流大于相电流，普通的二相或三相结构的热继电器还不能起到保护作用，此时必须采用三相结构带断相保护的热继电器。如 JR16 系列热继电器，它具有一般热继电器的保护性能，且当三相电动机一相断路或三相电流严重不平衡时，能及时动作起到断相保护的作用。

6. 热继电器的选用

热继电器在选用时，应根据电动机额定电流来确定热继电器的型号及热元件的电流等级。

(1) 根据电动机的额定电流选择热继电器的规格，一般应使热继电器的额定电流略大于电动机的额定电流。

(2) 根据需要的整定电流值选择热元件的电流等级。一般情况下，热元件的整定电流为电动机额定电流的 1.1～1.15 倍。

(3) 根据电动机定子绕组的连接方式选择热继电器的结构形式，即定子绕组以 Y 形连接的电动机选用普通三相结构的热继电器，而以△连接的电动机应选用三相带断相保护装置的热继电器。

单元五　电力拖动控制线路 安装与检修	学习情境四	过载保护控制电路的安装 与检修	
姓名　　　　　　　班级		日期	

二、具有自锁过载保护的电路的工作原理

装有热继电器的保护电路图如图 5-4-10 所示。图中，热继电器的热元件 FR 串联在控制电路中，就构成了具有自锁及过载保护功能的正转控制电路。电动机运行过程中，由于过载或其他原因使线路供电电流超过允许值时，热元件因通过大电流而温度升高，烘烤双金属片使其弯曲，将串联在控制电路中的动断触点 FR(1～2 号线)分断，使控制电路分断，接触器线圈断电，释放主触点，切断主电路，使电动机停转，从而起到过载保护的作用。

启动：合上电源开关 QS，按下启动按钮 SB2→KM 线圈得电→KM 主触点闭合→电动机 M 得电运转→KM 自锁触点闭合自锁→保持电动机运转。

停机：按下停止按钮 SB1→KM 线圈断电释放→KM 自锁触点、主触点分断→电动机 M 停机。

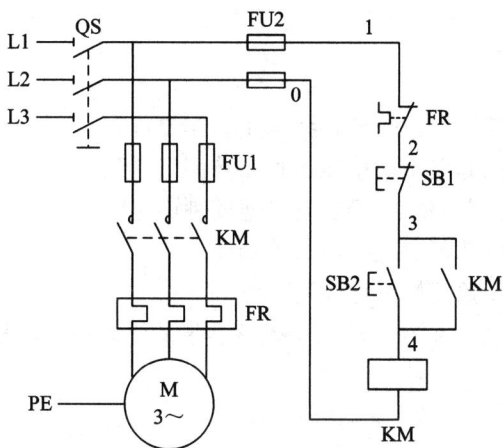

图 5-4-10　具有自锁过载保护的电路

在图 5-4-10 中，熔断器 FU1 对主电路起短路保护作用，FU2 对控制电路起短路保护作用，接触器起零压与欠压保护作用，热继电器起过载保护作用。

当电路出现零压(也称失压，如停电)、欠压时，由于弹簧的反作用力大于线圈的电磁吸力，所以 KM 接触器的自锁触点、主触点被释放而分断，当电源电压恢复正常时，由于接触器处于释放状态，所以电动机不会自行启动，从而实现了零压、欠压保护。

当电路中电动机出现过载或故障状态时，主电路中电流会过大，由于电流的热效应使热元件弯曲，从而使热继电器常闭触点分断，导致接触器线圈断电而释放，实现电路的过载保护。

单元五　电力拖动控制线路 安装与检修	学习情境五	可逆控制电路的安装与检修	
姓名　　　　　班级　　　　　日期			

学习情境五　可逆控制电路的安装与检修

学习情境描述

(1) 教学情境描述：在吊装车间，天车是必不可少的大型吊装设备，在企业生产中具有非常重要的用途，天车具有工作安全可靠、操作方便及工作效率高的特点，可以轻松实现大型设备的吊装及运送，不仅大大节省了人力，而且提高了企业的生产效率。天车的运行就是由电动机正反转控制电路实现的。

(2) 关键知识点：辅助触点联锁、按钮常闭点联锁和双重联锁的工作原理。

(3) 关键技能点：双重联锁控制电路的安装方法、步骤及工艺要求和检测过程及方法。

学习目标

(1) 正确理解可逆控制电路的电路结构及工作原理。

(2) 正确绘制可逆控制电路的接线图和布置图。

(3) 能够按照接线工艺要求正确安装可逆控制电路。

(4) 学会用万用表检测可逆控制电路的功能。

(5) 能够根据故障现象检修可逆控制电路。

(6) 使学生获得成功的体验，建立和提升学生的学习信心，培养学生学习兴趣和爱国情怀。

任务书

熟练掌握双重联锁的三相异步电动机正反转控制电路的工作原理；完成双重联锁的三相异步电动机正反转控制电路的安装与维修并使其实现正反转运转。

单元五　电力拖动控制线路 安装与检修	学习情境五	可逆控制电路的安装与检修	
姓名	班级	日期	

任务分组

学生任务分配表如表 5-5-1 所示。

表 5-5-1　学生任务分配表

班级		组号		工位号	
组长		学号		指导老师	
组员					
任务分工：					

知识储备

引导问题 1： 三相异步电动机实现正反转(见图 5-5-1)的原理及方法。

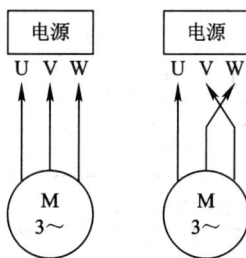

图 5-5-1　电动机的正反转

(1) 三相异步电动机实现正反转的工作原理是：＿＿＿＿＿＿＿＿＿＿＿＿＿。

(2) 三相异步电动机实现正反转的方法有＿＿＿种，分别是＿＿＿、＿＿＿、＿＿＿，其中最常用的是＿＿＿＿＿＿＿＿＿。

单元五　电力拖动控制线路 安装与检修	学习情境五	可逆控制电路的安装与检修	
姓名	班级	日期	

？ 引导问题 2：认识电路——接触器联锁可逆控制电路。

(1) 如图 5-5-2 所示，在方框中填写原理图中各元件对应的名称和作用。

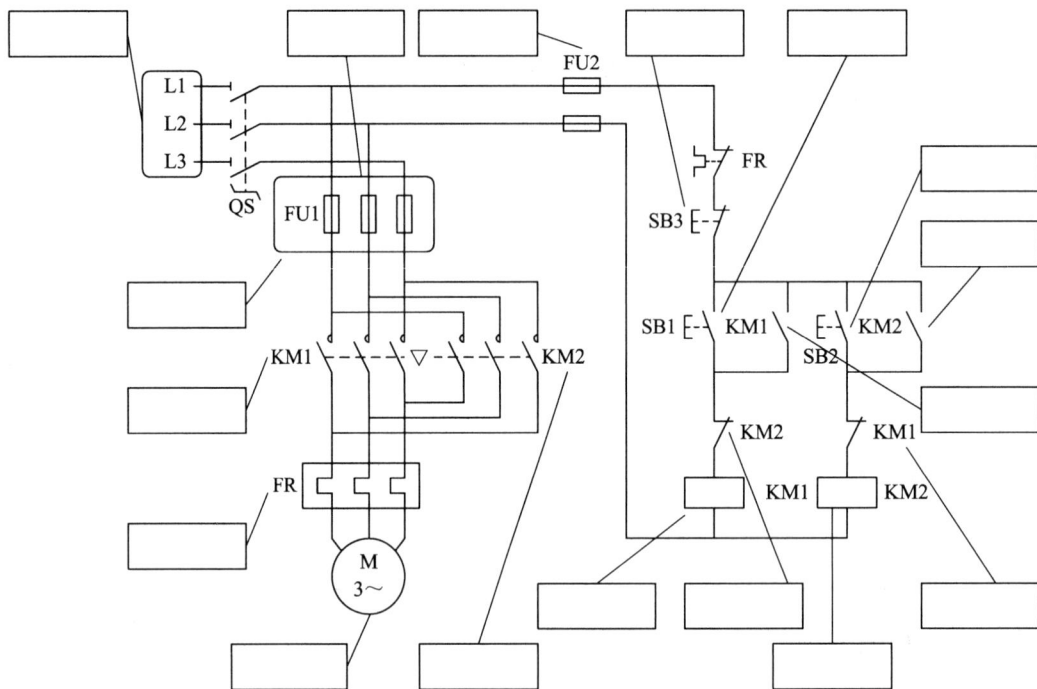

图 5-5-2　接触器辅助触点作联锁可逆控制电路

(2) 写出电路的工作原理。

第一步：接通电源，合上开关(　　)。

第二步：电动机正转运行过程。

_____

_____

_____

第三步：电动机反转运行过程。

_____

_____

_____

第四步：断开电源开关(　　)，切断电源。

单元五　电力拖动控制线路 安装与检修	学习情境五	可逆控制电路的安装与检修	
姓名	班级	日期	

引导问题 3： 接触器联锁。

(1) 简述接触器联锁的含义。

_____

_____

(2) 简述接触器联锁作用。

_____

_____

引导问题 4： 认识电路——按钮联锁可逆控制电路。

(1) 图 5-5-3 所示为按钮联锁可逆控制电路，试分别把 KM2 三对主触点与 KM1 三对主触点正确连接；同时合理连接主电路和控制电路，使其构成一个完整的电路。

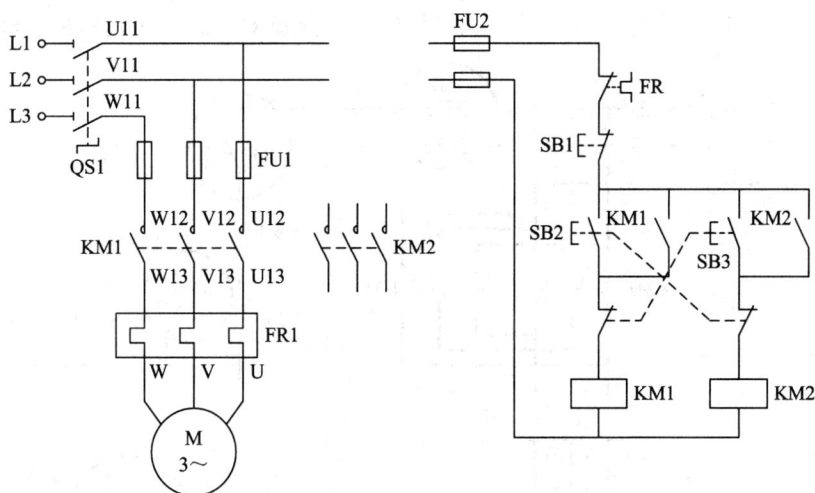

图 5-5-3　按钮联锁可逆控制电路

(2) 写出电路的工作原理。

第一步：接通电源，合上开关(　　)。

第二步：电动机正转运行过程。

_____

_____

第三步：电动机反转运行过程。

_____

_____

单元五　电力拖动控制线路 安装与检修	学习情境五	可逆控制电路的安装与检修	
姓名	班级	日期	

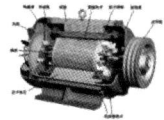

第四步：断开电源开关(　　)，切断电源。

引导问题 5： 按钮联锁。

(1) 简述按钮联锁的含义。

_____

_____

(2) 简述按钮联锁作用。

_____

_____

引导问题 6： 认识电路——双重联锁可逆控制电路。

(1) 双重联锁可逆控制电路中的"双"指的是_____和_____两种元件。

(2) 补全图 5-5-4 中空白处，使之构成按钮、接触器双重联锁正反转控制线路。

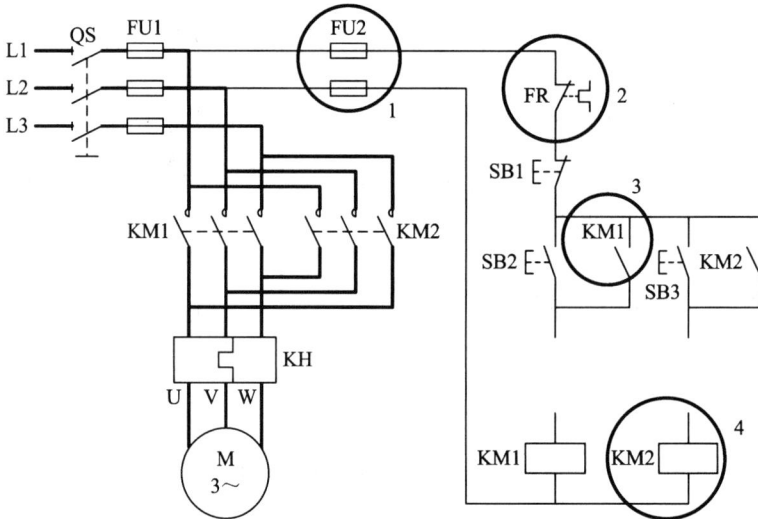

图 5-5-4　双重联锁可逆控制电路

(3) 根据电路结构特点，将元器件(按编号)的名称及在电路中的作用填写到表 5-5-2 中。

表 5-5-2　双重联锁可逆控制电路元器件的作用

元器件序号	1	2	3	4
名称				
作用				

单元五　电力拖动控制线路 安装与检修	学习情境五	可逆控制电路的安装与检修	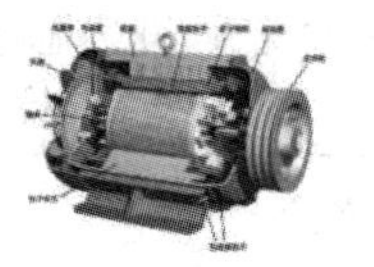
姓名	班级	日期	

(4) 写出电路的工作原理。

第一步：接通电源，合上开关(　　)。

第二步：电动机正转运行过程。

_____

_____

_____

第三步：电动机反转运行过程。

_____

_____

_____

第四步：断开电源开关(　　)，切断电源。

引导问题 7： 根据三个可逆电路的特点，并完成表 5-5-3。

表 5-5-3　三个可逆电路的优缺点

电路类别	接触器联锁 可逆控制电路	按钮联锁 可逆控制电路	双重联锁 可逆控制电路
优点			
缺点			

工作计划

(1) 制订工作方案，并完成表 5-5-4。

表 5-5-4　工 作 方 案

步骤	工　作　内　容	负责人
1		
2		
3		
4		
5		

单元五　电力拖动控制线路 安装与检修	学习情境五	可逆控制电路的安装与检修	
姓名	班级	日期	

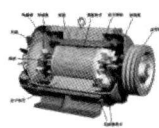

(2) 列出本任务所需仪表、工具、耗材和器材清单，并完成表 5-5-5。

表 5-5-5　器 具 清 单

序号	名　称	型号与规格	单位	数量	备注

引导问题 8： 画出双重联锁可逆控制电路的布置图与接线图。

布置图与接线图：

进行决策

(1) 各组派代表展示设计方案。

(2) 各组对其他组的设计方案提出自己的建议。

(3) 老师对各组的设计方案进行点评，选出最佳方案。

单元五　电力拖动控制线路 安装与检修	学习情境五	可逆控制电路的安装与检修	
姓名	班级	日期	

工作实施

1. 安装线路

(1) 领取元器件及耗材。

(2) 元器件检测。

(3) 按照最佳方案安装元器件。

(4) 根据工艺要求及最佳方案布线。

2. 安装的一般步骤

(1) 按元件明细将所需器材配齐并检验元件质量。

(2) 在网控板上按照双重联锁正反转控制电路安装位置示意图安装。

(3) 规范进行板前明线布线。

(4) 自检控制板布线的正确性。

(5) 进行控制板外布线检测，如电动机等。

(6) 经指导教师初检后，通电校验。

(7) 通电试车，注意：必须在老师的监护下进行。

(8) 清洁和整理工作台。

3. 装配要求

(1) 检查双重联锁可逆控制电路的安装板上有无质量问题，若有损坏应立即向指导教师报告。

(2) 控制板内部布线应平直、整齐、紧贴敷设面，走线合理及接点不得松动，不露铜过长、不反圈、不压绝缘层等，并要符合工艺要求。

(3) 布线完工后，必须对控制线路的正确性进行全面自检(例如，按下 SB2，从 FU2 的两个进线端测得的是 KM1 线圈的电阻；按下 SB3，从 FU2 的两个进线端测得的是 KM2 线圈的电阻。若万用表测试显示为 $0\ \Omega$，则说明短路；若显示"∞"，则为断路故障)，以确保通电一次成功。

(4) 通电时，必须得到指导老师同意，经初验后，由指导老师接通电源，并在现场进行监护。

(5) 出现故障后，学生应独立进行检修。

(6) 操作任务应在规定的定额时间内完成。

4. 注意事项

(1) 电动机必须安放平稳，以防止在可逆运转时产生滚动而引起事故。并将其金属外壳可靠接地。

单元五　电力拖动控制线路 安装与检修	学习情境五	可逆控制电路的安装与检修	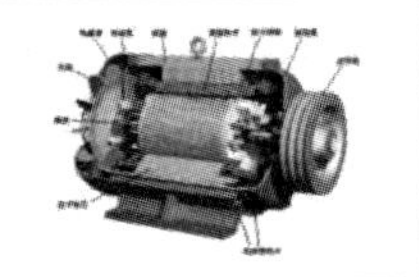
姓名	班级	日期	

(2) 进入按钮的导线必须从接线端子板上出，每个端子上最多只允许接 2 根导线。要注意主电路必须进行换相，否则，电动机只能进行单相运转。

(3) 接线时，交流接触器辅助触点 KM1、KM2 常开触点不能互换，否则，只能进行点动控制。

(4) 通电校验时，应先合上 QS，再检验 SB2(或 SB3)及 SB1 按钮的控制是否正常，并在按 SB2 后再按 SB3，观察有无联锁作用，在按 SB2 后再按下 KM2 交流接触器连杆，观察有无联锁作用。

(5) 应做到安全操作，保证工作台及周边干净整齐。

特别提示

电动机可逆运行控制电路的调试步骤如下：

(1) 检查主回路的接线是否正确，为了保证两个接触器动作时能够可靠调换电动机的相序，接线时应使接触器的上口接线保持一致，在接触器的下口调相。

(2) 检查接线无误后，通电试验，通电试验时为防止意外，应先将电动机的接线断开。

单元五　电力拖动控制线路安装与检修	学习情境五	可逆控制电路的安装与检修	
姓名	班级	日期	

评价反馈

各组派代表展示作品，介绍任务完成过程，并完成评价表 5-5-6～表 5-5-8。

表 5-5-6　学生自评表

序号	评 价 项 目	完成情况记录	自评结论：
1	是否按时间计划完成任务		
2	引导问题中理论知识是否填写完整		
3	工作台是否整理干净		
4	耗材使用过程中有无浪费现象		
5	施工过程中的安全情况		

表 5-5-7　学生互评表

序号	评 价 项 目	组内互评	组间互评	互评结论：
1	是否按时间计划完成任务			
2	施工质量			
3	引导问题中理论知识是否填写完整			
4	工作台是否整理干净			
5	耗材使用过程中有无浪费现象			
6	施工过程中的安全情况			

表 5-5-8　教师评价表

序号	评 价 项 目	教师评价	教师评价结论：
1	学习准备情况		
2	引导问题中理论知识填写情况		
3	操作规范		
4	施工质量		
5	关键技能		
6	施工时间		
7	8S 管理落实情况		
8	沟通协作		
9	汇报展示		
综合评价结果：			

单元五　电力拖动控制线路 安装与检修	学习情境五	可逆控制电路的安装与检修	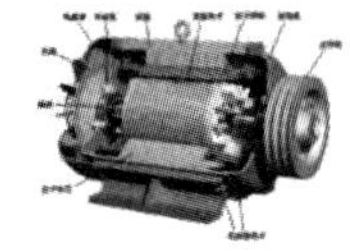
姓名	班级	日期	

思政课堂

　　我们从电动机可逆控制电路的学习中学到在日常生活中或是在学习过程中，存在多种思考的角度，可以通过不同的方法解决问题，这就是辩证思维。在今后的人生道路上，也要以辩证的眼光看待人生中的各种矛盾，同一问题往往有各种解决办法，遇事不钻牛角尖，辩证地对待人生环境和境遇，学会缓解压力，积极乐观对待各种事情，拥有健康的心情。辩证思维是科学思维能力的根本要求和集中体现，想要培养当代学生群体的创新能力，离不开辩证思维能力的培养；这是一种强调以世间万物之间的客观联系为基础，从发展变化的视角认识事物的能力，对于学生学习能力的提升、正确三观的树立等均有不可或缺的作用。

思政要点：

　　为了尽快实现强国富民的中国梦，我国积极倡导大众创业、万众创新的战略决策。也正因为如此，整个社会对青年一代的创新能力与创新意识都提出了更高的要求。恩格斯指出："一个民族想要站在科学的最高峰，就一刻也不能没有理论思维"。教师应该以培养学生的创新意识与创新能力为目标，在课堂教学中帮助学生树立辩证思维与发散性思维，才能有效提高学生的学习能力以及创新能力。

单元五　电力拖动控制线路 安装与检修	学习情境五	可逆控制电路的安装与检修	
姓名	班级	日期	

学习情境的相关知识点

一、旋转磁场旋转方向决定三相异步电动机的运转

三相异步电动机的定子绕组中通入三相交流电后，就会产生一个旋转磁场，在旋转磁场的作用下，电动机就会转动。改变任意两相绕组的相序后，旋转磁场就会改变方向，使电动机反转，如图 5-5-5 所示。

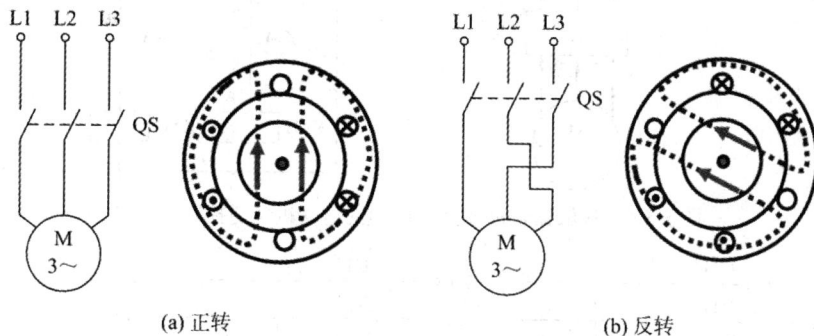

三相笼型异步
电动机可逆控制
电路安装与检修

图 5-5-5　三相异步电动机改变电源相序的电路原理图

电动机的转向是由接入电动机三相绕组的电源相序所决定的。只要改变旋转磁场的旋转方向，也就是调换电动机任意两相绕组的电源接线，即可改变相序，电动机就会改变转向。

二、接触器辅助触点作联锁的电动机可逆控制电路

1. 定子绕组电流顺序

大功率或需远距离控制电动机的正反转，常用接触器控制电动机定子绕组电流顺序。

分析图 5-5-6 接触器辅助触点作联锁的电动机可逆控制电路，结合图 5-5-7 可知：如果 KM1 交流接触器闭合，L1、L2、L3 分别流入 U11、V11、W11 相，三相异步电动机顺时针运转；KM2 交流接触器闭合，L3 的电流流入 U11 中，L1 的电流流入 W11，定子绕组电流相序发生变化，三相异步电动机逆时针运转。

单元五　电力拖动控制线路 安装与检修	学习情境五	可逆控制电路的安装与检修	
姓名	班级	日期	

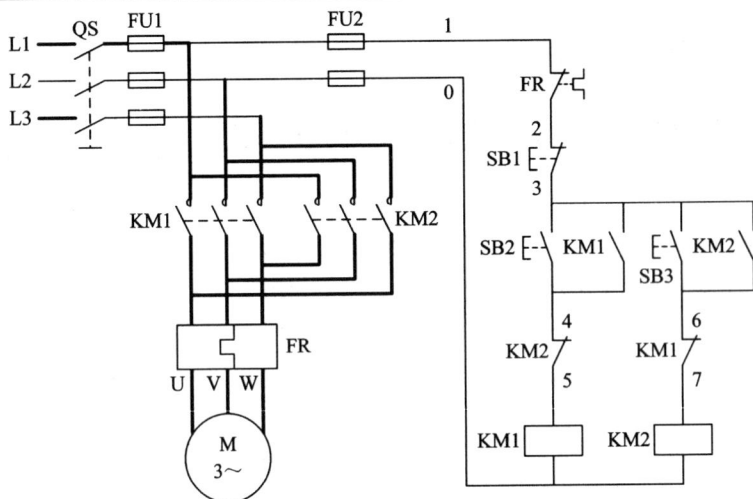

图 5-5-6　接触器辅助触点作联锁的电动机可逆控制电路

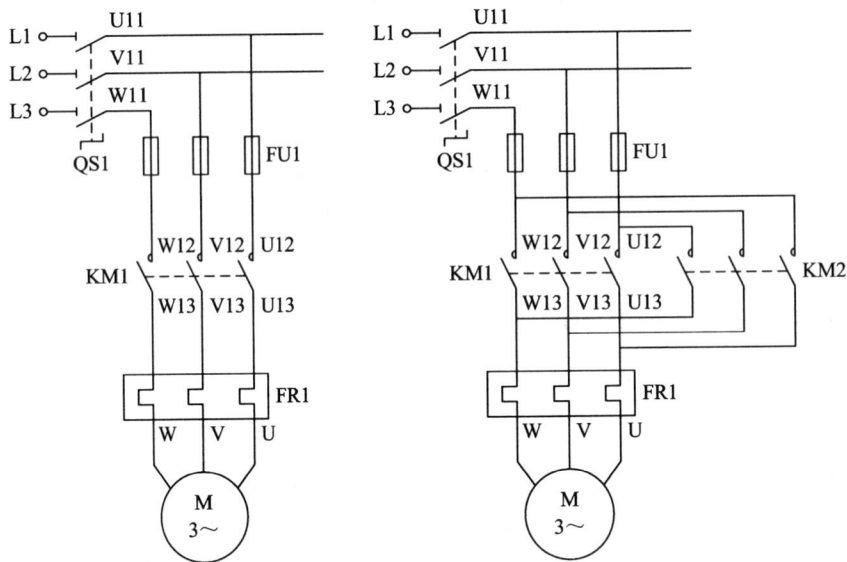

图 5-5-7　三相异步电动机的主电路正反控制电路原理图

1) 电路特点

(1) 电动机具有正反转运转功能。

(2) 正转运行与反转运行分别由两个启动按钮控制。

(3) 电动机在正向运行时按下反转启动按钮会造成相间短路。

2) 电路分析

(1) 电动机的正反转应分别由两个接触器的主触点控制，但两个接触器主触点不能

单元五　电力拖动控制线路 安装与检修	学习情境五	可逆控制电路的安装与检修	
姓名	班级	日期	

同时闭合。如果同时闭合会造成相间短路。应在 KM1 线圈前串入 KM2 的常闭触点，在 KM2 线圈前串入 KM1 的辅助常闭触点，这样就可以避免相间短路。

(2) 我们按下按钮 SB2 使 KM1 线圈得电，再按下按钮 SB3 不能使 KM2 线圈得电。

2．联锁

联锁是在一个接触器得电动作时，通过其常闭辅助触点使另一个接触器不能得电动作的作用。例如，KM1、KM2 辅助常闭触点。

在一个接触器得电动作时，通过其常闭辅助触点使另一个接触器不能得电动作的作用。起联锁作用的触点叫联锁触点。

3．工作原理

1) 正转控制

合上闸刀开关 QS。

2) 反转控制

由图 5-5-8 所示的工作原理可知，电动机转动后要改变转向时，必须先停机，再反向启动。联锁的作用是 KM1 主触点与 MK2 主触点不能同时闭合，否则会造成电源相间短路。

接触器辅助触点作联锁优缺点：工作安全可靠、操作不便。

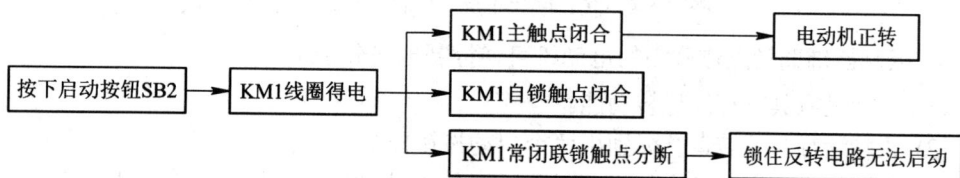

(a) 电动机正转工作原理

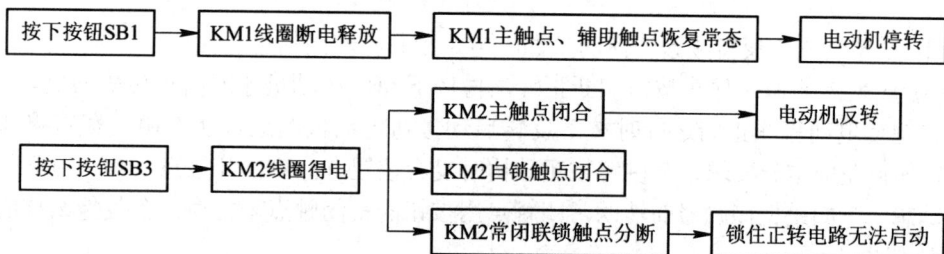

(b) 电动机反转工作原理

图 5-5-8　三相异步电动机接触器联锁正反控制电路工作原理

单元五　电力拖动控制线路安装与检修	学习情境五	可逆控制电路的安装与检修	
姓名	班级	日期	

三、按钮联锁的电动机可逆控制电路

按钮联锁正反转控制电路原理如图 5-5-9 所示。

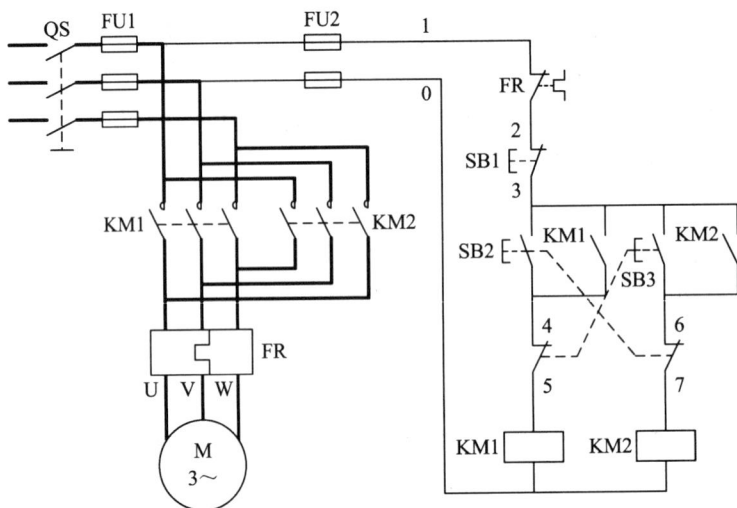

图 5-5-9　按钮联锁正反转控制电路原理图

1. 接触器辅助触点作联锁的电动机可逆控制电路分析

(1) 电动机应具有正反运转功能。

(2) 正转运行与反转运行分别由两个启动按钮控制。

(3) 电动机在正向运行时按下反转启动按钮电动机的运行状态不能由正转直接变为反转。

(4) 在电动机正反转频繁变换的条件下电路应具有较高的可靠性。

(5) 应先按下 SB1 停止按钮切断正转，再按下 SB3 电动机才能由正转变为反转。

要想使电动机在正向运行时按下反转启动按钮电动机的运行状态由正转直接变为反转，如何完成这一要求？在讲解按钮结构时复合按钮有一对常开触点还有一对常闭触点，试想一下如果把接触器的辅助常闭触点用按钮的常闭触点来替换，会是什么样的运转情况。

当电动机在正向运转时，按下 SB3 反转按钮，电动机会马上进行反向运转。

2. 从交流接触器辅助触点作联锁转变成按钮常闭点作联锁的可逆运转控制电路

为克服接触器联锁正反转控线路操作不便的缺点，把正转按钮 SB2 和反转按钮 SB3 换成两个复合按钮的常闭触点代替接触器的联锁触点，就构成按钮常闭点作联锁的正反转控制电路。图 5-5-10 所示可逆运转控制电路原理图。

单元五　电力拖动控制线路安装与检修	学习情境五	可逆控制电路的安装与检修	
姓名	班级	日期	

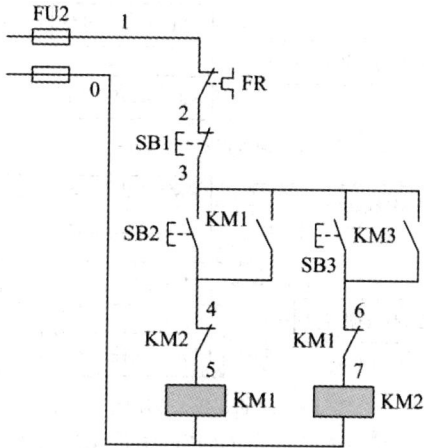

图 5-5-10　接触器作联锁

3. 按钮常闭点作联锁的可逆运转控制电路

如图 5-5-11 所示，此电路采用了复合按钮，按下按钮同时动作，实现按钮互锁连接。当电动机正向运行时，按 SB3 按钮，就会立即使 KM1 失电，电动机停转，并立即进入反向运行。反之亦然。这既保证了正反转接触器 KM1、KM2 不会同时通电，又可以不按停止按钮而直接按反转按钮进行反转启动。

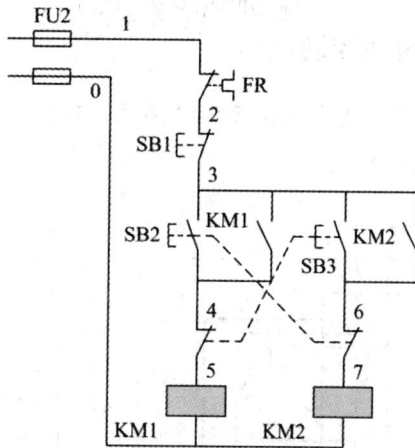

图 5-5-11　按钮作联锁

三相异步电动机按钮作联锁正反控制电路工作原理如图 5-5-12 所示。

单元五 电力拖动控制线路安装与检修	学习情境五	可逆控制电路的安装与检修	
姓名	班级	日期	

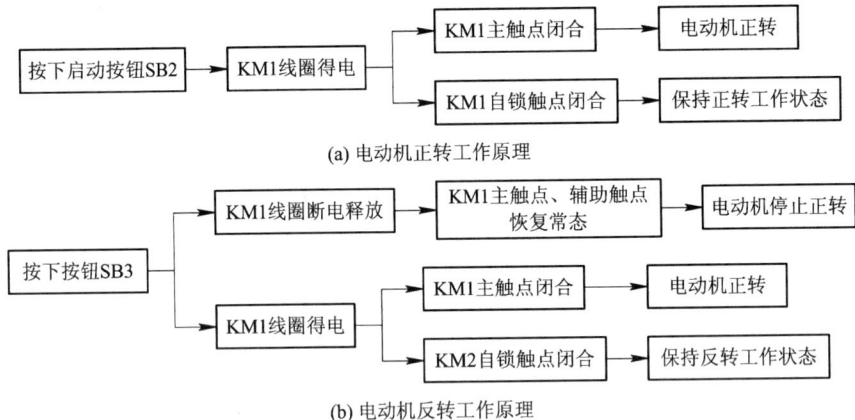

(a) 电动机正转工作原理

(b) 电动机反转工作原理

图 5-5-12 三相异步电动机按钮作联锁正反控制电路工作原理

1) 正转控制

合上电源 QS。

2) 反转控制

按下停止按钮 SB1 分断控制电路，电动机停止运行。

由工作原理可知，按钮常闭点联锁的作用是 KM1 主触点与 MK2 主触点不能同时闭合，否则会造成电源短路。这也是此电路的一个缺点。

四、双重联锁的电动机可逆控制电路

双重联锁的电动机可逆控制电路如图 5-5-13 所示，电动机正反转控制电路在生产中是一种常用的控制电路，如起重机的升、降，机床主轴的正反转控制，电控门的开与关等。

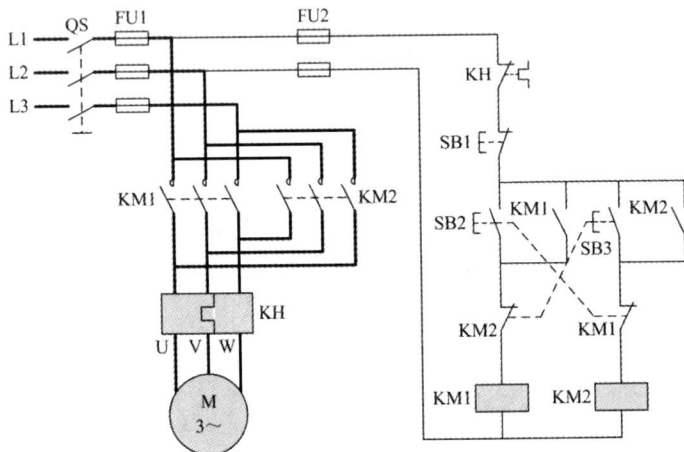

图 5-5-13 三相异步电动机双重联锁正反转控制电路原理图

单元五 电力拖动控制线路 安装与检修	学习情境五	可逆控制电路的安装与检修	
姓名	班级	日期	

从按钮联锁可逆控制电路是为了克服接触器联锁正反转控制电路操作不便的缺点，把正转按钮 SB2 和反转按钮 SB3 换成两个复合按钮的常闭触点代替接触器的联锁触点，就构成按钮联锁的正反转控制电路。按钮联锁可逆控制电路的优点：操作方便。缺点：容易产生电源两相短路故障。

怎样使正反转控制线路既安全可靠，又能方便操作？

1. 接触器联锁正反转电路和按钮联锁正反转控制电路的工作原理

(1) 接触器联锁正反转控制线路的优点是工作安全可靠，缺点是操作不便。因为电动机从正转变为反转时，必须先按下停止按钮后，才能按反转启动按钮，否则由于接触器的联锁作用，不能实现反转。

(2) 按钮联锁控制线路的缺点是容易产生电源两相短路故障。例如，当正转接触器 KM1 发生主触点熔焊或被杂物卡住等故障时，即使 KM1 线圈失电，主触点也分断不开，这时若直接按下反转按钮 SB2，KM2 得电动作，触点闭合，必然造成电源两相短路故障。所以采用此线路时工作有一定的隐患。

(3) 为克服接触器联锁正反转控制线路和按钮正反转控制线路的缺点，在按钮联锁的基础上又增加了接触器联锁，构成按钮、接触器双重联锁正反转控制线路。

2. 复合按钮的工作原理

电路采用了复合按钮，按下按钮同时动作，实现按钮、接触器双重联锁。保证电动机正常运行。当电动机正向运行时，按 SB3 按钮，就会立即使 KM1 失电，电动机停转，并立即进入反向运行。反之亦然。这既保证了正反转接触器 KM1、KM2 不会同时通电，又可以不按停止按钮而直接按反转按钮进行反转启动。

单元五　电力拖动控制线路 安装与检修	学习情境六	工作台自动往返行程控制电路 的安装与调试	
姓名	班级	日期	

学习情境六　工作台自动往返行程控制电路的安装与调试

学习情境描述

(1) 教学情境描述：在生产实际中，有些生产机械(如磨床)的工作台要求在一定行程内自动往返运动，以便实现对工件的连续加工，提高生产效率。这就需要电气控制线路能控制电动机实现自动换接正反转。

(2) 关键知识点：行程开关、位置控制电路工作原理、工作台自动往返控制电路工作原理。

(3) 关键技能点：行程开关安装方法及使用注意事项与检修；工作台自动往返控制线路的安装方法、步骤及工艺要求和检测过程及方法。

学习目标

(1) 理解位置控制线路的构成与工作原理。

(2) 理解自动往返行程控制电路的构成与原理。

(3) 能够按照接线工艺要求正确安装工作台自动往返行程控制电路。

(4) 掌握工作台自动往返行程控制电路中器件的选用方法。

(5) 能够根据故障现象检修工作台自动往返行程控制电路。

(6) 使学生获得成功的体验，建立和提升学生的学习信心，培养学生学习兴趣和爱国情怀。

任务书

　　熟练掌握位置开关的作用、工作台自动往返行程控制电路的工作原理、完成工作台自动往返行程控制电路的安装，使其实现正反转运转。

单元五　电力拖动控制线路 安装与检修	学习情境六	工作台自动往返行程控制电路 的安装与调试	
姓名　　　　　　　班级		日期	

任务分组

学生任务分配表如表 5-6-1 所示。

表 5-6-1　学生任务分配表

班级		组号		工位号	
组长		学号		指导老师	
组员					
任务分工：					

知识储备

引导问题 1：认识行程开关。

(1) 图 5-6-1 所示为行程开关结构及其示意图，请在方框处填写出各组成部分的名称。

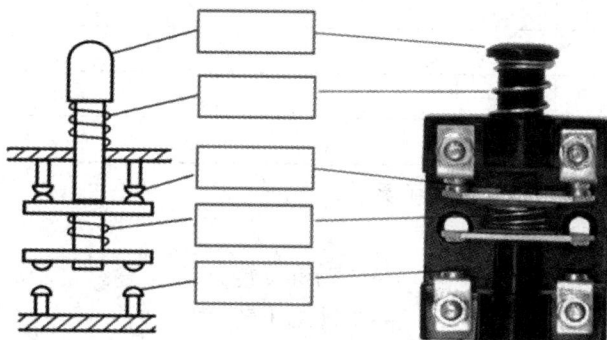

图 5-6-1　行程开关结构及示意图

单元五　电力拖动控制线路 安装与检修	学习情境六	工作台自动往返行程控制电路 的安装与调试	
姓名	班级	日期	

(2) 写出行程开关的文字符号并画出电路符号。

文字符号：	电路符号：

❓ **引导问题 2：** 行程开关在电路中的功能分配(见图 5-6-2)。

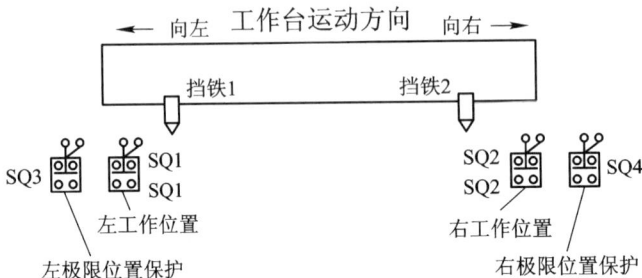

图 5-6-2　行程开关功能分配图

(1) 根据图 5-6-2 所示行程开关的功能分配图，完成表 5-6-2。

表 5-6-2　行程开关功能分配表

开关名称	作　　用
SQ1	
SQ2	
SQ3	
SQ4	

(2) 行程开关与工作台的移动关系。

工作台循环往返运动：

工作台向左→挡铁撞(　　　　　)→电动机反转。

工作台向右→挡铁撞(　　　　　)→电动机正转。

工作台停止运动：

挡铁撞 SQ1 后，电机不反转，继续撞击(　　　　　)→工作台停止运动。

挡铁撞 SQ2 后，电机不正转，继续撞击(　　　　　)→工作台停止运动。

单元五　电力拖动控制线路安装与检修	学习情境六	工作台自动往返行程控制电路的安装与调试	
姓名	班级	日期	

引导问题 3： 在图 5-6-3 的方框中，补充完整对应的文字符号。

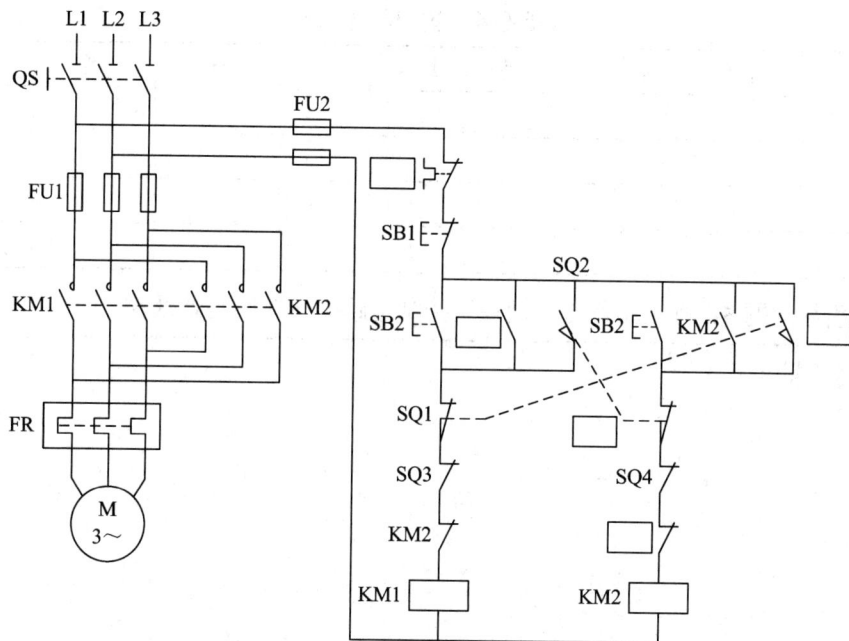

图 5-6-3　工作台自动往返行程控制电路

引导问题 4： 写出工作台自动往返控制电路的工作原理。

_____

_____

_____

_____

工作计划

(1) 制订工作方案，并完成表 5-6-3。

表 5-6-3　工　作　方　案

步骤	工　作　内　容	负责人
1		
2		
3		
4		

单元五　电力拖动控制线路 安装与检修	学习情境六	工作台自动往返行程控制电路 的安装与调试	
姓名	班级	日期	

(2) 列出本任务所需仪表、工具、耗材和器材清单，并完成表 5-6-4。

表 5-6-4　器 具 清 单

序号	名　称	型号与规格	单位	数量	备注

引导问题 5：画出工作台自动往返控制电路的布置图与接线图。

布置图与接线图：

进行决策

(1) 各组派代表展示设计方案。

(2) 各组对其他组的设计方案提出自己的建议。

(3) 老师对各组的设计方案进行点评，选出最佳方案。

单元五　电力拖动控制线路安装与检修	学习情境六	工作台自动往返行程控制电路的安装与调试	
姓名	班级	日期	

🧑‍🔧 工作实施

1. 安装步骤

(1) 按元件明细将所需器材配齐并检验元件质量。

(2) 在工作台自动往返行程控制网控板上按电气位置图安装元件。

(3) 按规范进行板前明线布线。

(4) 自检控制板布线的正确性。

(5) 进行控制板外布线，如行程开关、按钮、电动机等。

(6) 经指导教师初检后，通电校验。

(7) 拆去控制板外部布线。

2. 工艺要求

(1) 检查元器件。若有损坏应立即向指导教师报告。

(2) 安装控制板上的电器元件时，必选电器位置如图 5-6-4 所示，并做到元器件安装牢固，元器排列整齐、匀称、合理。

(3) 紧固电器元件要受力均匀、紧固程度适当，以防止损坏元件。

(4) 控制板内部布线应平直、整齐、紧贴敷设面，走线合理及接点不得松动，不露铜过长、不反圈、不压绝缘层等，并要符合工艺要求。

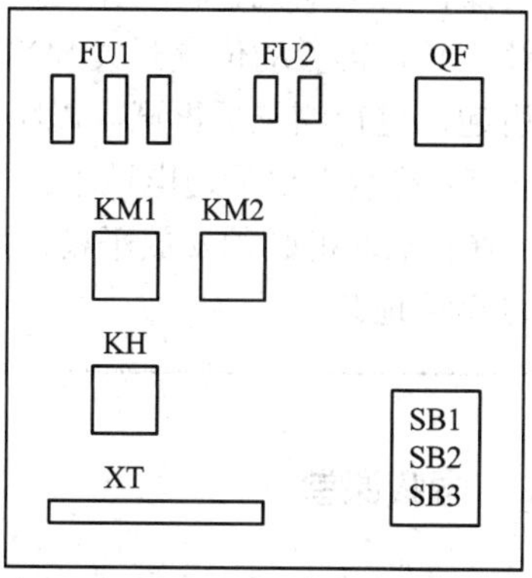

图 5-6-4　电气位置图

(5) 行程开关可以先安装好，不属定额时间内，安装位置开关必须牢固并装在合适的位置上。安装后，必须用手动工作台或受控机械进行试验合格后才能使用。

(6) 控制板内部布线应平直、整齐、紧贴敷设面，走线合理及接点不得松动，不露铜过长、不反圈、不压绝缘层，每个行程开关接线端只允许接 2 根线等，并要符合工艺要求。

(7) 布线完工后，必须对控制线路的正确性进行全面自检(例如，按下 SB2、SQ2，从 FU2 的两个进线端测得的是 KM1 线圈的电阻；按下 SB3、SQ1，从 FU2 的两个进线端测得的是 KM2 线圈的电阻。若万用表测试显示阻值为 0 Ω，则说明短路；若显示"∞"，则为断路故障，以确保通电一次成功。

(8) 通电时，必须得到指导老师的同意，经初验后，由指导老师接通电源，并在现场进行监护。

(9) 出现故障后，学生应独立进行检修。

(10) 在规定的定额时间内完成。

单元五　电力拖动控制线路 安装与检修	学习情境六	工作台自动往返行程控制电路 的安装与调试	
姓名	班级	日期	

特别提示

(1) 位置开关的金属外壳也必须可靠接地。

(2) 实习中若无条件进行实际机械安装试验时，可将位置开关在控制板下两侧进行受控模拟试验。

(3) 自检。

① 分别按下 KM1、KM2 主触点，检测主电路是否正确。

② 分别触碰 SQ1、SQ2，检测控制电路是否正确。

③ 分别按下 SB1、SB2，检测控制电路是否正确。

④ 分别触碰 SQ3、SQ4，检测限位功能是否完好。

(4) 通电校验时，必须先手动位置开关试验每个行程控制和终端保护动作是否正常及可靠，若电动机正转(工作台向右运动)时，扳动位置开关 SQ1，电动机不能反转，且继续正转，再扳动位置开关 SQ3，电动机也不能停转，则可能是由于三相电源的相序接反引起，进行纠正后再试，以防止发生事故。

(5) 检查无误后通电试车。

(6) 电动机必须安放平稳，防止在可逆运转时产生滚动而引起事故。并将其金属外壳可靠接地。

思政课堂

在自动化工业生产的领域中，机床电气控制线路对电动机实现自动正反转换相控制技术的使用占了很大一部分，例如，平面磨床矩形工作台的往返加工运动、铣床加工中工作台的左右运动、前后和上下运动，都需要由此技术来实现。机床作为精密加工手段，精度是它存在的前提之一，在世界加工业飞速发展的今天，机床精度越发显得重要！如今中国工匠站到了这个领域的世界巅峰，便是得益于在工作中稳中求速，精益求精，质量第一，着眼于细节的耐心、执着、坚持的精神。所以同学们在学习过程中要用精益求精的工匠精神来对待实训项目，不断追求完美，提高施工质量。

思政要点：

以"养成学生积极的学习态度，培养学生自学、自省、自控的能力"及"养成学生坚持做好每一件事的品德"为目标，潜移默化地在每一节课上开展，让学生细细品味"工匠"的优秀品质、慢慢地建立"自主创新"的坚定意志、坚定不移的弘扬"爱国"精神。

单元五 电力拖动控制线路 安装与检修	学习情境六	工作台自动往返行程控制电路 的安装与调试	
姓名	班级	日期	

评价反馈

各组派代表展示作品，介绍任务完成过程，并完成评价表 5-6-5～表 5-6-7。

表 5-6-5 学 生 自 评 表

序号	评 价 项 目	完成情况记录	自评结论：
1	是否按时间计划完成任务		
2	引导问题中理论知识是否填写完整		
3	工作台是否整理干净		
4	耗材使用过程中有无浪费现象		
5	施工过程中的安全情况		

表 5-6-6 学 生 互 评 表

序号	评 价 项 目	组内互评	组间互评	互评结论：
1	是否按时间计划完成任务			
2	施工质量			
3	引导问题中理论知识是否填写完整			
4	工作台是否整理干净			
5	耗材使用过程中有无浪费现象			
6	施工过程中的安全情况			

表 5-6-7 教 师 评 价 表

序号	评 价 项 目	教师评价	教师评价结论：
1	学习准备情况		
2	引导问题中理论知识填写情况		
3	操作规范		
4	施工质量		
5	关键技能		
6	施工时间		
7	8S 管理落实情况		
8	沟通协作		
9	汇报展示		
综合评价结果：			

单元五　电力拖动控制线路 安装与检修	学习情境六	工作台自动往返行程控制电路 的安装与调试	
姓名　　　　　　班级		日期	

学习情境的相关知识点

一、行程开关

工作台自动往返
行程控制电路的
安装与调试

位置开关是操动机构在机器的运动部件到达一个预定位置时操作的一种指示开关。

1. 行程开关的定义

行程开关又称限位开关，是一种利用生产机械某些运动部件的碰撞来发出控制指令的主令电器。用于控制生产机械的运动方向、行程大小或位置保护。

2. 结构及工作原理

各系列行程开关的基本结构大体相同，都是由触点系统、操作机构及外壳组成，其外观如图 5-6-5 所示。

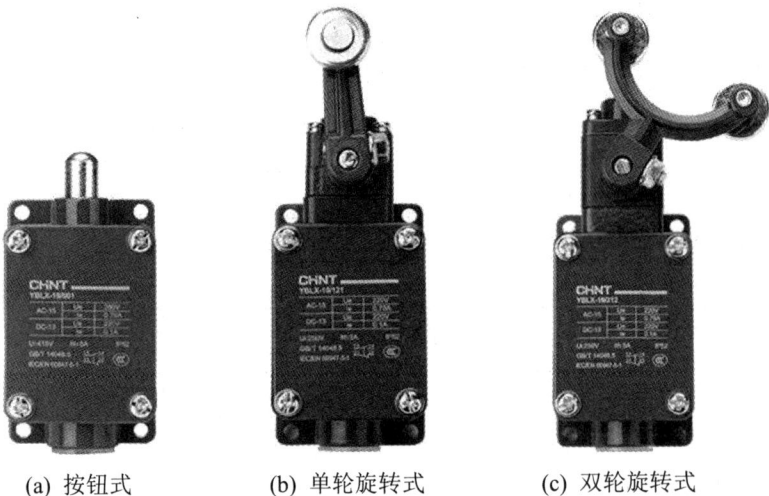

(a) 按钮式　　　　　(b) 单轮旋转式　　　　　(c) 双轮旋转式

图 5-6-5　行程开关外观

行程开关的工作原理和按钮相同，区别只是它不靠手指的按压，而利用生产机械运动部件的挡铁碰压而使触点动作，当生产机械撞块碰触行程开关滚轮时，使传动杠和转轴一起转动，转轴上的凸轮推动推杆使微动开关动作，接通常开触点，分断常闭触点，指令生产机械停车、反转或变速。

为了适应生产机械对行程开关的碰撞，行程开关与生产机械的碰撞部分有不同的结构形式，常用的碰撞部分有按钮式(直动式)和滚轮式(旋转式)。其中滚轮式又有单滚轮和双滚轮式两种，如图 5-6-5 所示。行程开关结构及图形符号如图 5-6-6 所示，其开关触电测量状态如图 5-6-7 所示。

单元五　电力拖动控制线路安装与检修	学习情境六	工作台自动往返行程控制电路的安装与调试	
姓名	班级	日期	

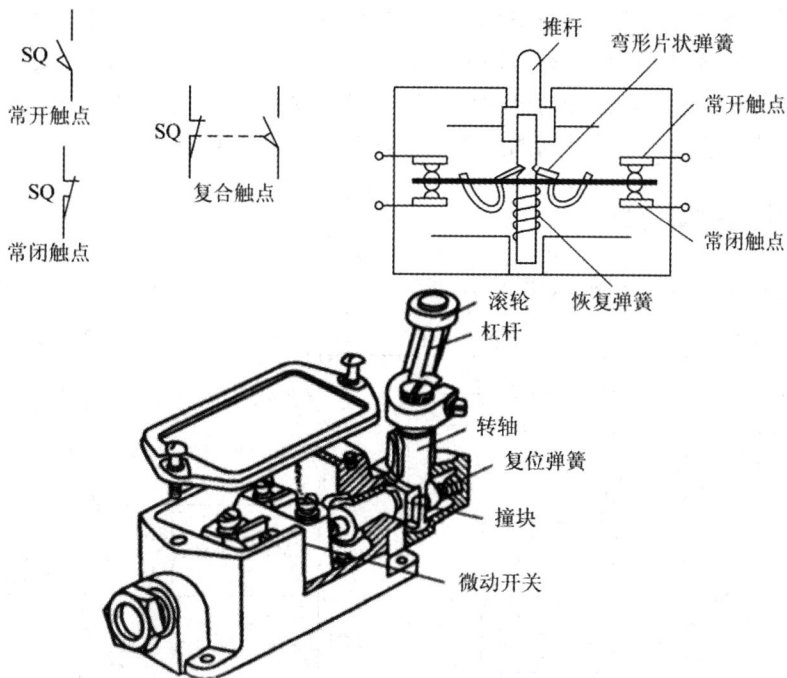

图 5-6-6　行程开关结构及图形符号

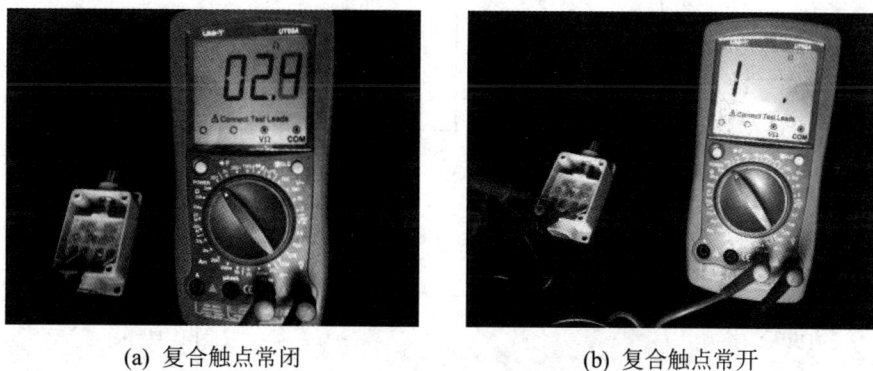

(a) 复合触点常闭　　　　　　　　　　　(b) 复合触点常开

图 5-6-7　行程开关触点测量状态

3. 工作台自动往返控制电路中行程开关的分配

为了使电动机的正反转控制与工作台的左右运动相配合，在控制线路中设置了四个行程开关 SQ1、SQ2、SQ3、SQ4，并把它们安装在工作台需限位的地方。其中，SQ1、SQ2 用来自动换接电动机正反转控制电路，实现工作台的自动往返；SQ3 和 SQ4 用作终端保护，以防止 SQ1、SQ2 失灵，工作台越过限定位置而造成事故。在工作台边的 T 形

单元五　电力拖动控制线路 安装与检修	学习情境六	工作台自动往返行程控制电路 的安装与调试	
姓名	班级	日期	

槽中装有两块挡铁，挡铁 1 只能和 SQ1、SQ3 相碰撞，而挡铁 2 只能和 SQ2、SQ4 相碰撞。当工作台运动到所限位置时，挡铁碰撞行程开关，使其触点动作，自动换接电动机正反转控制电路，通过机械传动机构使工作台自动往返运动。工作台行程可通过移动挡铁位置来调节，拉开两块挡铁间的距离，行程变短，反之则变长。

二、自动往返控制电路

自动往返控制电路如图 5-6-8 所示。

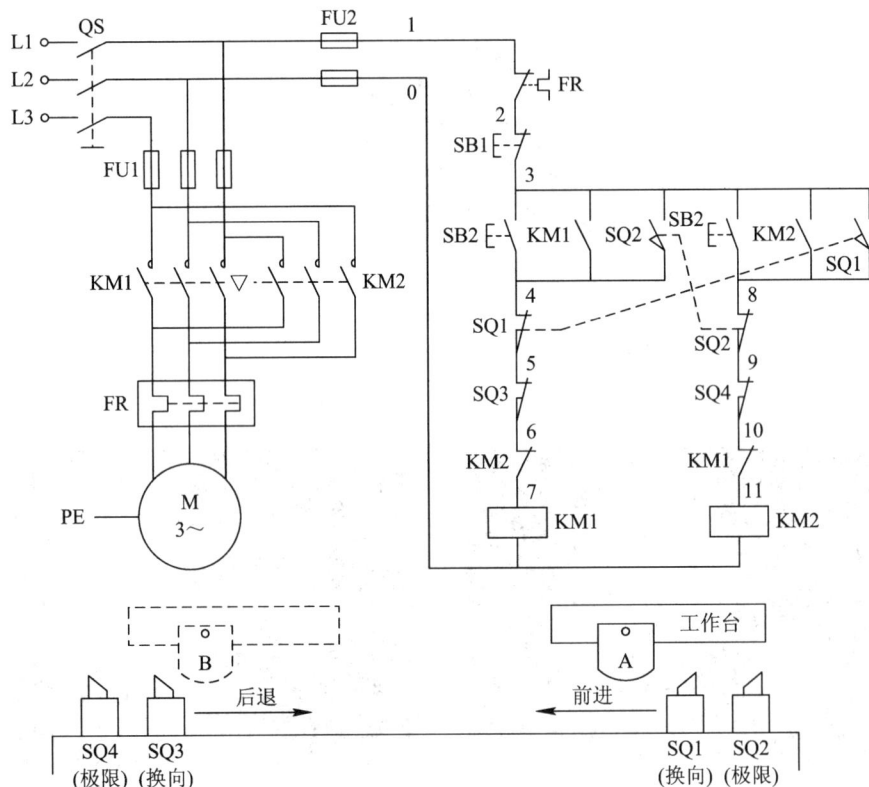

图 5-6-8　工作台自动往返控制电路

其运动如下：

电动机启动运转后，便会拖动工作台做左、右自动往返运动，停止运动时，按下停止按钮 SB1 即可。

自动往返运动如图 5-6-9(a)所示。

工作台向右运动如图 5-6-9(b)所示。

(1) 工作台向左运动，挡铁碰到行程开关 SQ1。

单元五 电力拖动控制线路 安装与检修	学习情境六	工作台自动往返行程控制电路 的安装与调试	
姓名	班级	日期	

(2) 当工作台向右运动，挡铁碰到 SQ2 时，常闭触点 SQ2-1 分断，常开触点 SQ2-2 闭合。先是电动机停机，工作台停止运动，然后电动机恢复正转，工作台重新左移，如此周而复始，工作台做自动往返运动。

工作台向左运动的详细工作原理请自行分析完成。

行程开关 SQ1、SQ2 除了实现自动往返运动控制往返，还与 KM2、KM1 常闭触点共同承担复合联锁的作用。SQ3、SQ4 是限位开关。当 SQ1 或 SQ2 失灵，工作台向左或向右运行挡铁超越 SQ1(SQ2)时，就会出现严重事故，这时，限位开关 SQ3(SQ4)被挡铁触碰而分断电路，使电动机及工作台停止运行，从而实现限位控制。

停止如图 5-6-9(c)所示。

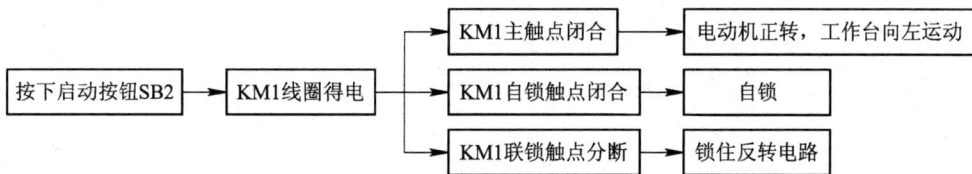

(a) 工作台自动往返运动工作原理

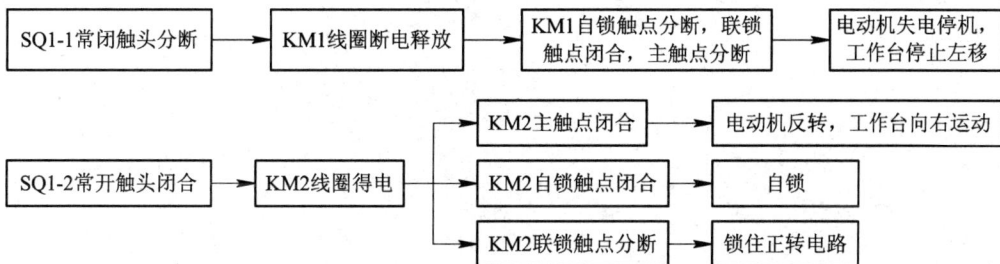

(b) 工作台向右运动工作原理

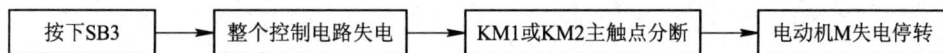

(c) 工作台停止工作原理

图 5-6-9 工作台自动往返控制电路工作原理